建筑工程施工项目管理系列手册

第四分册

施工项目安全控制

丛书主编　卜振华　吴之昕

主　　审　吴　涛

本册主编　姜　华

U0300600

中国建筑工业出版社

图书在版编目(CIP)数据

施工项目安全控制/姜华主编. —北京:中国建筑工业出版社,2003

(建筑工程施工项目管理系列手册;第四分册)

ISBN 978-7-112-05887-7

Ⅰ.施… Ⅱ.姜… Ⅲ.建筑工程—工程施工—安全生产 Ⅳ.TU714

中国版本图书馆 CIP 数据核字(2003)第 047305 号

建筑工程施工项目管理系列手册

第四分册

施工项目安全控制

丛书主编 卜振华 吴之昕

主 审 吴 涛

本册主编 姜 华

*

中国建筑工业出版社出版、发行(北京西郊百万庄)

各地新华书店、建筑书店经销

北京富生印刷厂印刷

*

开本:850×1168毫米 1/32 印张:13¾ 字数:370千字

2003 年 9 月第一版 2011 年 12 月第十五次印刷

印数:37001—42000 册 定价:**26.00** 元

ISBN 978-7-112-05887-7

(11526)

版权所有 翻印必究

如有印装质量问题,可寄本社退换

(邮政编码 100037)

本书是建筑工程施工项目管理系列手册中的施工项目安全控制部分,主要介绍工程施工项目的安全生产控制与管理。全书包括:概述,施工项目安全管理策划,施工项目安全管理的实施,施工项目安全检查与验收,因工伤亡事故的报告、调查与处理,施工项目安全性评价等内容。本书由施工安全管理专家和高级工程师编写,理论与实践结合,内容丰富,实用性强。

　　本书可供建筑施工企业安全管理人员和项目管理人员使用,也可供大专院校土木工程专业师生参考。

＊　　＊　　＊

责任编辑　胡永旭　张礼庆
责任设计　彭路路
责任校对　刘玉英

建筑工程施工项目管理系列手册
编 委 会

主　编： 卜振华　吴之昕

主　审： 吴　涛

委　员： 吴之昕　卜振华　李政训　顾勇新　姜　华

　　　　　赵立方　任　强　陈乃新　朱　连　樊飞军

序

  项目既是建筑产品的基本单位,也是建筑产品生产组织的基本单位。以项目为单位组织工程施工是建筑业生产组织的基本模式。正因为如此,自1987年国务院指示推广鲁布格工程管理经验以来,建设部和各有关部委一直将推行工程项目管理作为推进我国建筑施工生产模式变革和建筑企业体制改革的一个突破口。通过全行业十几年的共同努力,我国逐步发展并初步形成了一套基本与国际工程承包惯例接轨同时具有中国特色的工程项目管理的理论和方法。特别是2002年5月1日起施行的由国家建设部和质量监督检验检疫总局以建标[2002]12号文颁发的《建设工程项目管理规范》,系统总结了我国推行工程项目管理的理论探索和实践经验,并借鉴国外先进的工程项目管理模式,全面规范了建设工程的项目管理,具有较强的实用性和操作性。

  《建设工程项目管理规范》施行一年来,在规范建筑企业项目管理行为、提高我国建设工程项目管理水平方面已经显示出其积极作用,但从全国看,《建设工程项目管理规范》的学习、宣传、贯彻、实施呈现很大程度的不平衡。不少建筑企业的经营者和工程项目的管理者对《建设工程项目管理规范》的理解存在着一些误区,在项目管理的实施中出现一些偏差,必须引起我们的高度重视。一是在项目与企业的关系上,有相当一部分人错误地认为工程项目管理完全是项目经理部的事务,片面地扩大项目经理的职能和职权,忽视企业总部对项目经理部的服务、控制和监督的职能;也有一些建筑企业的经营者习惯于用行政的手段管理项目,越俎代庖,不适当地干预项目经理的职权和工程项目的日常管理。二是在施工资源的运用与拥有的关系上,一部分项目管理者仍被传统的资源观所束缚,不理解"不求为我所有,只求为我所用"的道理,本应是一次性的项目经理部演变为人员及其他资源固化的分公司,造成施工资源低效运用与严重浪费。三是由于我国基层项目管理人员的文化基础和管理经验很不平衡,相当一部分基层管理人员不知道如何将现代项目管理理论和手段运用到具体工程项目上,比较普遍地存在脱节现象。这些问题的解决都要求我们进一步加大《建设工程项目管理规范》培训、推广的力度。

在《建设工程项目管理规范》实施一周年之际,中国建筑工业出版社根据建筑业的实际需要,推出这一套《建筑工程施工项目管理系列手册》非常及时。这套系列手册由项目管理水平较高的建筑企业中长期从事工程项目管理的专业人员编写,由中国建筑业协会工程项目管理委员会吴涛秘书长主审,体系完整、编排合理、诠释规范、突出实务、澄清误区、针对性强,是广大基层项目管理人员学习、贯彻《建设工程项目管理规范》的一套较好的参考书、工具书,也是推进工程项目管理人员职业化建设一套较好的培训教材。

21世纪头一二十年是我国重要的发展战略机遇期。建筑业作为国民经济的一个支柱产业,必须抓住这一机遇期,积极应对加入WTO的挑战,加快我国工程项目管理与国际惯例接轨,全面提高我国工程项目管理水平。我希望随着工程项目管理实践的不断发展和项目管理理论的深入研究,我们的《建设工程项目管理规范》得以进一步修订与完善;同时也希望《建筑工程施工项目管理系列手册》的编者也能用新的实践经验和理论成果丰富与充实这套手册,使之继续成为广大基层项目管理人员的良师益友。

（建设部总工程师）

2003年5月

前　言

　　自 1987 年国务院推广鲁布革工程管理经验、推行施工项目管理体制改革,直至 2002 年建设部和质量监督检验检疫总局颁发《建设工程项目管理规范》,经过了 15 年实践我国施工项目管理的总体水平有了很大提高,取得了丰富的经验和丰硕的成果。《建设工程项目管理规范》的颁发,标志着我国初步形成了一套具有中国特色并与国际惯例接轨、适应市场经济要求的工程项目管理模式。但是,不同的地区、不同的企业,甚至在同一个企业的不同项目之间,施工项目管理的水平极不平衡,相当一部分基层管理人员对施工项目管理的理解和认识还存在严重的偏差,相当一部分建筑企业在项目管理的实施中陷入误区。为了更好地贯彻实施《建设工程项目管理规范》,我们结合自身项目管理的实践并学习借鉴优秀工程项目管理的成功经验,编写了本套《建筑工程施工项目管理系列手册》,以供业内广大施工项目的基层管理人员参考。

　　本套手册共为七册,依次为《项目管理模式与组织》、《项目施工管理与进度控制》、《施工项目质量控制》、《施工项目安全控制》、《施工项目技术管理》、《施工项目资源管理》和《施工项目成本控制与合同管理》。其中第一分册《项目管理模式与组织》介绍了规范的施工项目管理体系,包括基本概念和理论、主要内容和方法、常见的偏差和倾向,同时简要介绍了施工项目管理信息化;第二分册《项目施工管理与进度控制》给出了从施工准备到竣工验收及售后服务的全过程中,对施工现场各要素在时间与空间上的调度和控制及其相关的管理工作;第三分册《施工项目质量控制》依据 ISO 9000:2000 版介绍了项目质量管理体系的建立与运行,着重阐述了质量控制的方法、质量通病的防治以及项目质量创优工作的程序;第四分册《施工项目安全控制》介绍了施工各阶段安全策划的内容、安全监控的重点、安全检查的内容以及安全评估的方法;第五分册《施工项目技术管理》介绍了施工项目技术管理的内容和制度,重点阐述了施工组织设计和施工技术资料的编制和汇总,同时对工法、标准的贯彻和科技示范工程的实施做了概括的介绍;第六分册《施工项目资源管理》综合介绍了施工项目的物资、机械设备、劳动力和资金等资源的管理,建设部和质量监督检验检疫总局颁发《建设工程项目管理规范》把上述各种施工资源和上一分册所述的技术归纳为施工项目的生产要素,本系列手册考虑到实际工作的习惯,仍然将技术管理和资源管理分在两册里介绍;第七分册《施工项目成本控制与合同管理》以施工合同为主线,描述了与合同前期、合同实施过程直至合同终止各阶段相对应的成本预测、控制和核算,同时平行介绍了合同签订、实施、变更、争议与索赔、合同的中止与终止等合同管理工作。在编写本套《建筑工程施工项目管理系列手册》时,我们力图贯彻以下编撰思路,以期满足广大施工项目基层管理工作者的实际需要:

1. 系列化、模块化编排。在最初的编排设计时,曾考虑按施工项目基层业务员的岗位为对象,采用"一岗一册"的方式编写。后来考虑到各施工企业、工程项目的具体情况不同、项目管理班子的岗位设置也不尽相同,因此改为以施工项目管理业务的基本模块为单位,一个基本管理模块编写为一册。这样既能避免采用大部头的手册合订本不便于基层管理人员携带阅读,又照顾到不同企业、项目管理岗位设置上的差异,便于项目基层管理者根据自身业务的需要选购其中一册学习、参考。

2. 体现"规范"的思想,采用"规范"的用语。《建设工程项目管理规范》是我国15年推行施工项目管理体制改革和工程项目管理实践的科学总结,是当前我国建筑企业在施工项目管理科学化、规范化、法制化道路上的指针。本套手册各分册的编写严格遵循《建设工程项目管理规范》的规定,按照"四控、三管、一协调"的项目管理基本内容将基层项目管理人员的管理业务加以展开,使之成为基层项目管理人员学习、贯彻《建设工程项目管理规范》的参考书、工具书。

3. 澄清对施工项目管理认识上的"误区"。尽管建设部推行项目法施工和施工项目管理已有10个年头，但是由于较长一段时间里没有推出一套完整的规范，因此对于大批基层项目管理人员来说，规范的项目管理还是一个新概念、新体系。至今为止，对于施工项目管理认识上的误区仍是一个相当普遍的问题。本套手册针对目前最为普遍、危害最大的一些认识误区，对照"规范"加以剖析，在说明应该怎么做的同时说明不应怎么做。

4. 实用性、操作性与前瞻性相结合。本套手册以阐述我国当前通行项目管理实务为主，同时以少量篇幅介绍国外项目管理的新思想、新理论，以便使阅读本套手册的基层项目管理人员既能立足本职、立足当前，又能开阔视野、开阔思路。这对于他们在自己的本职岗位上创造性地贯彻《建设工程项目管理规范》将会大有裨益。

5. 引入施工项目管理信息化。信息化是提高我国施工项目管理水平的重要途径，是当今世界工程项目管理发展的一个大趋势、大方向。我国施工项目管理信息化仍处于起步阶段，相当一部分中、小型建筑企业尚未在施工项目上使用计算机。我国施工项目管理尚缺乏集成度高、实用性强的软件，有待于进一步配套与完善。本套手册简要介绍施工项目管理信息化的基本概念、基本框架，而不展开介绍某一具体管理软件。

本册由姜华主编，其中第一、五章由姜华编写，第三、四章由杨晶伟编写，第二、六章由吕方泉编写。

本套手册的编写中得到中国建筑业协会工程项目管理委员会有关专家的指导、中国建筑一局集团各有关公司和部门的支持和帮助，在此特表示衷心的感谢。同时对手册编写过程中采用的参考文献的作者表示谢意。

由于我们本身的知识、阅历的局限，加上编写人员仍都承担着较为繁重的日常管理工作，编写时间仓促，对《建设工程项目管理规范》的理解和阐述难免有肤浅或不够准确之处,恳请读者和有关专家批评指正。

编　者

2003 年 5 月

目　录

1　概　述

2　施工项目安全管理策划

3　施工项目安全管理的实施

1 概　　述

1.1　施工项目安全管理概述

1.1.1　施工项目安全管理

1. 安全,是指预知人类在生产和生活各个领域存在的固有的或潜在的危险,并且为消除这些危险所采取的各种方法、手段和行动的总称。

2. 安全生产是指在劳动生产过程中,通过努力改善劳动条件,克服不安全因素,防止伤亡事故发生,使劳动生产在保障劳动者安全健康和国家财产及人民生命财产不受损失的前提下顺利进行。它涵盖了三个方面:即对象、范围和目的。安全生产的对象包含人和设备等一切不安全因素,其中人是第一位的。消除危害人身安全健康的一切不良因素,保障职工的安全和健康,使其舒适地工作,称之为人身安全;消除损坏设备、产品和其他财产的一切危险因素,保证生产正常进行,称之为设备安全。安全生产的范围覆盖了各个行业、各种企业以及生产、生活中的各个环节。其目的,是使生产在保证劳动者安全健康和国家财产及人民生命财产安全的前提下顺利进行,从而实现经济的可持续发展,树立企业文明生产的良好形象。

3. 安全生产管理,是指经营管理者对安全生产工作进行的策划、组织、指挥、协调、控制和改进的一系列活动,目的是保证在生产经营活动中的人身安全、财产安全,促进生产的发展,保持社会的稳定。

4. 施工项目安全管理,就是施工项目在施工过程中,组织安

全生产的全部管理活动。通过对生产要素过程控制,使生产要素
的不安全行为和不安全状态得以减少或消除,达到减少一般事故,
杜绝伤亡事故的目的,从而保证安全管理目标的实现。

5. 安全生产长期以来一直是我国的一项基本国策,是保护劳
动者安全健康和发展生产力的重要工作,必须贯彻执行;同时也是
维护社会安定团结,促进国民经济稳定、持续、健康发展的基本条
件,是社会文明程度的重要标志。企业是安全生产工作的主体,必
须贯彻落实安全生产的法律法规,加强安全生产管理,实现安全生
产目标。施工项目作为建筑业安全生产工作的载体,必须履行安
全生产职责,确保安全生产。

1.1.2　施工项目安全生产特点

施工项目由于其生产要素、生产资源和建筑产品的特殊性,安
全生产具有不同于其他行业的特点:

1. 施工作业场所的固化使安全生产环境受到局限

建筑行业不同于其他行业,它所生产的建筑产品坐落在一个
固定的位置上,产品一经完成就不可能再进行搬移,因而具有固定
性这一特有性质。这就导致了必须在有限的场地和空间上集中大
量的人力、物资机具来进行交叉作业,因而容易产生物体打击等伤
亡事故。

2. 建筑产品体积的庞大性带来了高空作业的挑战

现代民用住宅多为六层以上的多层或高层建筑,房屋一般宽
均在 10m 以上,长在 50m 左右,高则十几层,甚至几十层,因而建
筑产品的体积与其他行业的产品比较,体积十分庞大,操作工人大
多在十几米或几十米,甚至百米以上进行高处作业,这就很易产生
高处坠落的伤亡事故。

3. 施工周期长和露天的作业使劳动者作业条件十分恶劣

由于建筑产品的体积特别庞大,施工周期长,从基础、主体、屋
面到室外装修等整个工程的 70% 均需在露天进行作业。同时由
于施工周期长、露天作业,要忍受春夏秋冬的风雨交加、酷暑严寒
的气候变化,环境恶劣,工作条件差,容易导致伤亡事故的发生。

4. 生产工艺的复杂多变要求有配套和完善的安全技术措施予以保证

现代建筑物每个都有其特定的功能要求。因此,就决定了它的结构、房屋大小、层数高低、装饰艺术手法等都各有不同,形成了产品多样性的特点。致使每栋建筑物从基础、主体、装修和各道工序均有其不同的特性,其中不安全的因素也就各不相同,随着工程进度的发展,施工现场上的不安全因素也在随时变化,故为了完成施工任务,就必须针对工程进展和现场实际情况不断及时的采取安全措施,这给施工安全管理带来一定难度。

5. 施工生产的流动性要求安全管理举措必须及时、到位

由于建筑产品具有固定性的特点,故当这一产品完成后,施工队伍就必须转移到新的工作地点去,即要从刚熟悉的生产环境转入另一陌生的环境重新开始工作。另一方面,脚手架等设备设施、施工机械又都要重新搭设和安装,这些流动因素时常孕育着不安全性,是施工项目安全管理的难点和重点。

6. 手工操作多、体力消耗和劳动强度大揭示了个体劳动保护的必要性和艰巨性

几千年来,建筑行业的大多数工种至今仍采用手工操作。例如在砖混结构中,一名瓦工每天要砌上千块砖,以每块砖 2.53kg 计,仅凭体力和一双手就要把近 3t 重的砖举砌在墙体上,而每天所铺灰浆的重量还未计,除此之外,每天还得弯腰两三千次。可以想象体力消耗和劳动强度之大。不但瓦工如此,其他工种,如抹灰工、架子工、混凝土工、水暖工等,他们大都仍然在繁重的体力劳动中进行手工操作,且大部分时间均在高处作业,既劳累,工作环境又危险、劳动强度又大。即便在机械化施工的今天,建筑工人在恶劣的作业环境下,劳动时间和劳动强度和其他行业比较都要大上很多。因而,其体能耗费大,职业危害严重,施工工人的劳动保护问题是国家和社会关注的焦点,也是企业劳动保护工作的重点。

7. 施工场地窄小对于多工种立体交叉作业的安全防护提出较高要求

近年来,建筑由低向高发展,施工现场亦随着往狭窄化变化,致使施工场地与施工条件要求的矛盾日益突出。为适应这一变化,起重机械使用增多,龙门架、井字架亦普遍推广,流动交叉作业大量增加,因此,在工期紧迫时,由于安全防护措施不到位,造成机械伤害和物体打击等伤亡事故增多。

8. 建筑业的飞速发展对安全管理和安全防护技术提出新的挑战

随着建筑业的发展,超高层、高新技术及结构复杂、性能特别、造型奇异、个性化的建筑产品的出现和要求,给建筑施工带来了新的挑战,同时也给安全管理和安全防护技术不断提出新的课题。

总结以上特点,项目施工的不安全隐患多存在于高处作业、交叉作业、垂直运输以及使用电气工具上。伤亡事故也多发生在高处坠落、物体打击、机械和起重伤害、触电、坍塌等方面。每年在这几个方面发生的事故占事故总数的75%,其中高处坠落占35%左右;触电占15%～20%;物体打击占15%左右;机械伤害占10%左右;坍塌占5%～10%。因此施工项目流动资源和动态生产要素的管理是安全管理的重点和关键点。

1.1.3 施工项目安全管理的作用

1. 安全生产是我们党和国家在生产建设中一贯坚持的指导思想,是我国的一项重要政策,是社会主义精神文明建设的主要内容。施工项目的安全生产也正体现了这样一种精神。

生存和健康是人的基本需求,保护劳动者在生产中的安全和健康,是国家劳动保护工作中的一项重要政策。施工项目安全生产的根本目的在于保护劳动者的人身安全、职业健康,保护国家财产不受损失,这与国家利益和人民利益是一致的。项目的安全生产和劳动保护工作还与社会安定和国家一系列其他重要政策的实施息息相关。

2. 项目安全生产是企业可持续发展的基本保证,是企业在市场竞争中的基本条件之一。

施工项目安全生产是项目施工生产顺利进行的基本保证,是实现项目各项管理目标的基础。安全生产作为项目施工生产过程控制中的重要环节,其生产要素的不安全行为和状态对施工进度和工程质量有很大影响,生产要素的不安全后果直接影响项目工程成本。减少或消除事故隐患,实现安全生产,将直接影响企业的经济效益,同时,企业的安全和文明在社会和市场竞争中的积极效应,将对企业的生存和发展产生重要影响。

1.2 施工项目安全生产方针和原则

1.2.1 安全生产方针

我国安全生产方针经历了一个从"安全生产"到"安全第一、预防为主"的产生和发展过程,且强调在生产中要做好预防工作,尽可能将事故消灭在萌芽状态之中。因此,对于我国安全生产方针的含义,应从这一方针的产生和发展去理解,归纳起来主要有以下几方面的内容:

1. 安全生产的重要性。生产过程中的安全是生产发展的客观需要,特别是现代化生产,更不允许有所忽视,必须强化安全生产,在生产活动中把安全工作放在第一位,尤其当生产与安全发生矛盾时,生产要服从安全,这是安全第一的含义。

在社会主义国家里,安全生产又有其重要意义,它是国家的一项重要政策,是社会主义企业管理的一项重要原则,这是社会主义制度性质决定的。

2. 安全与生产的辩证关系。在生产建设中,必须用辩证统一的观点去处理好安全与生产的关系。这就是说,项目领导者必须善于安排好安全工作与生产工作,特别是在生产任务繁忙的情况下,安全工作与生产工作发生矛盾时,更应处理好两者的关系,不要把安全工作挤掉。越是生产任务忙,越要重视安全,把安全工作搞好。否则,就会招致工伤事故,既妨碍生产,又影响企业信誉,这是多年来生产实践证明了的一条重要经验。

长期以来,在生产管理中往往出现生产任务重,事故就多;生产均衡,安全情况就好的现象,人们称之为安全生产规律。前一种情况其实质是反映了项目领导在经营管理上的思想片面性。只看到生产数量的一面,看不见质量和安全的重要性;只看到一段时间内生产数量增加的一面,没有认识到如果不消除事故隐患,这种数量的增加只是一种暂时的现象,一旦条件具备了就会发生事故。这是多年来安全生产工作中的一条深刻的教训。总之,安全与生产是互相联系,互相依存,互为条件的。要正确贯彻安全生产方针,就必须按照辩证法办事,克服思想的片面性。

3. 安全生产工作必须强调预防为主。安全生产工作以预防为主是现代生产发展的需要。现代科学技术日新月异,而且往往又是多学科综合运用,安全问题十分复杂,稍有疏忽就会酿成事故。预防为主,就是要在事前做好安全工作,"防患于未然"依靠科技进步,加强安全科学管理,搞好科学预测与分析工作,把工伤事故和职业危害消灭在萌芽状态中。安全第一、预防为主两者是相辅相成、互相促进的。"预防为主"是实现"安全第一"的基础。要做到安全第一,首先要搞好预防措施。预防工作做好了,就可以保证安全生产,实现安全第一,否则安全第一就是一句空话,这也是在实践中所证明了的一条重要经验。

1.2.2 安全生产原则

1. 安全生产管理体制

现阶段,我国安全生产管理体制为"企业负责、行业管理、国家监察、群众监督、劳动者遵章守纪"。这一体制体现了企业在安全生产工作中的主体地位,符合国家在社会主义市场经济条件下加强企业安全生产工作的要求。

(1) 企业负责

企业负责这条原则,最先是由国务院领导提出实行的,并通过国务院(1993)50 号文正式发布的。这条原则的确立,进一步完善了自 1985 年以来,我国实行的"国家监察、行政管理、群众监督"的管理体制,明确了企业应认真贯彻执行国家安全生产的法律法规和规章制度,并对本企业的劳动保护和安全生产工作负责。从而改变了以往安全生产工作由政府包办代替，企业责任不明确的情况，健全了在社会主义市场经济条件下新的安全生产管理体制。

(2) 行业管理

行政主管部门根据"管生产必须管安全"的原则，管理本行业的安全生产工作，建立安全生产管理机构，配备安全技术干部，组织贯彻执行国家安全生产方针、法律、法规，制定行业的规章制度和规范标准，负责对本行业安全生产管理工作的策划、组织实施和监督检查、考核。

(3) 国家监察

安全生产行政主管部门按照国务院要求实施国家劳动安全监察。国家监察是一种执法监察，主要是监察国家法律法规的执行情况，预防和纠正违反法规、政策的偏差。它不干预企事业遵循法律法规、制定的措施和步骤等具体事务，也不能替代行业管理部门日常管理和安全检查。

(4) 群众监督

保护员工的安全健康是工会的主要职责之一。工会对危害职工安全健康的现象有抵制、纠正以至控告的权力，这是一种自下而上的群众监督。这种监督是与国家安全监察的行政管理相辅相成的，应密切配合，相互合作，互通情况，共同搞好安全生产工作。

(5) 劳动者遵章守纪

从许多事故发生的原因看，大都与职工的违章行为有直接关系。因此，劳动者在生产过程中应该自觉遵守安全生产规章制度和劳动纪律，严格执行安全技术操作规程，不违章操作。劳动者遵章守纪也是减少事故，实现安全生产的重要保证。

2. 安全生产的原则

(1) 管生产必须管安全

"管生产必须管安全"的原则是指项目各级领导和全体员工在生产过程中必须坚持在抓生产的同时抓好安全工作，要抓好生产与安全的"五同时"，即在计划、布置、检查、总结、评比生产工作的同时计划、布置、检查、总结、评比安全工作。

"管生产必须管安全"的原则是施工项目必须坚持的基本原则。国家和企业就是要保护劳动者的安全与健康,保证国家财产和人民生命财产的安全,尽一切努力在生产和其他活动中避免一切可以避免的事故;其次,项目的最优化目标是高产、低耗、优质、安全。忽视安全,片面追求产量、产值,是无法达到最优化目标的。伤亡事故的发生,不仅会给企业,还可能给环境、社会,乃至在国际上造成恶劣影响,造成无法弥补的损失。

"管生产必须管安全"的原则体现了安全和生产的统一,生产和安全是一个有机的整体,两者不能分割更不能对立起来,应将安全寓于生产之中,生产组织者在生产技术实施过程中,应当承担安全生产的责任,把"管生产必须管安全"原则落实到每个员工的岗位责任制上去,从组织上、制度上固定下来,以保证这一原则的实施。

(2) 安全具有否决权

"安全具有否决权"的原则是指安全工作是衡量项目管理的一项基本内容,它要求在对项目各项指标考核、评优创先时,首先必须考虑安全指标的完成情况。安全指标没有实现,其他指标顺利完成,仍无法实现项目的最优化,安全具有一票否决的作用。

安全否决权还表现在:区域位置的环境安全不合格不准建厂;企业的本质安全不符合国家规定不准投资;某项工程或设备不符合安全要求不准使用等。

(3) 职业安全卫生"三同时"

"三同时"原则是指一切生产性的基本建设和技术改造工程项目,必须符合国家的职业安全卫生方面的法规和标准。职业安全卫生技术措施及设施应与主体工程同时设计、同时施工、同时投产使用,以确保项目投产后符合职业安全卫生要求,保障劳动者在生产过程中的安全与健康。

编制或审定工程项目设计任务书时,必须编制或审定劳动安全卫生技术要求和采取相应的措施方案。竣工验收时,必须有劳动安全卫生设施完成情况及其质量评价报告,并经安全生产主管部门、卫生部门和工会组织参加验收签字后,方准投产使用。

职业安全卫生"三同时"是安全生产工作中一项带有根本性的工作,它体现了"安全第一、预防为主"的方针,使新建、改建、扩建项目不留事故隐患,这是有效控制伤亡事故和职业病发生的根本措施。

(4)事故处理的"四不放过"

国家法律法规要求,企业一旦发生事故,在处理时实施"四不放过"原则。"四不放过"是指在因工伤亡事故的调查处理中,必须坚持事故原因分析不清不放过;事故责任者和群众没受到教育不放过;没有整改预防措施不放过;事故责任者和责任领导不处理不放过。

①"四不放过"原则要求在调查处理工伤事故时,首先要把事故原因分析清楚,找出导致事故发生的真正原因,不能敷衍了事,不能在尚未找到事故主要原因时就轻易下结论,也不能把次要原因当成主要原因,未找到真正原因决不轻易放过,直至找到事故发生的真正原因,搞清楚各因素的因果关系才算达到事故分析的目的。

②"四不放过"原则要求在调查处理工伤事故时,不能认为原因分析清楚了,有关责任人员也处理了就算完成任务了,还必须使事故责任者和企业员工了解事故发生的原因及所造成的危害,并深刻认识到搞好安全生产的重要性,大家从事故中吸取教训,在今后工作中更加重视安全工作。

③"四不放过"原则要求在对工伤事故进行调查处理时,必须针对事故发生的原因,制定防止类似事故重复发生的预防措施,并督促事故发生单位组织实施,只有这样,才算达到了事故调查和处理的最终目的。

④"四不放过"原则在对工伤事故进行处理时,对于事故责任者要依据法律、法规的有关规定和事故原因的分析,进行处理,承担相应的行政责任或者刑事责任,达到惩前毖后,汲取教训,采取措施,防止事故再发生的目的。

1.2.3　正确处理安全生产的"五种"关系

1．安全与危险的关系

安全与危险在同一事物的运动中是相互对立的,也是相互依赖而存在的,因为有危险,所以才进行安全生产过程控制,以防止或减少危险。安全与危险并非是等量并存、平静相处,随着事物的运动变化,安全与危险每时每刻都在起变化,彼此进行斗争。事物的发展将向斗争的胜方倾斜。可见,在事物的运动中,都不会存在绝对的安全或危险。保持生产的安全状态,必须采取多种措施,以预防为主,危险因素是可以控制的。因为危险因素是客观的存在于事物运动之中的,是可知的,也是可控的。

2．安全与生产的统一

生产是人类社会存在和发展的基础,如生产中的人、物、环境都处于危险状态,则生产无法顺利进行,因此,安全是生产的客观要求,当生产完全停止,安全也就失去意义;就生产目标来说,组织好安全生产就是对国家、人民和社会最大的负责。有了安全保障,生产才能持续、稳定健康发展。若生产活动中事故不断发生,生产势必陷于混乱、甚至瘫痪,当生产与安全发生矛盾;危及员工生命或资产时,停止生产经营活动进行整治、消除危险因素以后,生产经营形势会变得更好。

3．安全与质量同步

质量和安全工作,交互作用,互为因果。安全第一,质量第一,两个第一并不矛盾。安全第一是从保护生产经营因素的角度提出的。而质量第一则是从关心产品成果的角度而强调的,安全为质量服务,质量需要安全保证。生产过程哪一头都不能丢掉,否则,将陷于失控状态。

4．安全与速度互促

生产中违背客观规律,盲目蛮干、乱干,在侥幸中求得的进度,缺乏真实与可靠的安全支撑,往往容易酿成不幸,不但无速度可言,反而会延误时间,影响生产。速度应以安全做保障,安全就是速度,我们应追求安全加速度,避免安全减速度。安全与速度成正比关系。一味强调速度,置安全于不顾的做法是极其有害的。当速度与安全发生矛盾时,暂时减缓速度,保证安全才是正确的选择。

5. 安全与效益同在

安全技术措施的实施,会不断改善劳动条件,调动职工的积极性,提高工作效率,带来经济效益,从这个意义上说,安全与效益完全是一致的,安全促进了效益的增长。在实施安全措施中,投入要精打细算、统筹安排。既要保证安全生产,又要经济合理,还要考虑力所能及。为了省钱而忽视安全生产,或追求资金盲目高投入,都是不可取的。

1.2.4 安全生产的"六个坚持"

施工项目做好安全工作,实现安全目标,必须做到"六个坚持"。

1. 坚持管生产同时管安全

安全寓于生产之中,并对生产发挥促进与保证作用,因此,安全与生产虽有时会出现矛盾,但从安全、生产管理的目标,表现出高度的一致和统一。安全管理是生产管理的重要组成部分,安全与生产在实施过程中,两者存在着密切的联系,存在着进行共同管理的基础。国务院在《关于加强企业生产中安全工作的几项规定》中明确指出:"各级领导人员在管理生产的同时,必须负责管理安全工作"。"企业中各有关专职机构,都应该在各自业务范围内,对实现安全生产的要求负责"。管生产同时管安全,不仅是对各级领导人员明确安全管理责任,同时,也向一切与生产有关的机构、人员明确了业务范围内的安全管理责任。由此可见,一切与生产有关的机构、人员,都必须参与安全管理,并在管理中承担责任。认为安全管理只是安全部门的事,是一种片面的、错误的认识。各级人员安全生产责任制度的建立,管理责任的落实,体现了管 生产同时管安全的原则。

2. 坚持目标管理

安全管理的内容是对生产中的人、物、环境因素状态的管理,在于有效地控制人的不安全行为和物的不安全状态,消除或避免事故,达到保护劳动者的安全与健康的目标。没有明确目标的安全管理是一种盲目行为。盲目的安全管理,往往劳民伤财,危险因素依然存在。在一定意义上,盲目的安全管理,只能纵容威胁人的安全与健康的状态,向更为严重的方向发展或转化。

3. 坚持预防为主

安全生产的方针是"安全第一、预防为主",安全第一是从保护生产力的角度和高度,表明在生产范围内,安全与生产的关系,肯定安全在生产活动中的位置和重要性。进行安全管理不是处理事故,而是在生产经营活动中,针对生产的特点,对生产要素采取管理措施,有效的控制不安全因素的发生与扩大,把可能发生的事故,消灭在萌芽状态,以保证生产经营活动中,人的安全与健康。预防为主,首先是端正对生产中不安全因素的认识和消除不安全因素的态度,选准消除不安全因素的时机。在安排与布置生产经营任务的时候,针对施工生产中可能出现的危险因素,采取措施予以消除是最佳选择,在生产活动过程中,经常检查,及时发现不安全因素,采取措施,明确责任,尽快地、坚决地予以消除,是安全管理应有的鲜明态度。

4. 坚持全员管理

安全管理不是少数人和安全机构的事,而是一切与生产有关的机构、人员共同的事,缺乏全员的参与,安全管理不会有生气、不会出现好的管理效果。当然,这并非否定安全管理第一责任人和安全监督机构的作用。单位负责人在安全管理中的作用固然重要,但全员参与安全管理更加重要。安全管理涉及生产经营活动的方方面面,涉及从开工到竣工交付的全部过程、生产时间和生产要素。因此,生产经营活动中必须坚持全员、全方位的安全管理。

5. 坚持过程控制

通过识别和控制特殊关键过程,达到预防和消除事故,防止或消除事故伤害。在安全管理的主要内容中,虽然都是为了达到安全管理的目标,但是对生产过程的控制,与安全管理目标关系更直接,显得更为突出,因此,对生产中人的不安全行为和物的不安全状态的控制,必须列入过程安全制定管理的节点。事故发生往往由于人的不安全行为运动轨迹与物的不安全状态运动轨迹的交叉所造成的,从事故发生的原因看,也说明了对生产过程的控制,应该作为安全管理重点。

6.坚持持续改进

安全管理是在变化着的生产经营活动中的管理,是一种动态管理。其管理就意味着是不断改进发展的、不断变化的,以适应变化的生产活动,消除新的危险因素。需要的是不间断地摸索新的规律,总结控制的办法与经验,指导新的变化后的管理,从而不断提高安全管理水平。

1.3　施工项目安全管理体系

1.3.1　安全管理体系概要

1.建立安全管理体系的作用

(1)职业安全卫生状况是经济发展和社会文明程度的反映。使所有劳动者获得安全与健康,是社会公正、安全、文明、健康发展的基本标志,也是保持社会安定团结和经济可持续发展的重要条件。

(2)安全管理体系不同于安全卫生标准,它是对企业环境的安全卫生状态规定了具体的要求和限定,通过科学管理使工作环境符合安全卫生标准的要求。

安全管理体系的运行主要依赖于逐步提高,持续改进。是一个动态的、自我调整和完善的管理系统,同时,也是职业安全卫生管理体系的基本思想。

安全管理体系是项目管理体系中的一个子系统,其循环也是整个管理系统循环的一个子系统。

2.建立安全管理体系的必要性

(1)提高项目安全管理水平的需要。改善安全生产规章制度不健全、管理方法不适应、安全生产状况不佳的现状。

(2) 适应市场经济管理体制的需要。随着我国经济体制的改革,安全生产管理体制确立了企业负责的主导地位,企业要生存发展,就必须推行"职业安全卫生管理体系"。

(3) 顺应全球经济一体化趋势的需要。建立职业安全卫生管理体系,有利于抵制非关税贸易壁垒。因为世界发达国家要求把人权、环境保护和劳动条件纳入国际贸易范畴,将劳动者权益和安全卫生状况与经济问题挂钩,否则,将受到关税的制约。

(4) 加入 WTO,参与国际竞争的需要。我国加入了世贸组织,国际间的竞争日趋激烈,而我国企业安全卫生工作,与发达国家相比明显落后,如不尽快改变这一状况,就很难参与竞争。而职业安全卫生管理体系的建立,就是从根本上改善管理机制和改善劳工状况。所以职业安全卫生管理体系的认证是我国加入世贸组织,企业进入世界经济和贸易领域的一张国际通行证。

3. 建立安全管理体系的目标

(1) 使员工面临的安全风险减少到最低限度。最终实现预防和控制工伤事故、职业病及其他损失的目标。帮助企业在市场竞争中树立起一种负责的形象,从而提高企业的竞争能力。

(2) 直接或间接获得经济效益。通过实施"职业安全卫生管理体系",可以明显提高项目安全生产管理水平和经济效益。通过改善劳动者的作业条件,提高劳动者身心健康和劳动效率。对项目的效益具有长时期的积极效应,对社会也能产生激励作用。

(3) 实现以人为本的安全管理。人力资源的质量是提高生产率水平和促进经济增长的重要因素,而人力资源的质量是与工作环境的安全卫生状况密不可分的。职业安全卫生管理体系的建立,将是保护和发展生产力的有效方法。

(4) 提升企业的品牌和形象。在市场中的竞争已不再仅仅是资本和技术的竞争,企业综合素质的高低将是开发市场的最重要的条件,是企业品牌的竞争。而项目职业安全卫生则是反映企业品牌的重要指标,也是企业素质的重要标志。

(5) 促进项目管理现代化。管理是项目运行的基础。随着全球经济一体化的到来,对现代化管理提出了更高的要求,必须建立系统、开放、高效的管理体系,以促进项目大系统的完善和整体管理水平的提高。

(6) 增强对国家经济发展的能力。加大对安全生产的投入,有利于扩大社会内部需求,增加社会需求总量;同时,做好安全生产工作可以减少社会总损失。而且,保护劳动者的安全与健康也是国家经济可持续发展的长远之计。

4. 建立安全管理体系的原则

(1) 为贯彻"安全第一、预防为主"的方针,建立健全安全生产责任制和群防群治制度,确保工程项目施工过程的人身和财产安全,减少一般事故的发生,结合工程的特点,建立施工项目安全管理体系。

(2) 要适用于建设工程施工项目全过程的安全管理和控制。

(3) 依据《建筑法》、《职业安全卫生管理体系标准》,国际劳工组织 167 号公约及国家有关安全生产的法律、行政法规和规程进行编制。

(4) 建立安全管理体系必须包含的基本要求和内容。项目经理部应结合各自实际加以充实,建立安全生产管理体系,确保项目的施工安全。

(5) 建筑业施工企业应加强对施工项目的安全管理,指导、帮助项目经理部建立、实施并保持安全管理体系。施工项目安全管理体系必须由总承包单位负责策划建立,分包单位应结合分包工程的特点,制定相适宜的安全保证计划,并纳入接受总承包单位安全管理体系的管理。

1.3.2 安全管理体系的要求

1. 基本术语

(1) 安全生产。安全生产是为了预防生产过程中发生人身伤害、设备损毁等事故,保证职工在生产中的安全而采取的各种措施和活动。

（2）安全策划。确定安全以及采用安全管理体系条款的目标和要求的活动。

（3）安全体系。为实施安全管理所需的组织结构、程序、过程和资源。安全体系的内容应以满足安全目标的需要为准。

（4）安全审核。确定安全活动和有关结果是否符合计划的安排，以及这些安排是否有效的实施并适合于达到预定目标的、系统的、独立的检查。

（5）事故隐患。可能导致伤害事故发生的人的不安全行为，物的不安全状态或管理制度上的缺陷。

（6）业主。以协议或合同形式，将其拥有的建设项目交与建筑业企业承建的组织，业主的含义包括其授权人，业主也是标准定义中的采购方。本体系中将"建设单位"也称为业主。

（7）项目经理部。受建筑业企业委托，负责实施管理合同项目的一次性组织机构。

（8）分包单位。以合同形式承担总包单位分部分项工程或劳务的单位。

（9）供应商。以合同或协议形式向建筑业企业提供安全防护用品、设施或工程材料设备的单位。

（10）标识。采用文字、印鉴、颜色、标签及计算机处理等形式表明某种特征的记号。

2. 管理职责

（1）安全管理目标

工程项目实施施工总承包的，由总承包单位负责制定施工项目的安全管理目标并确保：

① 项目经理为施工项目安全生产第一责任人，对安全生产应负全面的领导责任，实现重大伤亡事故为零的目标；

② 有适合于工程项目规模、特点的应用安全技术；

③ 应符合国家安全生产法律、行政法规和建筑行业安全规章、规程及对业主和社会要求的承诺；

④ 形成为全体员工所理解的文件，并实施保持。

(2) 安全管理组织

1) 职责和权限。施工项目对从事与安全有关的管理、操作和检查人员,特别是需要独立行使权力开展工作的人员,规定其职责、权限和相互关系,并形成文件:

① 编制安全计划,决定资源配备;

② 安全生产管理体系实施的监督、检查和评价;

③ 纠正和预防措施的验证。

2) 资源。对管理、执行和检查活动,项目经理部应确定并提供充分的资源,以确保安全生产管理体系的有效运行和安全管理目标的实现。资源包括:

① 配备与施工安全相适应并经培训考核持证的管理、操作和检查人员;

② 施工安全技术及防护设施;

③ 用电和消防设施;

④ 施工机械安全装置;

⑤ 必要的安全检测工具;

⑥ 安全技术措施的经费。

3. 安全管理体系

(1) 安全管理体系原则

① 安全生产管理体系应符合建筑业企业和本工程项目施工生产管理现状及特点,使之符合安全生产法规的要求。

② 建立安全管理体系并形成文件。体系文件包括安全计划,企业制定的各类安全管理标准,相关的国家、行业、地方法律和法规文件、各类记录、报表和台账。

(2) 安全生产策划

1) 针对工程项目的规模、结构、环境、技术含量、施工风险和资源配置等因素进行安全生产策划,策划内容包括:

① 配置必要的设施、装备和专业人员,确定控制和检查的手段、措施;

② 确定整个施工过程中应执行的文件、规范。如脚手架工

作、高处作业、机械作业、临时用电、动用明火、沉井、深挖基础施工和爆破工程等作业规定；

③ 冬期、雨期、雪天和夜间施工时安全技术措施及夏季的防暑降温工作；

④ 确定危险部位和过程，对风险大和专业性较强的工程项目进行安全论证。同时采取相适应的安全技术措施，并得到有关部门的批准；

⑤ 因本工程项目的特殊需求所补充的安全操作规定；

⑥ 制定施工各阶段具有针对性的安全技术交底文本；

⑦ 制定安全记录表格，确定搜集、整理和记录各种安全活动的人员和职责。

2）根据安全生产策划结果，单独编制安全保证计划，也可在项目施工组织设计中独立体现。

3）安全保证计划实施前，按要求报项目业主或企业确认审批。

4）确认要求：

① 项目业主或企业有关负责人主持安全计划的审核；

② 执行安全计划的项目经理部负责人及相关部门参与确认；

③ 确认安全计划的完整性和可行性；

④ 各级安全生产岗位责任制得到确认；

⑤ 任何与安全计划不一致事宜都应得到解决；

⑥ 项目经理部有满足安全保证的能力得到确认；

⑦ 记录并保存确认过程；

⑧ 经确认的项目安全计划，应送上级主管部门备案。

4. 采购控制

（1）项目经理部对自行采购的安全设施所需的材料、设备及防护用品进行控制，确保所采购的安全设施所需的材料、设备及防护用品符合安全规定的要求。

（2）项目经理部分管生产的副经理，负责组织项目材料，设备部门采购安全设施所需的材料、设备及防护用品。

(3) 项目经理部对分包单位自行采购的安全设施所需的材料、设备及防护用品应实行控制,控制的方式和程度取决于安全用品的类别及使用安全要求。

(4) 供应商的评价。

1) 根据能否满足安全设施所需的材料、设备及防护用品要求的能力选择供应商。

2) 根据采购的安全设施所需的材料、设备及防护用品的重要性,对供应商进行评价:

① 对供应商的生产业绩、市场信誉,以及在技术、质量和生产管理能力方面进行评价;

② 对供应商所生产的安全设施所需的材料、设备及防护用品,验证生产许可证;

③ 做好已证实供应商能力和业绩的审核报告或记录;

3) 经评价,合格的供应商列入合格供应商名录;

4) 保存合格供应商的评价资料。

(5) 对采购资料的要求及控制方式。

1) 应注明类别、型号、等级或其他准确标识方法;

2) 产品适用的规范、图样、过程要求,检验规程或其他明确标识和适用规范、规程;

3) 合同签约前,由项目经理对采购资料规定要求是否适当进行审批。

(6) 对采购安全设施所需的材料、设备及防护用品的供货和检验方式,合同中应做出规定。

5．分承包方控制

(1) 在合同关系未确定之前,应进行分包单位评价和选择;合同关系确定之后,对分包队伍进行控制。

(2) 项目经理部应明确对分包单位进行控制的负责人、主管部门和相关部门,规定相应的职权。

(3) 分包单位的评价:

1) 分包单位的营业执照、企业资质证书、安全许可证和授权委托书的验证；

2）提供劳务单位的务工人员持证状况的核查；

3）对分包单位的能力和业绩进行确认；

4）将评价合格的分包单位列入合格分包方名录，同时应建立相应的档案，记录其安全状况和管理能力。

（4）分包合同：

1）必须严格遵循先签合同，后进行施工的原则；

2）合同的主体合法，内容周全严密，约定条款符合总承包合同的规定，同时满足分包工程项目规定的要求；

3）签订工程分包合同时，应签订安全生产、治安消防、环境卫生等协议书，作为附件；

4）合同条款中应含有安全考核奖惩的细则。

（5）合同履约：

1）按合同规定向分包单位提供必要的材料设备、工具及生活设施、安全设施和防护用品；

2）按合同规定向分包单位提供经验收合格的施工机械设备、安全设施和防护用品；

3）项目经理部负责人向进场的分包单位进行施工技术措施交底；交底应以合同为依据、以施工技术文件为标准进行，包括安全生产和文明施工等内容，交底工作经双方负责人签字认可，并做好记录；

4）项目经理部应安排专人对分包单位施工全过程的安全生产、文明施工进行监控，并做好记录和资料积累。

（6）业主指定分包单位的控制：

业主指定的分包单位与工程项目经理部双方的权利和义务，应在工程总承包合同中予以明确规定，并按有关要求实施控制。

6.　施工过程控制

（1）项目经理部对施工过程中可能影响安全生产的因素进行控制，确保施工项目按安全生产的规章制度、操作规程和程序要求进行施工。

1) 进行安全策划,编制安全计划;

2) 根据业主提供的资料对施工现场及其受影响的区域内地下障碍物清除或采取措施对周围道路管线采取的保护措施;

3) 制定现场安全、劳动保护、文明施工和环境保护措施,编制临时用水、用电施工组织设计;

4) 按安全、文明、卫生、健康的要求布置宿舍、食堂、饮用水及卫生设施;

5) 落实施工机械设备、安全设施及防护用品进场计划;

6) 制定各类劳动保护技术措施;

7) 制定现场安全专业管理、特种作业和施工人员工作计划;

8) 对从事危险作业的员工,依法办理意外伤害保险;

9) 检查各类持证上岗人员的资格;

10) 验证所需的安全设施、设备及防护用品;

11) 检查、验收临时用电设施;

12) 对施工机械设备,按规定进行检查、验收,并对进场设备进行维护、保持机械的完好状态;

13) 对脚手架工程的搭设,按施工组织设计规定进行验收;

14) 对专项编制的安全技术措施落实进行检查;

15) 检查劳动保护技术措施计划落实情况,并从严控制员工的加班加点;

16) 施工作业人员操作前,应由项目施工负责人以作业指导书、安全技术交底文本等,对施工人员进行安全技术交底,双方签字确认并保存交底记录;

17) 对施工过程中的洞口、临边、高处作业所采取的安全防护措施,应规定专人负责搭设与检查;

18) 对施工现场的环境(现场废水、尘毒、噪声、振动、坠落物)进行有效控制,防止职业危害,建立良好的作业环境;

19) 对施工中动用明火采取审批措施,现场的消防器材配置及危险物品运输、贮存、使用得到有效管理;

20) 督促施工作业人员,做好班后清理工作以及对作业区域的安全防护设施进行检查；

21) 搭设或拆除的安全防护设施、脚手架、起重机械设备，如当天未完成时，应做好局部的收尾，并设置临时安全措施。

(2) 项目经理部应根据安全计划中确定的特殊关键过程，落实监控人员，确定监控方式、措施并实施重点监控，必要时应实施旁站监控。

1) 对监控人员进行技能培训，保证监控人员行使职责与权利不受干扰。记录监控过程并及时反馈到相关部门。

2) 把危险性较大的高空作业、起重机械安装和拆除定为危险作业，编制作业指导书，实施重点监控。

3) 连续施工过程中安全设施的衔接工作，应有专人负责落实。

4) 对事故隐患的信息反馈，有关部门应按有关规定及时处理。

7．安全检查、检验和标识

(1) 项目经理部应定期对施工过程、行为及设施进行检查、检验或验证，以确保符合安全要求。对检查、检验或验证的状态进行记录和标识。

(2) 安全检查。

1) 施工现场的安全检查，应执行国家、行业、地方的相关标准。当上述标准不能覆盖工程项目的具体情况时，应在安全计划中明确规定。

2) 项目经理部应组织有关专业人员，定期对现场的安全生产状况进行检查和验证，并保存记录。

3) 对事故隐患应按有关要求进行分析和处理，对分包单位的违章处理应对照项目的管理文件和分包合同中安全生产相关条款规定。

(3) 安全设施所需的材料、设备及防护用品的进货检验。

1) 项目经理部应按安全计划与合同的规定，检验进场的安全设施所需的材料、设备及防护用品，是否符合安全使用的要求，确保合格品投入使用。

2) 对检验出的不合格品进行标识,并按有关规定处理。

(4) 过程检验和标识。

1) 按安全计划的要求,对施工现场的安全设施、设备进行检验,只有通过检验的设施、设备才能安装和使用。

2) 对脚手架、井架和龙门架、塔吊、施工电梯的组装、搭设进行检查验收。

3) 对危险性较大的起重、升降设备、高压容器等还须经过当地政府法定安全管理部门的检测合格后,才能投入使用。

4) 施工过程中的安全设施,如通道防护棚、电梯井内隔离排或安全网、楼层周边、预留洞口的防护设施、悬挑钢平台、外挑安全网等、组装完毕后应进行检查验收。

5) 保存检查验收记录。

8. 事故隐患控制

(1) 控制原则

项目经理部应对存在隐患的安全设施、过程和行为进行控制,确保不合格设施不使用,不合格物资不放行,不合格过程不通过,不安全行为不放过。

(2) 职责权限

项目经理部应确定对事故隐患进行处理的人员,规定其职责和权限。

(3) 处理方式

1) 停止使用、封存;

2) 指定专人进行整改以达到规定要求;

3) 进行返工,以达到规定要求;

4) 对有不安全行为的人员进行教育或处罚;

5) 对不安全生产的过程重新组织。

(4) 验证

1) 项目经理部安监部门必要时对存在隐患的安全设施、安全防护用品整改效果进行验证;

2）对上级部门提出的重大事故隐患,应由项目经理部组织实施整改,由企业主管部门进行验证,并报上级检查部门备案。

9. 纠正和预防措施

项目经理部对已经发生或潜在的事故隐患进行分析并针对存在问题的原因,采取纠正和预防措施,纠正和预防措施应与存在问题的危害程度和风险相适应。

（1）纠正措施

1）当发生事故时,首先抢救伤员及国家财产,保护现场,并按照规定及时向上级有关部门报告;

2）针对产生事故的原因,记录调查结果,并研究防止同类事故所需的纠正措施;

3）对存在事故隐患的设施、设备、安全防护用品;先实施处置并做好标识,必要时派专人值班,经调查,查明造成事故隐患的原因后,制定相应的纠正措施;

4）实施并验证纠正措施效果。

（2）预防措施

1）针对影响施工安全的过程,审核结果,安全记录和业主意见,社会投诉等,以发现、分析、消除事故隐患的潜在因素;

2）对要求采取的预防措施,确定所需的处理步骤;

3）对预防措施实施控制,并确保措施落到实处;

4）确保所采取的预防措施实施效果反馈到相关部门。

10. 安全教育和培训

（1）安全教育和培训应贯穿施工生产的全过程,覆盖施工项目的所有人员,确保未经过安全生产教育培训的员工不得上岗作业。

（2）安全教育和培训的重点是管理人员的安全生产意识和安全管理水平;操作者遵章守纪、自我保护和提高防范事故的能力。

（3）安全培训的内容:

1）施工管理人员的安全专业技能;

2）岗位的安全技术操作规程;

3) 施工现场的安全规章、文明施工制度；

4) 特种作业人员的安全技术操作规程及措施；

5) 新工艺、新材料、新技术、新设备实施中特定的安全技术规定；

6) 安全计划中有针对性的安全措施要求；

7) 特定环境中的安全注意事项；

8) 对潜在的事故隐患或发生紧急情况时，如何采取防范及自我解救的措施。

(4) 法定节假日前后、上岗前、事故后、工作对象改变时，应进行针对性的安全教育。

(5) 教育培训应按等级、层次和工作性质不同分别进行，对从事特种作业的人员应按规定进行资格考核和专业培训。

(6) 实施分包单位的进场安全教育及平时的安全教育培训，新工人应经过三级安全教育。

(7) 保存培训教育记录，按规定建立员工劳动保护记录卡。

(8) 项目经理部在安全计划中指定安全教育培训部门或责任人。

11. 内部审核

(1) 审核目的与范围：

1) 建筑业企业应组织对项目经理部的安全活动是否符合安全管理体系文件有关规划的要求进行审核，以确定安全生产管理体系运行的有效性；

2) 掌握施工管理的安全现场现状，判别安全管理是否受控，评价安全管理体系文件的适宜性；

3) 对工程项目安全管理体系运行情况进行内部审核时，对本体系文件规定的条款，是否贯穿于施工全过程进行审核。

(2) 审核准备：

1) 编制审核计划；

2) 确定审核人员；

3) 确定审核范围和要求。

（3）审核要求：

1）按计划要求实施安全管理体系审核，并予以记录；

2）编制审核报告，并报送上级主管部门。

（4）审核报告内容：

1）审核情况简述；

2）存在的主要问题描述；

3）对存在的问题原因进行分析、拟定纠正和预防措施；

4）对采取纠正和预防措施实施效果进行验证。

（5）保存审核记录：

施工项目安全管理体系在经过企业内部审核后，可向具有资质的认证机构申请对安全管理体系的认证。

12．安全记录

（1）项目经理部应建立证明安全管理体系运行必要的安全记录，其中包括台账、报表、原始记录等。

（2）安全记录的建立、收集和整理。按国家、行业、地方和上级的有关规定，确定安全记录种类、格式。当规定表格不能满足安全记录需要时，安全保证计划中应制定记录。

（3）确定安全记录的部门或相关人员，规定收集、整理包括分包单位在内的各类安全管理资料的要求，并装订成册。

（4）对安全记录进行标识、编目和立卷，并符合国家、行业、地方和上级有关规定。

（5）安全记录的贮存和保管。

1）项目经理部应有专人对安全记录进行保管，贮存的环境应利于保存和检索；

2）安全记录应及时完整，并延续到工程项目竣工。

2 施工项目安全管理策划

2.1 策 划 原 则

2.1.1 安全管理策划的原则

1．预防性

施工项目安全管理策划必须坚持"安全第一、预防为主"的原则，体现安全管理的预防和预控作用，针对施工项目的全过程制定预警措施。

2．全过程性

项目的安全策划应包括由可行性研究开始到设计、施工，直至竣工验收的全过程策划，施工项目安全管理策划要覆盖施工生产的全过程和全部内容，使安全技术措施贯穿至施工生产的全过程，以实现系统的安全。

3．科学性

施工项目的安全策划应能代表最先进的生产力和最先进的管理方法，承诺并遵守国家的法律法规，遵照地方政府的安全管理规定，执行安全技术标准和安全技术规范，科学指导安全生产。

4．可操作性

施工项目安全策划的目标和方案应尊重实际情况，坚持实事求是的原则，其方案具有可操作性，安全技术措施具有针对性。

5．实效的最优化

施工项目安全策划应遵循实效最优化的原则，即不盲目的扩大项目投入，又不得以取消和减少安全技术措施经费来降低项目成本。而是在确保安全目标的前提下，在经济投入、人力投入和物资投入上坚持最优化的原则。

2.1.2 安全策划的基本内容

1．设计策划依据

(1) 国家、地方政府和主管部门的有关规定；

(2) 采用的主要技术规范、规程、标准和其他依据。

2．工程概述

(1) 本项目设计所承担的任务及范围；

(2) 工程性质、地理位置及特殊要求；

(3) 改建、扩建前的职业安全与卫生状况；

(4) 主要工艺、原料、半成品、成品、设备及主要危害概述。

3．建筑及场地布置

(1) 根据场地自然条件预测的主要危险因素及防范措施；

(2) 工程总体布置中如锅炉房、氧气、乙炔等易燃易爆、有毒物品造成的影响及防范措施；

(3) 临时用电变压器周边环境；

(4) 对周边居民出行是否有影响。

4．生产过程中危险因素的分析

(1) 安全防护工作如脚手架作业防护、洞口防护、临边防护、高空作业防护和模板工程、起重及施工机具机械设备防护；

(2) 关键特殊工序如洞内作业、潮湿作业、深基开挖、易燃易爆品、防尘、防触电；

(3) 特殊工种如电工、电焊工、架子工、爆破工、机械工、起重工、机械司机等,除一般教育外,还要经过专业安全机能培训；

(4) 临时用电的安全系统管理如总体布置和各个施工阶段的临电(电闸箱、电路、施工机具等)的布设；

(5) 保卫消防工作的安全系统管理如临时消防用水、临时消防管道、消防灭火器材的布设等。

5．主要安全防范措施

(1) 根据全面分析各种危害因素确定的工艺路线、选用的可靠装置设备,从生产、火灾危险性分类设置的安全设施和必要的检测、检验设备；

（2）按照爆炸和火灾危险场所的类别、等级、范围选择电气设备的安全距离及防雷、防静电及防止误操作等设施；

（3）对可能发生的事故做出的预案、方案及抢救、疏散和应急措施；

（4）危险场所和部位如高空作业、外墙临边作业等；危险期间如冬期、雨期、高温天气等所采用的防护设备、设施及其效果等。

6．预期效果评价

施工项目的安全检查包括安全生产责任制、安全保证计划、安全组织机构、安全保证措施、安全技术交底、安全教育、安全持证上岗、安全设施、安全标识、操作行为、违规管理、安全记录。

7．安全措施经费

（1）主要生产环节专项防范设施费用；

（2）检测设备及设施费用；

（3）安全教育设备及设施费用；

（4）事故应急措施费用。

2.2 施工项目安全管理策划

2.2.1 施工项目安全管理目标

施工项目安全管理目标是项目根据企业的整体目标，在分析外部环境和内部条件的基础上，确定安全生产所要达到的目标，并采取一系列措施去努力实现的活动过程。施工项目安全管理目标为：

1．控制目标

（1）杜绝因工重伤、死亡事故的发生；

（2）负轻伤频率控制在6‰以内；

（3）不发生火灾、中毒和重大机械事故；

（4）无环境污染和严重扰民事件。

2. 管理目标

(1) 及时消除重大事故隐患,一般隐患整改率达到95%;

(2) 扬尘、噪声、职业危害作业点合格率100%;

(3) 保证施工现场达到当地省(市)级文明安全工地。

3. 工作目标

(1) 施工现场实现全员安全教育。特种作业人员持证上岗率达到100%;操作人员三级安全教育率100%;

(2) 按期开展安全检查活动,隐患整改做到"四定",即:定整改责任人、定整改措施、定整改完成时间、定整改验收人;

(3) 认真把好安全生产的"七关",即:教育关、措施关、交底关、防护关、文明关、验收关、检查关;

(4) 认真开展重大安全活动和施工项目的日常安全活动。

2.2.2 施工项目安全生产保证体系

完善安全管理体制,建立健全安全管理制度、安全管理机构和安全生产责任制是安全管理的重要内容,也是实现安全生产目标管理的组织保证。

为适应社会主义市场经济的需要,1993年国务院将原来的"国家监察、行政管理、群众监督"的安全生产管理体制,发展为"企业负责、行业管理、国家监察、群众监督、劳动者遵章守纪"。因为同时考虑到许多事故发生的原因,是由于劳动者不遵守规章制度,违章违纪造成的,所以增加了"劳动者遵章守纪"这一条规定。而施工项目安全生产保证体系就是按照这样的安全生产管理体制建立和健全起来的。

1. 安全生产组织保证体系

(1) 根据工程施工特点和规模,设置项目安全生产最高权利机构——安全生产委员会或安全生产领导小组。

1) 建筑面积在5万 m²(含5万 m²)以上或造价在3000万元人民币(含3000万元)以上的工程项目,应设置安全生产委员会;建筑面积在5万 m²以下或造价在3000万元人民币以下的工程项目,应设置安全领导小组。

2) 安全生产委员会由工程项目经理、主管生产和技术的副经理、安全部负责人、分包单位负责人以及人事、财务、机械、工会等有关部门负责人组成,人员以5~7人为宜。

3) 安全生产领导小组由工程项目经理、主管生产和技术的副经理、专职安全管理人员、分包单位负责人以及人事、财务、机械、工会等负责人组成,人员3~5人为宜。

4) 安全生产委员会(或安全生产领导小组)主任(或组长)由工程项目经理担任。

5) 安全生产委员会(安全生产领导小组)职责:

① 安全生产委员会(或小组)是工程项目安全生产的最高权利机构,负责对工程项目安全生产的重大事项及时做出决策;

② 认真贯彻执行国家有关安全生产和劳动保护的方针、政策、法令以及上级有关规章制度、指示、决议,并组织检查执行情况;

③ 负责制定工程项目安全生产规划和各项管理制度,及时解决实施过程中的难点和问题;

④ 每月对工程项目进行至少一次全面的安全生产大检查,并召开专门会议,分析安全生产形势,制定预防因工伤亡事故发生的措施和对策;

⑤ 协助上级有关部门进行因工伤亡事故的调查、分析和处理。

6) 大型工程项目可在安全生产委员会下按栋号或片区设置安全生产领导小组。

(2) 设置安全生产专职管理机构——安全部,并配备一定素质和数量的专职安全管理人员。

1) 安全部是工程项目安全生产专职管理机构,安全生产委员会或领导小组的常设办事机构设在安全部。其职责包括:

① 协助工程项目经理开展各项安全生产业务工作;

② 定时准确地向工程项目经理和安全生产委员会或领导小组汇报安全生产情况;

③ 组织和指导下属安全部门和分包单位的专职安全员(安全生产管理机构)开展各项有效的安全生产管理工作;

④ 行使安全生产监督检查职权。

2) 设置安全生产总监(工程师)职位。其职责为:

① 协助工程项目经理开展安全生产工作,为工程项目经理进行安全生产决策提供依据;

② 每月向项目安全生产委员会(或小组)汇报本月工程项目安全生产状况;

③ 定期向公司(厂、院)安全生产管理部门汇报安全生产情况;

④ 对工程项目安全生产工作开展情况进行监督;

⑤ 有权要求有关部门和分部分项工程负责人报告各自业务范围内的安全生产情况;

⑥ 有权建议处理不重视安全生产工作的部门负责人、栋号长、工长及其他有关人员;

⑦ 组织并参加各类安全生产检查活动;

⑧ 监督工程项目正、副经理的安全生产行为;

⑨ 对安全生产委员会或领导小组做出的各项决议的实施情况进行监督;

⑩ 行使工程项目副经理的相关职权。

3) 安全管理人员的配置。

① 施工项目 1 万 m^2(建筑面积)及以下设置 1 人;

② 施工项目 1~3 万 m^2 设置 2 人;

③ 施工项目 3~5 万 m^2 设置 3 人;

④ 施工项目在 5 万 m^2 以上按专业设置安全员,成立安全组。

(3) 分包队伍按规定建立安全组织保证体系,其管理机构以及人员纳入工程项目安全生产保证体系,接受工程项目安全部的业务领导,参加工程项目统一组织的各项安全生产活动,并按周向项目安全部传递有关安全生产的信息。

1) 分包自身管理体系的建立:分包单位 100 人以下设兼职安

全员;100～300人必须有专职安全员1名;300～500人必须有专职安全员2名,纳入总包安全部统一进行业务指导和管理。

2) 班组长、分包专业队长是兼职安全员,负责本班组工人的健康和安全,负责消除本作业区的安全隐患,对施工现场实行目标管理。

2. 安全生产责任保证体系

施工项目是安全生产工作的载体,具体组织和实施项目安全生产工作,是企业安全生产的基层组织。负全面责任。

(1) 施工项目安全生产责任保证体系分为三个层次:

1) 项目经理作为本施工项目安全生产第一负责人,由其组织和聘用施工项目安全负责人、技术负责人、生产调度负责人、机械管理负责人、消防管理负责人、劳务管理负责人及其他相关部门负责人组成安全决策机构;

2) 分包队伍负责人作为本队伍安全生产第一责任人,组织本队伍执行总包单位安全管理规定和各项安全决策,组织安全生产;

3) 作业班组负责人(或作业工人)作为本班组或作业区域安全生产第一责任人,贯彻执行上级指令,保证本区域、本岗位安全生产。

(2) 施工项目应履行下列安全生产责任:

1) 贯彻落实各项安全生产的法律、法规、规章、制度,组织实施各项安全管理工作,完成上级下达的各项考核指标;

2) 建立并完善项目经理部安全生产责任制和各项安全管理规章制度,组织开展安全教育、安全检查,积极开展日常安全活动,监督、控制分包队伍执行安全规定,履行安全职责;

3) 建立安全生产组织机构,设置安全专职人员,保证安全技术措施经费的落实和投入;

4) 制定并落实项目施工安全技术方案和安全防护技术措施,为作业人员提供安全的生产作业环境;

5) 发生伤亡事故及时上报,并保护好事故现场,积极抢救伤员,认真配合事故调查组开展伤亡事故的调查和分析,按照"四不放过"原则,落实整改防范措施,对责任人员进行处理。

3. 安全生产资源保证体系

施工项目的安全生产必须有充足的资源做保障。安全资源投入包括人力资源、物资资源和资金的投入。安全人力资源投入包括专职安全管理人员的设置和高素质技术人员、操作工人的配置,以及安全教育培训投入;安全物资资源投入包括进入现场材料的把关和料具的现场管理以及机电、起重设备、锅炉、压力容器及自制机械等资源的投入。其中:

(1)物资资源系统人员对机、电、起重设备、锅炉、压力容器及自制机械的安全运行负责,按照安全技术规范进行经常性检查,并监督各种设备、设施的维修和保养;对大型设备设施、中小型机械操作人员定期进行培训、考核,持证上岗。负责起重设备、提升机具、成套设施的安全验收。

(2)安全所需材料应加强供应过程中的质量管理,防止假冒伪劣产品进入施工现场,最大限度地减少工程建设伤亡事故的发生。首先是正确选择进货渠道和材料的质量把关。一般大型建筑公司都有相对的定点采购单位,对生产厂家及供货单位要进行资格审查,内容如下:要有营业执照,生产许可证,生产产品允许等级标准,产品监察证书,产品获奖情况;应有完善的检测手段、手续和实验机构,可提供产品合格证和材质证明;应对其产品质量和生产历史情况进行调查和评估,了解其他用户使用情况与意见,生产厂方(或供货单位)的经济实力、担保能力、包装储运能力等。质量把关应由材料采购人员做好市场调查和预测工作,通过"比质量、比价格、比运距"的优化原则,验证产品合格证及有关检测实验等资料,批量采购并应签订合同。

(3)安全材料质量的验收管理。在组织送料前由安全人员和材料员先行看货验收;进库时由保管员和安全人员一起组织验收方可入库。必须是验收质量合格,技术资料齐全的才能登入进料台账,发料使用。

(4)安全材料、设备的维修保养工作。维修保养工作是施工项目资源保证的重要环节,保管人员应经常对所管物资进行检查,了解和掌握物资保管过程中的变化情况,以便及时采取措施,进行防护,从而保证设备出场的完好。如用电设备,包括手动工具、照明设施必须在出库前由电工全面检测并做好记录,只有保证合格设备才能出库,避免工人有时盲目检修而形成的事故隐患。

安全投资包括主动投资和被动投资;预防投资与事后投资;安全措施费用;个人防护品费用;职业病诊治费用等。安全投资的政策应遵循"谁受益谁整改,谁危害谁负担;谁需要谁投资的原则"。现阶段我国一般企业的安全投资应该达到项目造价的 0.8% ~ 2.5%。所以每一个施工的工程项目在资金投入方面必须认真贯彻执行国家、地方政府有关劳动保护用品的规定和防暑降温经费规定,做到职工个人防护用品费用和现场安全措施费用的及时提供。特别是部分工程具有自身的特点,如建筑物周边有高压线路或变压器需要采取防护,建筑物临近高层建筑需要采取措施临边进行加固等。

安全投资所产生的效益可从事故损失测算和安全效益评价来估策。事故损失的分类包括:直接损失与间接损失;有形损失与无形损失;经济损失与非经济损失等。

资源保证体系中对安全技术措施费用的管理非常重要,要求:

(1) 规范安全技术措施费用管理,保证安全生产资源基本投入。公司应在全面预算中专门立项,编制安全技术措施费用预算计划,纳入经营成本预算管理;安全部门负责编制安全技术措施项目表,作为公司安全生产管理标准执行;项目经理部按工程标的总额编制安全技术措施费用使用计划表,总额由经理部控制,须按比例分解到劳务分包,并监督使用。公司须建立专项费用用于抢险救灾和应急。

(2) 加强安全技术措施费用管理,既要坚持科学、实用、低耗,又要保证执行法规、规范,确保措施的可靠性。编制的安全技术措施必须满足安全技术规范、标准,费用投入应保证安全技术措施的实现,要对预防和减少伤亡事故起到保证作用;安全技术措施的贯彻落实要由总包负责;用于安全防护的产品性能、质量达标并检测合格。

(3) 编制安全技术措施费用项目目录表。包括基坑、沟槽防护;结构工程防护;临时用电;装修施工;集料平台;个人防护等。

4. 安全生产管理制度

施工项目应建立十项安全生产管理制度:

(1) 安全生产责任制度;

(2) 安全生产检查制度;

(3) 安全生产验收制度;

(4) 安全生产教育培训制度;

(5) 安全生产技术管理制度;

(6) 安全生产奖罚制度;

(7) 安全生产值班制度;

(8) 工人因工伤亡事故报告、统计制度;

(9) 重要劳动防护用品定点使用管理制度;

(10) 消防保卫管理制度。

施工项目安全管理制度范本:

(1) 安全生产责任制度。

为贯彻落实党和国家有关安全生产的政策法规,明确施工项目各级人员、各职能部门安全生产责任,保证施工生产过程中的人身安全和财产安全,根据国家及上级有关规定,特制定施工项目安全生产责任制。

1) 项目经理部安全生产职责:

① 项目经理部是安全生产工作的载体,具体组织和实施项目安全生产、文明施工、环境保护工作,对本项目工程的安全生产负全面责任;

② 贯彻落实各项安全生产的法律、法规、规章、制度,组织实施各项安全管理工作,完成各项考核指标;

③ 建立并完善项目部安全生产责任制和安全考核评价体系,积极开展各项安全活动,监督、控制分包队伍执行安全规定,履行

安全职责;

④ 发生伤亡事故及时上报,并保护好事故现场,积极抢救伤员,认真配合事故调查组开展伤亡事故的调查和分析,按照"四不放过"原则,落实整改防范措施,对责任人员进行处理。

2) 项目部各级人员安全生产责任:

① 工程项目经理

a. 工程项目经理是项目工程安全生产的第一责任人,对项目工程经营生产全过程中的安全负全面领导责任;

b. 工程项目经理必须经过专门的安全培训考核,取得项目管理人员安全生产资格证书,方可上岗;

c. 贯彻落实各项安全生产规章制度,结合工程项目特点及施工性质,制定有针对性的安全生产管理办法和实施细则,并落实实施;

d. 在组织项目施工、聘用业务人员时,要根据工程特点、施工人数、施工专业等情况,按规定配备一定数量和素质的专职安全员,确定安全管理体系;明确各级人员和分承包方的安全责任和考核指标,并制定考核办法;

e. 健全和完善用工管理手续,录用外协施工队伍必须及时向人事劳务部门、安全部门申报,必须事先审核注册、持证等情况,对工人进行三级安全教育后,方准入场上岗;

f. 负责施工组织设计、施工方案、安全技术措施的组织落实工作,组织并督促工程项目安全技术交底制度、设施设备验收制度的实施;

g. 领导、组织施工现场每旬一次的定期安全生产检查,发现施工中的不安全问题,组织制定整改措施及时解决;对上级提出的安全生产与管理方面的问题,要在限期内定时、定人、定措施予以解决;接到政府部门安全监察指令书和重大安全隐患通知单,应立即停止施工,组织力量进行整改。隐患消除后,必须报请上级部门验收合格,才能恢复施工;

h. 在工程项目施工中,采用新设备、新技术、新工艺、新材料,

必须编制科学的施工方案、配备安全可靠的劳动保护装置和劳动防护用品,否则不准施工;

i. 发生因工伤亡事故时,必须做好事故现场保护与伤员的抢救工作,按规定及时上报,不得隐瞒、虚报和故意拖延不报。积极组织配合事故的调查,认真制定并落实防范措施,吸取事故教训,防止发生重复事故。

② 工程项目生产副经理

a. 对工程项目的安全生产负直接领导责任,协助工程项目经理认真贯彻执行国家安全生产方针、政策、法规,落实各项安全生产规范、标准和工程项目的各项安全生产管理制度;

b. 组织实施工程项目总体和施工各阶段安全生产工作规划以及各项安全技术措施、方案的组织实施工作,组织落实工程项目各级人员的安全生产责任制;

c. 组织领导工程项目安全生产的宣传教育工作,并制定工程项目安全培训实施办法,确定安全生产考核指标,制定实施措施和方案,并负责组织实施,负责外协施工队伍各类人员的安全教育、培训和考核审查的组织领导工作;

d. 配合工程项目经理组织定期安全生产检查,负责工程项目各种形式的安全生产检查的组织、督促工作和安全生产隐患整改"三落实"的实施工作,及时解决施工中的安全生产问题;

e. 负责工程项目安全生产管理机构的领导工作,认真听取、采纳安全生产的合理化建议,支持安全生产管理人员的业务工作,保证工程项目安全生产保证体系的正常运转;

f. 工地发生伤亡事故时,负责事故现场保护、职工教育、防范措施落实,并协助做好事故调查分析的具体组织工作。

③ 项目安全总监

a. 在现场经理的直接领导下履行项目安全生产工作的监督管理职责;

b. 宣传贯彻安全生产方针政策、规章制度,推动项目安全组织保证体系的运行;

c. 督促实施施工组织设计、安全技术措施;实现安全管理目标;对项目各项安全生产管理制度的贯彻与落实情况进行检查与具体指导;

d. 组织分承包商安全专兼职人员开展安全监督与检查工作;

e. 查处违章指挥、违章操作、违反劳动纪律的行为和人员,对重大事故隐患采取有效的控制措施,必要时可采取局部直至全部停产的非常措施;

f. 督促开展周一安全活动和项目安全讲评活动;

g. 负责办理与发放各级管理人员的安全资格证书和操作人员安全上岗证;

h. 参与事故的调查与处理。

④ 工程项目技术负责人

a. 对工程项目生产经营中的安全生产负技术责任;

b. 贯彻落实国家安全生产方针、政策,严格执行安全技术规程、规范、标准;结合工程特点,进行项目整体安全技术交底;

c. 参加或组织编制施工组织设计,在编制、审查施工方案时,必须制定、审查安全技术措施,保证其可行性和针对性,并认真监督实施情况,发现问题及时解决;

d. 主持制定技术措施计划和季节性施工方案的同时,必须制定相应的安全技术措施并监督执行,及时解决执行中出现的问题;

e. 应用新材料、新技术、新工艺,要及时上报,经批准后方可实施,同时必须组织对上岗人员进行安全技术的培训、教育;认真执行相应的安全技术措施与安全操作工艺要求,预防施工中因化学药品引起的火灾、中毒或在新工艺实施中可能造成的事故;

f. 主持安全防护设施和设备的验收。严格控制不符合标准要求的防护设备、设施投入使用;使用中的设施、设备,要组织定期检查,发现问题及时处理;

g. 参加安全生产定期检查,对施工中存在的事故隐患和不安全因素,从技术上提出整改意见和消除办法;

h. 参加或配合工伤及重大未遂事故的调查,从技术上分析事故发生的原因,提出防范措施和整改意见。

⑤ 工长、施工员

a. 工长、施工员是所管辖区域范围内安全生产的第一责任人,对所管辖范围内的安全生产负直接领导责任;

b. 认真贯彻落实上级有关规定,监督执行安全技术措施及安全操作规程,针对生产任务特点,向班组(外协施工队伍)进行书面安全技术交底,履行签字手续,并对规程、措施、交底要求的执行情况经常检查,随时纠正违章作业;

c. 负责组织落实所管辖施工队伍的三级安全教育、常规安全教育、季节转换及针对施工各阶段特点等进行的各种形式的安全教育,负责组织落实所管辖施工队伍特种作业人员的安全培训工作和持证上岗的管理工作;

d. 经常检查所管辖区域的作业环境、设备和安全防护设施的安全状况,发现问题及时纠正解决。对重点特殊部位施工,必须检查作业人员及各种设备和安全防护设施的技术状况是否符合安全标准要求,认真做好书面安全技术交底,落实安全技术措施,并监督其执行,做到不违章指挥;

e. 负责组织落实所管辖班组(外协施工队伍)开展各项安全活动,学习安全操作规程,接受安全管理机构或人员的安全监督检查,及时解决其提出的不安全问题;

f. 对工程项目中应用的新材料、新工艺、新技术严格执行申报、审批制度,发现不安全问题,及时停止施工,并上报领导或有关部门;

g. 发生因工伤亡及未遂事故必须停止施工,保护现场,立即上报,对重大事故隐患和重大未遂事故,必须查明事故发生原因,落实整改措施,经上级有关部门验收合格后方准恢复施工,不得擅自撤除现场保护设施,强行复工。

⑥ 外协施工队负责人

a. 是本队安全生产的第一责任人,对本单位安全生产负全面领导责任;

b. 认真执行安全生产的各项法规、规定、规章制度及安全操作规程,合理安排组织施工班组人员上岗作业,对本队人员在施工生产中的安全和健康负责;

c. 严格履行各项劳务用工手续,做到证件齐全,特种作业持证上岗。做好本队人员的岗位安全培训、教育工作,经常组织学习安全操作规程,监督本队人员遵守劳动、安全纪律,做到不违章指挥,制止违章作业;

d. 必须保持本队人员的相对稳定,人员变更须事先向用工单位有关部门报批,新进场人员必须按规定办理各种手续,并经入场和上岗安全教育后,方准上岗;

e. 组织本队人员开展各项安全生产活动,根据上级的交底向本队各施工班组进行详细的书面安全交底,针对当天施工任务、作业环境等情况,做好班前安全讲话,施工中发现安全问题,应及时解决;

f. 定期和不定期组织检查本队施工的作业现场安全生产状况,发现不安全因素,及时整改,发现重大事故隐患应立即停止施工,并上报有关领导,严禁冒险蛮干;

g. 发生因工伤亡或重大未遂事故,组织保护好事故现场,做好伤者抢救工作和防范措施,并立即上报,不准隐瞒、拖延不报。

⑦ 班组长

a. 班组长是本班组安全生产的第一责任人,认真执行安全生产规章制度及安全技术操作规程,合理安排班组人员的工作,对本班组人员在施工生产中的安全和健康负直接责任;

b. 经常组织班组人员开展各项安全生产活动和学习安全技术操作规程,监督班组人员正确使用个人劳动防护用品和安全设施、设备,不断提高安全自保能力;

c. 认真落实安全技术交底要求,做好班前交底,严格执行安全防护标准,不违章指挥,不冒险蛮干;

d. 经常检查班组作业现场的安全生产状况和工人的安全意识、安全行为,发现问题及时解决,并上报有关领导;

e. 发生因工伤亡及未遂事故,保护好事故现场,并立即上报有关领导。

⑧ 工人

a. 工人是本岗位安全生产的第一责任人,在本岗位作业中对自己、对环境、对他人的安全负责;

b. 认真学习,严格执行安全操作规程,模范遵守安全生产规章制度;

c. 积极参加各项安全生产活动,认真执行安全技术交底要求,不违章作业,不违反劳动纪律,虚心服从安全生产管理人员的监督、指导;

d. 发扬团结友爱精神,在安全生产方面做到互相帮助,互相监督,维护一切安全设施、设备,做到正确使用,不准随意拆改,对新工人有传、带、帮的责任;

e. 对不安全的作业要求要提出意见,有权拒绝违章指令;

f. 发生因工伤亡事故,要保护好事故现场并立即上报;

g. 在作业时要严格做到"眼观六面、安全定位;措施得当、安全操作"。

3) 项目部各职能部门安全生产责任

① 安全部

a. 是项目安全生产的责任部门,是项目安全生产领导小组的办公机构,行使项目安全工作的监督检查职权;

b. 协助项目经理开展各项安全生产业务活动,监督项目安全生产保证体系的正常运转;

c. 定期向项目安全生产领导小组汇报安全情况,通报安全信息,及时传达项目安全决策,并监督实施;

d. 组织、指导项目分包安全机构和安全人员开展各项业务工作,定期进行项目安全性测评。

② 工程管理部

a. 在编制项目总工期控制进度计划、年、季、月计划时,必须树立"安全第一"的思想,综合平衡各生产要素,保证安全工程与生

产任务协调一致;

b. 对于改善劳动条件、预防伤亡事故项目,要视同生产项目优先安排;对于施工中重要的安全防护设施、设备的施工要纳入正式工序,予以时间保证;

c. 在检查生产计划实施情况的同时,检查安全措施项目的执行情况;

d. 负责编制项目文明施工计划,并组织具体实施;

e. 负责现场环境保护工作的具体组织和落实;

f. 负责项目大、中、小型机械设备的日常维护、保养和安全管理。

③ 技术部

a. 负责编制项目施工组织设计中安全技术措施方案,编制特殊、专项安全技术方案;

b. 参加项目安全设备、设施的安全验收,从安全技术角度进行把关;

c. 检查施工组织设计和施工方案的实施情况的同时,检查安全技术措施的实施情况,对施工中涉及的安全技术问题,提出解决办法;

d. 对项目使用的新技术、新工艺、新材料、新设备,制定相应的安全技术措施和安全操作规程,并负责工人的安全技术教育。

④ 物资部

a. 重要劳动防护用品的采购和使用必须符合国家标准和有关规定,执行本系统重要劳动防护用品定点使用管理规定。同时,会同项目安全部门进行验收;

b. 加强对在用机具和防护用品的管理,对自有及协力自备的机具和防护用品定期进行检验、鉴定,对不合格品及时报废、更新,确保使用安全;

c. 负责施工现场材料堆放和物品储运的安全。

⑤ 机电部

a. 选择机电分承包方时,要考核其安全资质和安全保证能力；

　b. 平衡施工进度，交叉作业时，确保各方安全；

　c. 负责机电安全技术培训和考核工作。

　⑥ 合约部

　a. 分包单位进场前签订总分包安全管理合同或安全管理责任书；

　b. 在经济合同中应分清总分包安全防护费用的划分范围；

　c. 在每月工程款结算单中扣除由于违章而被处罚的罚款。

　⑦ 设计部

　a. 坚持安全生产的"三同时"原则，在设计项目中同时涵盖职业安全卫生的设备和设施；

　b. 在施工详图设计中确保各个项目的安全可靠性。

　⑧ 办公室

　a. 负责项目全体人员安全教育培训的组织工作；

　b. 负责现场 CI 管理的组织和落实；

　c. 负责项目安全责任目标的考核；

　d. 负责现场文明施工与各相关方的沟通。

　4) 责任追究制度

　① 对因安全责任不落实、安全组织制度不健全、安全管理混乱、安全措施经费不到位、安全防护失控、违章指挥、缺乏对分承包方安全控制力度等主要原因导致因工伤亡事故发生，除对有关人员按照责任状进行经济处罚外，对主要领导责任者给予警告、记过处分；对重要领导责任者给予警告处分；

　② 对因上述主要原因导致重大伤亡事故发生，除对有关人员按照责任状进行经济处罚外，对主要领导责任者给予记过、记大过、降级、撤职处分；对重要领导责任者给予警告、记过、记大过处分；

　③ 构成犯罪的，由司法机关依法追究刑事责任。

　(2) 安全生产检查制度。

　1) 为确保施工项目安全目标的实现，督促施工项目各级人员、各业务岗位履行安全职责,保证安全技术措施的执行和落实,特制定施工项目安全生产检查制度。

2) 施工项目实行安全生产逐级检查制度:

① 项目经理部每月(或每半月)由项目经理(或执行经理)牵头,组织区域责任经理、各相关业务人员(技术、机械、物资、机电、劳资、工长等)、分包队伍负责人、安全总监,开展安全生产大检查;

② 区域责任经理每半个月(或每周)组织专业责任工程师、分包商、行政、技术负责人、工长对所管辖的区域进行安全大检查;

③ 责任工程师(工长)、安全员实行日巡检制度;

④ 分包队伍、班组实行安全随检制度;

⑤ 工人进入作业面要进行岗前、作业中、离岗时安全设施和安全环境的自检、自查;

⑥ 安全总监监督各项检查活动的实施和落实。

3) 根据施工变化和工作需要,项目经理部或单位工程区域工程师组织不定期的安全生产大检查,如巡回检查、专项检查等。

4) 冬期、雨期、高温和强风天气,及时开展季节性专项安全检查,并加强日常安全巡检。

5) 节假日期间和节假日前后,进行全面安全检查。

6) 月度全面安全大检查的主要内容:

① 查领导,是否认真贯彻了"安全第一、预防为主"的方针,正确处理了安全和施工生产进度的关系等;

② 查教育,在时间、内容、人员上是否落实;

③ 查防护,各种现场防护是否达到了标准要求,安全防护技术措施是否得到落实;

④ 查制度,各项管理制度是否健全,是否得以真正落实;

⑤ 查隐患,工地各方面是否存在隐患和"三违现象"以及"三定"工作是否落实;

⑥ 查整改,上级部门或项目经理部检查中所发现的安全隐患是否已经整改完毕。

7) 周检或日检的主要内容:工人教育、安全措施、安全技术交底、防护状况、设备设施的验收和安全性、遵章守纪和文明施工等具体项目。

8）对查出的事故隐患要做到"四定"，即：定整改责任人、定整改措施、定整改完成时间、定整改验收人。

9）认真开展安全检查的考核和评比，安全检查结果要与项目岗位效益考核挂钩，好的要予以表扬，给予奖励；差的要批评、给予处罚。

10）建立安全生产检查记录和隐患整改档案，及时发现、诊断安全通病和管理缺陷，有效予以纠正，并制定预防措施。

（3）安全生产验收制度。

1）为确保安全方案和安全技术措施的实施和落实，施工项目建立安全生产验收制度。

2）安全技术方案实施情况的验收。

① 项目的安全技术方案由项目总工程师牵头组织验收；

② 交叉作业施工的安全技术措施由区域责任工程师组织验收；

③ 分部分项工程安全技术措施由专业责任工程师组织验收；

④ 一次验收严重不合格的安全技术措施应重新组织验收；

⑤ 安全总监要参与以上验收活动，并提出自己的具体意见或见解，对需重新组织验收的项目要督促有关人员尽快整改。

3）设施与设备验收。

① 一般防护设施和中小型机械设备由项目经理部专业责任工程师会同分包有关责任人共同进行验收；

② 整体防护设施以及重点防护设施由项目总（主任）工程师组织区域责任工程师、专业责任工程师及有关人员进行验收；

③ 区域内的单位工程防护设施及重点防护设施由区域责任师组织专业责任工程师、分包商施工、技术负责人、工长进行验收；

④ 项目经理部安全总监及相关分包安全员参加验收，其验收资料分专业归档；

⑤ 如下防护设施、临电设施、大型设备需在自检自验基础上

报请公司安全监督部(大型设备报请项目管理部)验收：

  a. 20m以上高大外脚手架、满堂红架；

  b. 吊篮架、挑架、外挂脚手架、卸料平台；

  c. 整体式提升架；

  d. 20m以上的物料提升架；

  e. 施工用电梯；

  f. 塔吊；

  g. 临电设施；

  h. 钢结构吊装吊索具等配套防护设施；

  i. $30m^3/h$以上的搅拌站；

  j. 其他大型防护设施。

  4) 因设计方案变更,重新安装、架设的大型设备及高大防护设施须重新进行验收。

  5) 安全验收必须严格遵照国家标准、规定,按照施工方案和安全技术措施的设计要求,严格把关,并办理书面签字手续,验收人员对方案、设备、设施的安全保证性能负责。

  (4) 安全生产教育制度。

  1) 为加强对员工劳动保护、安全生产基本知识的教育和安全技术的培训,不断提高员工的安全意识、法制水平,使之自觉遵守企业安全生产的规章制度和安全技术操作规程,减少和消除不安全行为,保证项目实现安全生产,根据上级有关规定特制定施工项目安全生产教育制度。

  2) 工程项目经理、主管生产的副经理、技术负责人、安全负责人必须参加规定课时和规定内容的安全教育培训及年审考核,并持有有效的安全生产资格证件上岗。

  3) 分包队伍负责人、分包技术管理人员、安全员必须参加规定课时和规定内容的安全教育培训及年审考核,并持有有效的安全生产资格证件上岗。

  4) 新工人(外协施工人员、农民工)进入施工现场必须进行三级安全教育,教育时间为40h。经考试合格后持有效证件上岗作业。

5) 特种作业人员必须经过专门的安全技术培训,考核合格后,持有效证件上岗作业。

6) 对转场或变换工种的工人必须进行转场和变换工种的安全教育,教育时间不得少于 4h。

7) 各分包单位要认真开展班前安全讲话和周一安全活动,活动内容要有针对性,并做好教育记录。

8) 工程项目出现以下几种情况时,工程项目经理应及时安排有关部门和人员对施工工人进行安全生产教育,时间不少于 2h。

① 因故改变安全操作规程;

② 实施重大和季节性安全技术措施;

③ 更新仪器、设备和工具,推广新工艺、新技术;

④ 发生因工伤亡事故、机械损坏事故及重大未遂事故;

⑤ 出现其他不安全因素,安全生产环境发生了变化。

9) 认真开展日常的安全教育和安全活动(如安全周、安全月、百日安全无事故活动),坚持经常化、形式多样化(如录像、讲座、板报、知识竞赛等),讲究实际效果。

10) 施工项目必须建立各级、各类人员安全教育培训档案,坚持全体人员的安全继续教育,确保关键岗位和关键人员持证上岗。

(5) 安全技术管理制度

1) 项目施工组织设计或施工方案中必须有针对性的安全技术措施。安全技术措施的编制,必须考虑现场的实际情况、施工特点及周围作业环境,要具有及时性、针对性和具体性。凡施工过程中可能发生的危险因素及建筑物周围外部环境不利因素等,都必须从技术上采取具体且有效的措施予以预防。

2) 安全技术措施中必须有施工总平面图,在图中必须对危险品油库、易燃材料库,变电设备,以及材料、构件的堆放位置,塔式起重机、井字架或龙门架、搅拌台的位置等按照施工需要和安全要求明确定位,并提出具体要求。

3) 下列特殊和危险性大的工程必须单独编制安全技术方案:

① 深坑桩基施工与土方开挖方案;

② ±0.00 以下结构施工方案;

③ 工程临时用电技术方案;

④ 结构施工临边、洞口及交叉作业、施工防护安全技术措施;

⑤ 塔吊、施工外用电梯、垂直提升架等安装与拆除安全技术方案(含基础方案);

⑥ 大模板施工安全技术方案;(含支撑系统)

⑦ 高大、大型脚手架、整体式爬升(或提升)脚手架及卸料平台安全技术方案;

⑧ 特殊脚手架——吊篮架、悬挑架、挂架等安全技术方案;

⑨ 钢结构吊装安全技术方案;

⑩ 防水施工安全技术方案;

⑪ 设备安装安全技术方案;

⑫ 新工艺、新技术、新材料施工安全技术措施;

⑬ 冬雨期施工安全技术措施;

⑭ 临街防护、临近外架供电线路、地下供电、供气、通风、管线,毗邻建筑物防护等安全技术措施;

⑮ 主体结构、装修工程安全技术方案;

⑯ 群塔作业安全技术措施。

4) 单独的安全技术方案,必须有设计、有计算、有详图、有文字要求。

5) 安全技术措施和安全技术方案要有编制、有审核、有审批。

6) 为落实安全技术方案和措施,施工项目实行逐级安全技术交底制度:

① 工程开工前,公司(厂、院)总工程师将工程概况、施工方法、安全技术措施等情况,向工地负责人、工长进行详细交底,并向工程项目全体职工进行交底;

② 两个以上施工队(分包单位)或工种配合施工时,工程项目经理、工长要按工程进度定期或不定期地向有关施工单位和班组进行交叉作业的安全书面交底;

③ 工长安排班组长工作前,进行书面的安全技术交底;

④ 班组长每天要对工人进行施工要求、作业环境等的书面安全交底(班前安全讲话)。

7) 安全技术交底的内容:

① 本工程项目施工作业的特点;

② 本工程项目施工作业中的危险;

③ 针对危险点的具体防范措施;

④ 施工中应注意的安全事项;

⑤ 有关的安全操作规程和标准;

⑥ 一旦发生事故后应及时采取的避难和急救措施。

8) 各级书面安全技术交底必须有交底时间、内容及交底人和接受交底人的签字。交底书要按单位工程分部分项归档存放。

9) 出现以下几种情况时,工程项目经理、技术负责人或工长应及时对班组进行安全技术交底。

① 因故改变安全操作规程;

② 实施重大和季节性安全技术措施;

③ 更新仪器、设备和工具,推广新工艺、新技术;

④ 发生因工伤亡事故、机械损坏事故及重大未遂事故;

⑤ 出现其他不安全因素、安全生产环境发生了变化。

10) 施工项目应严格执行安全验收制度。

(6) 安全生产奖罚制度。

为了进一步落实安全生产责任制,提高安全管理水平,根据公司安全管理制度及施工项目总分包管理协议,特制定施工项目安全生产奖罚制度。

1) 工程项目部的奖罚

① 工程项目部的各级管理人员的安全生产奖罚与公司季度奖金挂钩,其中项目经理的奖罚由公司领导负责考核,项目经理以下管理人员的奖罚由工程项目经理负责考核。

② 凡发生因工重伤、火警事故或因工死亡、火灾事故,按照事故严重程度和事故责任大小,扣除事故责任者和事故责任领导的

季度奖金 30%～100%。

③ 凡有下列情况之一的项目部,公司嘉奖项目经理;项目管理人员可按贡献大小,奖励奖金的 30%～100%:

a. 公司每月安全文明检查或综合考评检查中名列第一名的;

b. 在省(市)及上级机关组织的安全文明施工检查、综合考评检查或抽查中名列全省(市)或全局前三名的;

c. 施工现场安全防护、临电、消防、文明施工达到省(市)标准化、规范化要求,现场杜绝"三违"现象的;

d. 在安全生产管理上和安全技术应用上有创新,效果显著并得到上级机关或部门认可的;

e. 在争创省(市)安全文明工地能按计划达标,并能保持高水平稳标工作的;

f. 在上级机关、公司组织的各项安全、消防活动竞赛中成绩突出,积极配合上级部门开展工作的。

④ 凡有下列情况之一的项目部,对项目经理进行处罚,项目管理人员的奖金扣除 30%～50%:

a. 在公司每月文明安全检查或综合考评检查中平均分低于85 分或单项评分低于 80 分的;

b. 在上级机关组织的检查、抽查中安全、消防、文明施工或综合考评工作受到批评或处罚的;

c. 对于执行公司各项安全管理制度不严格、现场管理混乱的;

d. 在争创省(市)安全文明工地未能按计划达标,或达标后不能保持较高稳标水平的。

2) 分包的奖罚

① 严格执行地方政府及公司安全生产奖罚标准;

② 分包单位有如下情况之一的,将给予 300～5000 元的嘉奖:

a. 能按总包计划要求创成安全文明工地,并能在承包过程中保持较高管理水平的;

b. 在上级组织的安全、文明、消防检查中为总包赢得声誉的，并经上级机关(部门)检查认可的；

c. 在公司的安全文明施工，综合考评检查中连续三个月获得第一名的；

d. 在安全、文明、消防管理上有创新，在安全技术上有革新创造并得到上级机关(部门)认可的。

3) 分包单位有如下情况之一的，将给予 300～5000 元的处罚。

a. 施工现场公司在安全管理问题性质认定的违章、隐患的其中一项；

b. 对现场(责任区)安全生产管理不到位，防护、临电机械、消防上不断出现重大重复隐患的；

c. 不认真执行总包方的有关规定和要求，对提出的问题不能及时消项整改的；

d. 现场(责任区)管理混乱被上级检查或抽查给予通报批评或罚款造成不良影响的；

e. 违章指挥、违章作业所造成的重大未遂事故；

f. 对本责任区现场管理混乱，总包督促整改无效果的；

g. 对发现事故险情，既不采取防范措施又不及时报告的；

h. 各分包在交叉施工中不经责任方同意任意拆动防护设施(如电梯井门、护栏、安全网、洞口盖板等)。

4) 对于不认真执行总包的有关规定，不服从管理、现场管理混乱、重大隐患严重，又不能限期整改的，以至造成事故的分包单位，除承担一切后果和经济责任外，可解除分包合同，限期清除出场。

(7) 安全生产值班制度。

为加强对安全生产工作的领导，确保施工项目安全生产工作的延续性，保证安全信息的沟通，特建立施工项目安全生产值班制度。

1) 项目经理部经理、副经理、行政、生产、技术负责人作为值班领导,均要轮流值班。

2)每日安排1~2人值班,遇有特殊任务或日夜多班作业时,要增加值班人员。

3)值班人员必须认真履行职责:经常进行安全教育,及时进行安全检查,将了解到的情况向领导或负责人汇报,并提出整改意见,负责处理日常安全生产事务和发生事故的现场处理工作。

4)认真填写安全值班记录,搞好交接班,移交时,必须填写本班已经做到的工作和已经解决的问题以及下一班应该注意的事项和需要继续解决的问题,并要明确列项交代清楚。

5)值班人员在必要时,有权暂停冒险作业人员的工作,有权决定制止"三违"作业现象和对其处以一定数额的罚款。

(8)因工伤亡事故报告、统计制度。

1)事故报告。

① 工程项目发生因工伤亡事故后,负伤者或事故现场有关人员应立即报告工程项目经理;

② 工程项目经理或值班经理接到伤亡事故报告后要迅速赶到事故现场,指挥抢救受伤人员,对受伤者的伤害部位做出判断,有选择地送专业医院抢救,同时向直接上级主管部门报告。如确因故不能赶往事故现场,应委派相应人员代职处理。分包工程项目经理应同时向总包商报告;

③ 交叉施工的工程项目,在主要责任分不清的情况下,各自上报直接上级主管部门;

④ 事故发生后,工程项目应立即采取措施制止事故蔓延扩大,认真保护事故现场,凡与事故有关的物体、痕迹、状态均不得破坏,为抢救受伤害者需要移动现场某些物体时,必须做好现场标志;

⑤ 报告内容:

a. 事故发生的单位工程名称、时间、地点;

b. 事故简要经过、伤亡人数、伤害程度、伤亡者姓名及自然状况;

  c. 事故现场采取的控制措施；

  d. 报告人姓名、工地电话。

  ⑥ 发生死亡事故或重大责任事故，工程项目部应与上级主管部门取得联系并报当地公安部门的相应部门备案，并协助调查。

  2) 事故调查。

  ① 轻伤事故由项目有关人员组成事故调查组，调查处理结果48h 内报上级主管部门，由上级主管部门批准结案。

  ② 重伤、死亡事故发生后，工程项目应立即组织有关人员组成工程项目事故调查组进行调查，并积极配合政府和上级调查组的调查工作(包括：准备提供相应的文件，如：资质证书、合同、务工证等图像、照片、资料，有关人证、物证等)。

  ③ 工程项目事故调查组成员应当符合以下条件：

  a. 具有事故调查所需要的某一方面专长；

  b. 与所发生的事故没有直接利害关系。

  ④ 工程项目事故调查组的职责：

  a. 查明事故发生原因、过程和伤亡人员情况、经济损失情况；

  b. 确定事故责任者、事故类别；

  c. 提出对工程项目事故处理意见和防范措施；

  d. 写出"事故调查报告"，并将医院诊断书等有关调查资料附后，报上级事故调查组。

  ⑤ 发生因工伤亡事故的现场，必须经过相应组织的批准方可进行清理：

  a. 轻伤事故现场的清理，由工程项目经理批准；

  b. 重伤事故，重大伤亡、特大伤亡事故现场的清理，由政府劳动保护监察机关批准。

  3. 事故处理

  ① 工程项目发生因工伤亡事故后，应主动接受上级的处理；

  ② 工程项目经理应积极组织有关人员参加事故分析会和事故责任人员学习班；

  ③ 因忽视安全生产、违章指挥、违章作业、玩忽职守或者对事

故隐患不采取有效措施以致造成伤亡事故的,由主管部门按照国家及上级有关规定对工程项目负责人和直接责任人员给予经济处罚、行政处分;构成犯罪的由公安司法机关依法追究刑事责任;

④ 对发生伤亡事故后隐瞒不报、谎报、故意迟延不报、故意破坏现场、阻挠、干扰调查组正常工作的,由上级主管部门根据有关规定,对工程项目经理和直接责任人员给予经济处罚、行政处分,构成犯罪的由公安司法机关依法追究刑事责任;

⑤ 工程项目发生因工伤亡事故后,应视情节严重程度和上级有关规定进行部分或全面停产整顿。

a. 轻伤事故发生事故的区域应停产 1~2h,待原因查清、采取防范措施后,由宣布部门或全部停产整顿的部门负责人批准复工;

b. 重伤、死亡事故,由集团主管部门和上级政府决定进行部分或全面停产整顿,待原因查清、采取防范措施后,由宣布部门或全面停产的部门负责人批准复工。

(9) 重要劳动防护用品管理制度。

为确保施工项目安全防护工作的可靠性,特制定重要劳动防护用品定点使用管理制度。

1) 重要劳动防护用品范围:

① 安全网:水平安全网、密目式安全网;

② 安全带:常用安全带、防坠器;

③ 安全帽;

④ 漏电断路器;

⑤ 配电箱、开关箱;

⑥ 临时用电的电缆、电源线;

⑦ 脚手架扣件;

⑧ 安全标志。

2) 重要防护用品由公司实行认定厂家认定产品的监督控制办法,公司每年发布相关信息 1~2 次,项目经理部、各分包可从中选择认定厂家的认定产品。

3) 项目部要求各定点厂家提供所购认定产品的合格证、技术检测报告书,并予以存档。

4) 项目部不定期对重要护品进行检查,对使用中损坏的产品及时通报厂家进行维修;对超过使用期限的失效产品,及时予以报废和更换。

(10) 消防、保卫管理制度。

1) 项目经理全面负责本单位的消防、治安保卫管理工作。主管副经理具体负责消防、治安保卫责任制的组织落实与实施。同时应设有一名同志负责项目的日常消防、治安保卫工作。

2) 对本项目职工及外协队伍要经常进行法制宣传教育,提高法制观念、加强防范意识。

3) 配足守卫力量,成立消防、治安保卫领导小组,建立健全群众性的群防群治组织,做到人员落实,组织落实,责任落实。

4) 定期或不定期的听取和研究本单位消防、治安保卫情况,及时解决消防、治安隐患。

5) 对本项目发生的案件,要保护好现场,及时上报有关领导和部门,并为其提供情况,协助查破案件。

6) 进入施工现场严禁吸烟。

7) 施工现场严格控制火源,严禁随便动用明火 。

8) 施工现场及生活区必须按规定配足灭火器材及消防设施,并保证各类消防器材的完好。

9) 施工现场及生活区严禁支搭易燃建筑,如需支搭临时建筑时,要经工程部和保卫部审批后,方可实施。

10) 乙炔发生器、氧气瓶一律不准放在在施工程内使用。

11) 重点工种、电气焊工、电工、油漆工、防水工等要严格按照操作规程施工。

12) 项目经理、工长、班长,在下达任务时,要逐级下达书面的防火安全交底,否则造成火灾事故要依法追究责任。

13) 在施工现场内,严禁住人及堆放易燃物资,也不得使用电炉子以及电暖气,违者限期整改并处以重罚。

2.2.3 施工项目危害辨识及危险评价

造成事故的原因很多,归纳起来有 4 类(即事故的 4M 构成要素):人的错误推测与错误行为;物的不安全状态;危险的环境和较差的管理。由于管理较差,人的不安全行为和物、环境的不安全状态发生接触时就会发生工伤事故。而在各种事故原因构成中,人的不安全行为和物的不安全状态是造成事故的直接原因,物的不安全状态和人的不安全行为在一定的时空里发生交叉就是事故的触发点。所以,预防事故发生的根本是消除物的不安全状态,控制人的不安全行为,原则上讲,只要人们认识并制止了危险行为的发生或控制了危险因素向事故转化的条件,事故是可以避免的。下面从人因本质和物态本质方面对其安全因素进行辨识与测评。

1. 人因本质安全因素的辨识

人的不安全行为有两种情况,一是由于安全意识差而做的有意的行为或错误的行为;二是由于人的大脑对信息处理不当所做的无意行为。前者如使塔吊、搅拌机超速运行,未经许可或未发出警告就开动机器、使用有缺陷的木工机械、私自拆除安全装置或造成安全装置失效、没有使用个人防护用品、机器运转中进行维修和调整或清扫等作业;后者如误操作、误动作;调整的错误,造成安全装置失效;开动、关停机器时未给信号;开关未锁紧,造成意外转动、通电或泄漏;忘记关闭设备等错误。引起行为失误的原因有物缺陷、人方面缺陷和管理缺陷等,详见表 2-1。

人为失误原因表　　　　　　　　　　　　　　　　表 2-1

失误类型	失 误 原 因
感觉、判断过程失误	显示不完善;输入信息混乱;知觉能力缺陷;错觉
联络失误,确认不充分	联络信息的方式与判断的方法不完全;联络信息的实施不彻底;联络信息的表达内容不全面;接受信息时,没有充分确认,错误领会了所表达的内容
由反射行为引起的失误	反射行为造成的危害很多,特别是在危险场所里,以不自然的姿势作业等都会造成事故发生

失 误 类 型	失 误 原 因
遗忘	没有想起来;暂时记忆消失;过程中断的遗忘
单调作业引起瞌睡、失神	在简单、重复、没有什么变化和刺激的单调作业中,人的知识和思考力便会下降,出现回忆和发愣状态,同时冲动性行为增多,此时极易出现失误
精神不集中	信息处理时间间隔长,易使人思想开小差,结果忘记或影响了应当进行的信息处理;思想水平模糊,对信息难于处理
不良习惯引起失误	习惯性违章作业;对作业厌烦、懒惰;随大流,逞能好胜
疲劳引起的失误	对信息的方向、选择性能和过滤性能差;输出时的程序混乱,行为缺乏准确性;带病操作、连续加班作业
操作方向引起失误	无操作方向显示;与人体习惯方向相反
操作调整失误	技能水平低,操作不熟练;操作繁琐、困难;教育、训练不够;意识水平低下
操作工具的形状、布置等缺陷引起失误	操作工具的形状、布置不合理;记错了操作对象的位置;产生方向性混乱;工具、用品等选择错误
异常状态下产生错误行为	在紧急状态下,缺乏经验;惊慌失措,草木皆兵;注意力集中于一点
存在环境原因	如光线、潮湿度、空气质量、噪声振动、色彩、作业场所布置等,都属于环境方面的因素
存在管理方面的原因	制度不够健全,工作安排不妥;安全教育不够;安全意识、安全技能掌握不够

2.现场物态本质安全因素的辨识

对现场物态本质安全因素的辨识也就是对事故发生的危险源进行的有效控制。危险源是指一个施工项目整个系统中具有潜在能量和物质释放危险的、在一定的触发因素作用下可转化为事故的部位、区域、场所、空间、设备及其位置。危险源由三个要素构成:潜在危险性、存在条件和触发因素。

现场物态本质安全因素的辨识的目的就是通过对整个施工项目进行系统的分析,界定出系统中的哪些部分、区域是危险源,其危险性质、危害程度、存在状况、危险源能量与物质转化为事故的转化过程规律、转化的条件、触发因素等。以便有效地控制能量和物质的转化,使危险源不至于转化为事故。它是利用科学方法对生产过程中那些具有能量、物质的性质、类型、构成要素、触发因素或条件,以及后果进行分析与研究,做出科学判断,为控制事故发生提供必要的、可靠的依据。

分析项目施工特点和施工阶段性特点及部位,调查事故危险源:

(1)了解施工工艺、设备、设施和使用的材料情况。现场所使用的生产材料、设备名称、设备性能及所使用的材料种类、性质、危害,使用的能量类型及强度。

(2)作业环境情况。安全通道情况,生产系统的结构、布局,作业空间的布置等。

(3)操作情况。依据过去的事故及危害状况来确定操作过程中的危险,工人接触危险的程度,过去事故处理应急方法,故障处理措施。

(4)安全防护情况。危险部位是否有安全防护措施,安全标志的使用是否正确,易燃易爆物品存放是否采取了安全措施等。

3. 施工现场危害辨识的类别

(1)管理类:包括设备、材料、劳动保护用品、化学危险品、施工组织设计、事故调查、培训等内容;

(2)工业与民用建筑建筑施工、机电安装、市政工程和装饰工程类,应考虑:

① 基础施工:如土石方工程,挡土墙、护坡桩、大孔径桩及扩底桩施工;

② 脚手架作业、井字架与龙门架搭设;

③ 临边与洞口防护:如楼梯口、电梯口防护,预留洞口、坑井

防护,通道口防护;

④ 木工房;

⑤ 油漆工程;

⑥ 塔吊、电梯拆装;

⑦ 防水作业;

⑧ 电气焊作业;

⑨ 高处作业:如攀登作业、悬空作业、吊篮作业。

(3) 职业健康、消防、交通安全类;

(4) 其他类别。

4. 施工现场危险评价

(1) 危险评价方法

施工项目危险因素评价采用直接判断法和作业条件危险性评价法相结合,评价时要考虑三种时态(过去、现在、将来)、三种状态(正常、异常、紧急)情况下的危险,通过定量的评价方法分析危害导致危险事件发生的可能性和后果,确定危险的大小。

系统危险性 D 取决于以下三个因素:

$$D = L \times E \times C$$

式中 L——发生事故或危险事件的可能性(用 L 值表示),见表 2-2。

L 值 表 表 2-2

分数值	发生事故或危险事件的可能性
10	完全可能预料
6	相当可能
3	可能,但不经常
1	完全意外,极少可能
0.5	可以设想,但绝少可能
0.2	极不可能
0.1	实际不可能

E——人体暴露于危险环境的频繁程度(用 E 值表示),见表 2-3。

E 值 表　　　　　　　　表 2-3

分数值	人体暴露于危险环境的频繁程度
10	连续暴露
6	每天在工作时间内暴露
3	每周一次暴露
2	每月一次或偶然暴露
1	每年几次暴露在危险环境中
0.5	非常罕见地暴露

C——发生事故产生的后果(用 C 值表示),见表 2-4。

C 值 表　　　　　　　　表 2-4

分数值	发生事故产生的后果	
	经济损失(万元)	伤亡人数
100	≥1000	死亡 10 人以上
40	[500,1000]	死亡 3~10 人
15	[100,500]	死亡 1~2 人
7	[50,100]	多人中毒或重伤
3	[10,50]	至少一人致残
1	[1,10]	轻伤

危险性分值 D:$D = L \times E \times C$,危险程度(D)见表 2-5。

危险程度(D)表　　　　　　　　表 2-5

分　数　值	危　险　程　度
>320	极其危险,不能继续作业
160~320	高度危险,须立即整改
70~160	显著危险,需要整改
20~70	可能危险,需要注意
<20	稍有危险,或许可能接受

(2) 危害辨识与危险评价结果

重大危险因素清单见表 2-6。

重大危险因素清单

表2-6

单位：

序号	类别	施工区	生活区	危害因素	可导致的事故	活动类型	时态	状态	LEC值法（D值）	控制方法
01	临时用电	施工用电		漏电跳闸不灵敏	触电	电能	现在	异常	90	方案
				电机缺相	触电	电能	将来	正常		
				线路破损	火灾	电能	将来	异常	240	操作规程
				导线联结不好	火灾	电能	将来	紧急		
				接线柱接触不实	火灾	电能	将来	紧急		
				开关触点接触不良	火灾	电能	将来	异常		
		照明	照明	私自接线	触电	电能	过去	正常	135	规程
		碘钨		使用位置不当	火灾	电能	过去	正常	135	管理规定
		取暖		使用电炉	火灾	电能	过去	异常	90	管理规定
		降水		电缆拖水，有积水	触电	电能	过去	异常	90	管理规定
		电梯安装		使用高压照明	触电	电能	将来	异常	126	
02	机械设备	电气设备使用		裸线外露	触电	电能	过去将来	异常	90	管理规定
		打夯机		电能	触电	电能	过去将来	紧急	180	操作规程
		电焊		双线老化	触电	电能	将来	正常	90	规定
		机用电		双线不到位	触电	电能	将来	正常	90	操作规程

续表

序号	类别	活动名称 施工区	活动名称 生活区	危害因素	可导致的事故	活动类型	时态	状态	LEC值法（D值）	控制方法
02	机械设备	电焊机用电		二次线超长	触电	电能	将来	正常	90	操作规程
				不使用防触电保护器	触电	电能	将来	正常		规定
		电锯		未安分料器、安全挡	机械伤害	机械能	将来	异常	252	规程
		切割机		切割片松动	机械伤害	机械能	将来	紧急	126	规程
				切割短料		人机因素	将来	正常	126	规程
		卷扬机		安装不规范	机械伤害	机械能	过去	异常	135	方案
				制动器失灵		机械能	将来	紧急	90	操作规程
				钢丝绳排列不整齐	机械伤害	机械能	将来	紧急	90	操作规程
				作业中停电	其他伤害	机械能	将来	紧急	126	操作规程
		电动工具		使用花线	触电	电能	将来	异常	90	操作规程
				使用一类工具	触电	电能	将来	异常	90	管理规定
		搅拌机作业		制动器失灵	机械伤害	机械能	将来	正常	126	操作规程
				人员进筒清洗	人身伤害	机械能	将来	异常		
				场地堆积	触电	电能	将来	正常		
				料斗升起	机械伤害	机械能	将来	正常		

续表

序号	类别	活动名称		危害因素	可导致的事故	活动类型	时态	状态	LEC值法（D值）	控制方法
		施工区	生活区							
02	机械设备	车辆使用		车辆进出倒车	撞人	机械能	现在	异常	135	操作规程
		机动车驾驶		司机疲劳驾驶	人身伤害	机械能	将来	正常		
				酒后非司机驾驶	机械伤害	机械能	现在	异常	135	操作规程
		钢筋加工		机械有故障	机械伤害	机械能	现在	异常	126	
		手持电动工具		使用不规范	触电	机械能	将来	异常	90	管理规定
		塔吊运转作业		材料高空坠落	物体打击	机械能	将来	异常		
				吊物碰撞四周材料	物体打击	机械能	将来	异常	108	管理规定
				吊物超重	起重伤害	机械能	将来	异常		操作规程
				大风天气	塔吊倾翻	机械能	将来	紧急		
		塔吊拆除		高空配件下掉	物体打击	人机工程	将来	异常	135	操作规程
03	基础工程	土方开挖		放坡不够	坍塌	人机工程	过去	正常	135	
				防护栏未眼上	坠落	人机工程	过去	异常	126	施工方案
		挡土墙		倾斜	坍塌	人机工程	过去	紧急	252	

续表

序号	类别	活动名称 施工区	活动名称 生活区	危害因素	可导致的事故	活动类型	时态	状态	LEC值法（D值）	控制方法
04	结构工程	大模板施工		大模板无防护栏杆	坠落	人机因素	过去	紧急	90	方案管理规定
				大模板少支腿	倾倒	人机因素	过去	紧急		
				大模板无模作业平台	坠落	人机因素	过去	紧急		
				大模板单板存放	倾倒	人机因素	将来	紧急		
		高空作业		向下扔物	物体打击	人机因素	将来	异常	135	管理规定
		脚手架搭设		立杆横杆间距大于规定	坍塌	机械能	现在	异常	90	
				拉接点水平间距>6m	坍塌	机械能	将来	异常		管理规定 操作规程
				拉接点垂直间距<4m	坍塌	机械能	将来	异常	108	
				作业面未满铺脚手板	坠落	机械能	将来	异常		
				有探头板、飞跳板	坠落	机械能	将来	异常		
				脚手板下无水平接网	坍塌	机械能	将来	异常		
				小横杆大于1m	坍塌	机械能	过去	正常	90	方案管理规定操作规程
				私拆拉接点	坍塌	机械能	过去	异常		
				对接头不在同一水平线上	坍塌	机械能	将来	异常		
				架体距结构过宽	坍塌	机械能	将来	异常		
		架子拆除		乱扔管件	物体打击	机械能	将来	异常	135	管理规定
				个人防护不到位	高处坠落	机械能	将来	异常		

续表

序号	类别	活动名称 施工区	活动名称 生活区	危害因素	可导致的事故	活动类型	时态	状态	LEC值法（D值）	控制方法
05	装修工程	电梯安装		操作使用单板	坠落	人机工程	将来	异常	126	管理规定
				井内使用高压照明	触电	人机工程	将来	异常		管理规定
		内外装修		交叉作业	物体打击	人机工程	将来	异常	135	管理规定
				高处作业	坠落	人机工程	将来	异常		
				简易架子无防护	坠落	人机工程	将来	异常		
		外装修		墙体上行走	坠落	人机工程	现在	异常	90	规定
				私自拆除外架拉接点	坍塌	人机工程	将来	紧急		
06	个人防护	个人违章		进入现场不带安全帽	物体打击	人机工程	将来	异常	126	管理规定
				高处作业不带安全带	坠落	人机工程	将来	异常		
				穿拖鞋上岗	其他伤害	人机工程	将来	异常		
				不持证上岗	其他伤害	人机工程	将来	异常		
				现场吸烟	火灾	人机工程	过去	正常		
		四口防护		楼梯无防护栏	坠落	人机工程	过去	异常	90	管理规定
				电梯井口无防护门	坠落	人机工程	将来	紧急		
				井内无接网、无护头棚	坠落打击	人机工程	将来	紧急正常		
				防护门门误插销	坠落	人机工程	将来	异常		
				洞口无防护	打击坠落	人机工程	将来	异常		

续表

序号	类别	活动名称 施工区	活动名称 生活区	危害因素	可导致的事故	活动类型	时态	状态	LEC值法（D值）	控制方法
06	个人防护	五临边		无防护栏杆	坠落	人机工程	将来	异常	90	管理规定
				无防护网	物体打击	人机工程	将来	异常		管理规定
				楼顶周边低于1.5m	坠落	人机工程	将来	异常		
				阳台未挂安全网	坠落	人机工程	将来	异常		
				基坑边堆放材料	坍塌	人机工程	过去	异常		
	消防保卫	违章		现场抽烟	火灾	人机工程	现在	异常		
		电焊作业		无灭火器材	火灾	人机工程	将来	紧急	90	规定
		气焊作业		乙炔、氧气瓶间距小	火灾	人机工程	将来	异常		管理规定
		钢材码放		超高	坍塌	人机工程	现在	异常	135	规定
07	料具管理	油漆稀料存放		吸烟、用火	火灾	化学能	将来	紧急	108	管理规定
				有热源	火灾	化学能	将来	紧急		
				无防火措施	火灾	化学能	过去	紧急		

续表

序号	类别	活动名称 施工区	活动名称 生活区	危害因素	可导致的事故	活动类型	时态	状态	LEC值法（D值）	控制方法
08	卫生防疫		煤气使用	漏气	中毒窒息	放射能	将来	紧急	90	管理
			煤火取暖	一氧化碳煤气	中毒窒息	化学能	过去	紧急	270	管理规定
			疫情 食堂	病毒	中毒窒息	生物因素	将来	紧急	135	预防
				生熟食品未分开存放	中毒窒息	人机因素	将来	紧急	240	规定
				食品卫生许可证	中毒窒息	人机因素	将来	紧急		
			食堂饮食	食堂无防蝇措施	中毒窒息	人机因素	将来	紧急		
				容器未消毒	中毒窒息	人机因素	将来	紧急	240	方案管理 规定制度
				购买变质食品	中毒窒息	人机因素	将来	紧急		
				做凉拌菜	中毒窒息	人机因素	将来	紧急		
				豆角未做熟	中毒窒息	人机因素	将来	紧急		
09	交通安全	车辆使用		车辆进出倒车	车辆撞人	机械能	现在	紧急	135	管理规定
				司机疲劳驾驶	车辆撞人	人机因素	将来	异常		

2.2.4 各施工阶段安全监控重点

1．基础挖土开槽和基础施工阶段

（1）挖土机械的作业安全；

（2）边坡防坍塌；

（3）坑边的防护与降水设备的使用安全；

（4）临时用电安全；

（5）人工挖扩孔桩施工安全；

（6）基础及外墙做防水时的防火、防毒。

2．结构施工阶段

（1）临时用电安全；

（2）内外架及洞口防护；

（3）作业面交叉施工及临边防护；

（4）大模板和现场堆料防倒塌；

（5）机械设备的使用安全。

3．装饰、装修阶段

（1）室内多工种、多工序的立体交叉防护；

（2）外墙面装饰防坠落；

（3）做防水和油漆的防火、防毒；

（4）临电、照明及电动工具的使用安全。

4．季节性施工

（1）雨期防电、防雷击、防尘、防沉陷坍塌、防大风,临时用电安全；

（2）高温季节防中毒、防疲劳、防中暑作业；

（3）冬期施工防冻、防火、防煤气中毒、防大风雪、大雾,用电（包括加温及采暖等）安全。

3 施工项目安全管理的实施

3.1 施工项目安全目标管理

3.1.1 安全目标管理

安全目标管理是施工项目重要的安全管理举措之一。它通过确定安全目标,明确责任,落实措施,实行严格的考核与奖惩,激励企业员工积极参与全员、全方位、全过程的安全生产管理,严格按照安全生产的奋斗目标和安全生产责任制的要求,落实安全措施,消除人的不安全行为和物的不安全状态,实现施工生产安全。施工项目推行安全生产目标管理不仅能进一步优化企业安全生产责任制,强化安全生产管理,体现"安全生产,人人有责"的原则,使安全生产工作实现全员管理,有利于提高企业全体员工的安全素质。

3.1.2 安全生产目标管理内容

安全生产目标管理的基本内容包括目标体系的确立、目标的实施及目标成果的检查与考核。

(1)确定切实可行的目标值。采用科学的目标预测法,根据需要和可能,采取系统分析的方法,确定合适的目标值,并研究围绕达到目标应采取的措施和手段。

(2)根据安全目标的要求,制定实施办法。做到有具体的保证措施,并力求量化,以便于实施和考核,包括组织技术措施,明确完成程序和时间、承担具体责任的负责人,并签订承诺书。

(3)规定具体的考核标准和奖惩办法。要认真贯彻执行《安全生产目标管理考核标准》。考核标准不仅应规定目标值,而且要把目标值分解为若干具体要求来考核。

(4) 项目制定安全生产目标管理计划时,要经项目分管领导审查同意,由主管部门与实行安全生产目标管理的单位签订责任书,将安全生产目标管理纳入各单位的生产经营或资产经营目标管理计划,主要领导人应对安全生产目标管理计划的制定与实施负第一责任。

(5) 安全生产目标管理还要与安全生产责任制挂钩。层层分解,逐级负责,充分调动各级组织和全体员工的积极性,保证安全生产管理目标的实现。

3.2　施工项目安全合约管理

3.2.1　项目实施合约化管理的重要性

(1) 在不同承包模式的前提下,制定相互监督执行的合约管理可以使双方严格执行劳动保护和安全生产的法令、法规,强化安全生产管理,逐步落实安全生产责任制,依法从严治理施工现场,确保项目施工人员的安全与健康,促使施工生产的顺利进行。

(2) 在规范化的合约管理下,总、分包将按照约定的管理目标、用工制度、安全生产要求、现场文明施工及其人员行为的管理、争议的处理、合约生效与终止等方面的具体条件约束下认真履行双方的责任和义务,为项目安全管理的具体实施提供可靠的合约保障。

3.2.2　施工项目安全合约化管理的形式和内容

3.2.2.1　施工项目安全合约化管理形式

1. 与甲方(建设方)签订的工程建设合同。工程项目总承包单位在与建设单位签订工程建设合同中,包含有安全、文明的创优目标。

2. 施工总承包单位在与分承包单位签订分包合同时,必须有安全生产的具体指标和要求。

3. 施工项目分承包方较多时,总分包单位在签订分包合同的同时要签订安全生产合同或协议书。

3.2.2.2 施工项目安全合约管理内容

1. 安全合同内容(范本)

(1) 管理目标:

① 现场杜绝重伤、死亡事故的发生;负轻伤频率控制在6‰以内;

② 现场安全隐患整改率必须保证在规定时限内达到100%,杜绝现场重大隐患的出现;

③ 现场发生火灾事故,火险隐患整改率必须保证在规定时限内达到100%;

④ 保证施工现场创建为当地省(市)级文明安全工地;

(2) 用工制度:

① 分包方须严格遵守当地政府关于现场施工管理的相关法律、法规及条例。任何因为分包方违反上述条例造成的案件、事故、事件等的经济责任及法律责任均由分包方承担,因此造成总包方的经济损失由分包方承担;

② 分包方的所有工人必须同时具备上岗许可证、人员就业证以及暂住证(或必须遵守当地政府关于企业施工管理的相关法律、法规及条例)。任何因为分包方违反上述条例造成的案件、事故、事件等,其经济责任及法律责任均由分包方承担,因此造成总包方的经济损失由分包方承担;

③ 分包方应遵守总包方上级制定的有关协力队伍的管理规定以及总包方的其他的关于分包管理的所有制度及规定;

④ 分包方须具有独立的承担民事责任能力的法人,或能够出具其上级主管单位(法人单位)的委托书,并且只能承担与自己资质相符的工程。

(3) 安全生产要求:

① 分包方应按有关规定,采取严格的安全防护措施,否则由于自身安全措施不力而造成事故的责任或因此而发生的费用由分包方承担。非分包方责任造成的伤亡事故,由责任方承担责任和有关费用;

② 分包方应熟悉并能自觉遵守、执行建设部《建筑施工安全检查标准》以及相关的各项规范;自觉遵守、执行地方政府有关文明安全施工的各项规定,并且积极参加各种有关促进安全生产的各项活动,切实保障施工作业人员的安全与健康。

③ 分包方必须尊重并且服从总包方现行的有关安全生产各项规章制度和管理方式,并按经济合同有关条款加强自身管理,履行己方责任。

(4) 分包方必须执行下列安全管理制度:

① 安全技术方案报批制度。分包方必须执行总包方总体工程施工组织设计和安全技术方案。分包方自行编制的单项作业安全防护措施,须报总包方审批后方可执行,若改变原方案必须重新报批。

② 分包方必须执行安全技术交底制度、周一安全例会制度与班前安全讲话制度,并做好跟踪检查管理工作。

③ 分包方必须执行各级安全教育培训以及持证上岗制度:

a. 分包方项目经理、主管生产经理、技术负责人须接受安全培训、考试合格后办理分包单位安全资格审查认可证后,方可组织施工;

b. 分包方的工长、技术员、机械、物资等部门负责人以及各专业安全管理人员等部门负责人须接受安全技术培训、参加总包方组织的安全年审考核,合格者办理"安全生产资格证书",持证上岗;

c. 分包方工人入场一律接受三级安全教育,考试合格并取得"安全生产考核证"后方准进入现场施工,如果分包方的人员需要变动,必须提出计划报告总包方,按规定进行教育、考核合格后方可上岗;

d. 分包方的特种作业人员的配置必须满足施工需要,并持有有效证件(原籍地、市级劳动部门颁发),经考试合格者,持证上岗(或遵守当地政府或行业主管部门的要求办理);

e. 分包方工人变换施工现场或工种时,要进行转场和转换工种教育；

f. 分包方必须执行周一安全活动 1h 制度。

g. 进入施工现场的任何人员必须佩带安全帽和其他安全防护用品。任何人不得住在施工的建筑物内。进出工地人员必须佩带标志牌上岗，无证人员，由总包单位负责清除出场。

④ 分包方必须执行总包方的安全检查制度：

a. 分包方必须接受总包方及其上级主管部门和各级政府、各行业主管部门的安全生产检查，否则造成的罚款等损失均由分包方承担；

b. 分包方必须按照总包方的要求建立自身的定期和不定期的安全生产检查制度，并且严格贯彻实施；

c. 分包方必须设立专职安全人员，实施日常安全生产检查制度及工长、班长跟班检查制度和班组自检制度。

⑤ 分包方必须严格执行检查整改消项制度。

分包方对总包单位下发的安全隐患整改通知单，必须在限期内整改完毕，逾期未改或整改标准不符合要求的，总包有权予以处罚。

⑥ 分包方必须执行安全防护措施、设备验收制度和施工作业转换后的交接检验制度：

a. 分包方自带的各类施工机械设备，必须是国家正规厂家的产品，且机械性能良好、各种安全防护装置齐全、灵敏、可靠；

b. 分包方的中小型机械设备和一般防护设施执行自检后报总包方有关部门验收，合格后方可使用；

c. 分包方的大型防护设施和大型机械设备，在自检的基础上申报总包方，接受专职部门(公司级)的专业验收；分包方必须按规定提供设备技术数据，防护装置技术性能，设备履历档案以及防护设施支搭(安装)方案，其方案必须满足总包方施工所在地地方政府有关规定。

⑦ 分包方须执行安全防护验收和施工变化后交接检验制度。

⑧ 分包方必须执行总包方重要劳动防护用品的定点采购制

度(外地施工时,还要满足当地政府行业主管部门规定);

⑨ 分包方必须执行个人劳动防护用品定期、定量供应制度。

⑩ 分包方必须预防和治理职业伤害与中毒事故。

⑪ 分包方必须严格执行企业职工因工伤亡报告制度:

a. 分包方职工在施工现场从事施工过程中所发生的伤害事故为工伤事故;

b. 如果发生因工伤亡事故,分包方应在 1h 内,以最快捷的方式通知总包方的项目主管领导,向其报告事故的详情。由总包方通过正常渠道及时逐级上报上级有关部门,同时积极组织抢救工作采取相应的措施,保护好现场,如因抢救伤员必须移动现场设备、设施者要做好记录或拍照,总包方为抢救提供必要的条件;

c. 分包方要积极配合总包方主管单位、政府部门对事故的调查和现场勘查。凡因分包方隐瞒不报、做伪证或擅自损毁事故现场,所造成的一切后果均由分包方承担;

d. 分包方须承担因为自己的原因造成的安全事故的经济责任和法律责任;

e. 如果发生因工伤亡事故,分包方应积极配合总包方做好事故的善后处理工作,伤亡人员为分包方人员的,分包方应直接负责伤亡者及其家属的接待善后工作,因此发生的资金费用由分包方先行支付,因不能积极配合总包方对事故进行善后处理而产生的一切后果由分包方自负。

⑫ 分包方必须执行安全工作奖罚制度。分包方要教育和约束自己的职工严格遵守施工现场安全管理规定,对遵章守纪者给予表扬和奖励,对违章作业、违章指挥、违反劳动纪律和规章制度者给予处罚。

⑬ 分包方必须执行安全防范制度:

a. 分包方要对分包工程范围内工作人员的安全负责;

b. 分包方必须采取一切严密的、符合安全标准的预防措施,确保所有工作场所的安全,不得存在危及工人安全和健康的危险情况,并保证建筑工地所有人员或附近人员免遭工地可能发生的一切危险；

　　c. 分包方的专业分包商和他在现场雇佣的所有人员都应全面遵守各种适用于工程或任何临建的相关法律或规定的安全施工条款；

　　d. 施工现场内，分包方必须按总包方的要求，在工人可能经过的每一个工作场所和其他地方均应提供充足和适用的照明，必要时要提供手提式照明设备；

　　e. 总包方有权要求立刻撤走现场内的任何分包队伍中没有适当理由而又不遵守、执行地方政府相关部门及行业主管部门发布的安全条例和指令的人员，无论在任何情况下，此人不得再被雇佣于现场，除非事先有总包方的书面同意；

　　f. 施工现场和工人操作面，必须严格按国家、政府规定的安全生产、文明施工标准搞好防护工作，保证工人有安全可靠、卫生的工作环境，严禁违章作业、违章指挥；

　　g. 对不符合安全规定的，总包方安全管理人员有权要求停工和强行整改，使之达到安全标准，所需费用从工程款中加倍扣除；

　　h. 凡重要劳动防护用品，必须按总包方指定的厂家购买。如：安全帽、安全带、安全网、漏电保护器、电焊机二次线保护器、配电箱、五芯电缆、脚手架扣件等；

　　i. 分包方应给所属职工提供必须配备有效的安全用品，如：安全帽、安全带等，若必要时还须配戴面罩、眼罩、护耳、绝缘手套等其他的个人人身防护设备；

　　j. 分包方应在合同签约后15d内，呈送安全管理防范方案，详述将要采取的安全措施和对紧急事件处理的方案以及自身的安全管理条例，报总包方批准，但此批准并不减轻因分包方原因引起的安全责任；

　　k. 已获批准的安全管理方案及条例的副本，由分包方编制并且分发至所有分包方施工的工作场所，业主指示或法律要求的其他文件、标语、警示牌等物品，具体由总包方决定；

　　l. 分包方应指定至少一名合格的且有经验的安全员负责安

全方案和措施得到实施。

（5）消防保卫工作要求：

① 分包方必须认真遵守国家的有关法律、法规及建设部、当地政府、建委颁发的有关治安、消防、交通安全管理规定及条例,分包方应严格按总包方消防保卫制度以及总包方施工现场消防保卫的特殊要求组织施工,并接受总包方的安全检查,对总包方所签发的隐患整改通知,分包方应在总包方指定的期限内整改完毕,逾期不改或整改不符合总包方的要求,总包方有权按规定对分包方进行经济处罚；

② 分包方须配备至少一名专(兼)职消防保卫管理人员,负责本单位的消防保卫工作；

③ 凡由于分包方管理以及自身防范措施不力或分包方工人责任造成的案件、火灾、交通事故(含施工现场内)等灾害事故,事故经济责任、事故法律责任以及事故的善后处理均由分包方独自承担,因此给总包方造成的经济损失由分包方负责赔偿,总包方可对其处罚。

（6）现场文明施工及其人员行为的管理：

① 分包方必须遵守现场安全文明施工的各项管理规定,在设施投入、现场布置、人员管理等方面要符合总包方文明安全的要求,按总包方的规定执行,在施工过程中,对其全体员工的服饰、安全帽等进行统一管理；

② 分包方应采取一切合理的措施,防止其劳务人员发生任何违法或妨碍治安的行为,保持安定局面并且保护工程周围人员和财产不受上述行为的危害,否则由此造成的一切损失和费用均由分包方自己负责；

③ 分包方应按照总包方要求建立健全工地有关文明施工、消防保卫、环保卫生、料具管理和环境保护等方面的各项管理规章制度,同时必须按照要求,采取有效的防扰民、防噪声、防空气污染、防道路遗洒和垃圾清运等措施；

④ 分包方必须严格执行保安制度、门卫管理制度,工人和管

理人员要举止文明、行为规范、遵章守纪、对人有礼貌,切忌上班喝酒、寻衅闹事;

⑤ 分包方在施工现场应按照国家、地方政府及行业管理部门有关规定,配置相应数量的专职安全管理人员,专门负责施工现场安全生产的监督、检查以及因工伤亡事故的处理工作,分包方应赋予安全管理人员相应的权利,坚决贯彻"安全第一、预防为主"的方针;

⑥ 分包方应严格执行国家的法律、法规,对于具有职业危害的作业,提前对工人进行告之,在作业场所采取适当的预防措施,以保证其劳务人员的安全、卫生、健康,在整个合同期间,自始自终在工人所在的施工现场和住所,配有医务人员、紧急抢救人员和设备,并且采取适当的措施预防传染病,并提供应有的福利以及卫生条件。

(7) 争议的处理:

当合约双方发生争议时,可以通过协商解决或申请施工合同管理机构有关部门调解,不愿通过调解或调解不成的可以向工地所在地或公司所在地人民法院起诉或向仲裁机关提出仲裁解决。

(8) 其他补充条款:

在施工中执行工程总分包合同相关安全条款时,本合约具有优先权。

其余未尽事宜按照上级有关规定执行。

(9) 合约生效与终止

本责任合约书在现场施工前签订;一式两份,具有同等效力,由双方各持一份。

本责任合约书自签订之日起生效,随双方签订的经济合同的终止同时终止。

2. 某施工总、分包企业安全生产协议书(范本)

为了保证施工项目安全生产工作的顺利开展,贯彻"安全第一,预防为主"的方针,本着总包对分包管理负责的态度,特制定如下办法:

一、具体要求

1. 各项目经理部、各分包单位、安全总监为现场安全工作的最高管理者,分包单位必须服从管理,对不服从者导致的现场管理混乱,处罚违约金300~3000元。

2. 进入施工现场的各分包单位使用的劳动保护用品及临时设施必须经总包单位检验并验收合格后方可投入使用。

3. 所有分包单位必须遵守国家、当地政府主管部门、总包单位的有关规定。所有施工人员要经过"三级教育",管理人员要经过公司教育,做到持证上岗。

4. 所有分包单位必须持有政府主管部门颁发的安全生产资质证书;特种作业人员必须持证上岗,并将复印件报安全总监备案。

5. 各分包单位自带的机械设备、搭设的施工棚架及线路架设,必须严格按照部颁标准,并经过验收后方可使用。

6. 分包单位要设有专职安全人员,并纳入项目安全管理之中,按时参加项目安全会议及所组织的安全检查。

7. 项目安全目标管理,要求各分包单位必须服从项目安排,做好各项安全工作,对于影响安全目标完成的分包单位,视情节轻重扣除违约金500~3000元。

8. 现场内的安全设施、用电设备、电箱、防护设施、脚手架搭设等不得随意拆改,一经发现,处以分包单位1000元罚款,个人100元罚款。

9. 施工现场所有电焊、气焊工作必须有用火证及看火员,电焊机一、二次线、焊钳、氧气瓶、乙炔瓶要符合国家标准。

10. 施工中用的临电及机械设备必须经常检查,严防漏电,所有电器设备必须绝缘良好,漏电保护要灵敏,安全可靠。

11. 各分包单位要严格用工管理,不得跨地区使用人员。

12. 各分包单位要严格执行职业安全健康和环境保护管理体系的各项管理要求。

二、事故经济责任

1. 凡由于分包单位违章指挥、违章操作、违反劳动纪律造成事故(包括未注册、未进行安全教育、无上岗证、特殊工种无操作证等),事故经济损失自负。

2. 两个分包单位交叉事故按事故责任大小以责论处。

3. 对于全额分包的施工单位,事故经济损失和行政责任自负。

三、现场处罚

1. 对于有下列情况之一者,项目安全总监可依照合同或协议约定扣罚分包队伍违约金 500～2000 元,直至责令停工。

① 事故隐患严重,直接危及生命安全的;

② 接到各级安全监督人员下发的重大隐患通知单未及时整改的;

③ 施工现场自带的机械设备、各种架子未经验收就投入使用的;

④ 忽视安全生产,不按安全规程组织施工,违章指挥、违章作业现象严重的。

2. 职工违反安全纪律,违章作业,按规定罚款 5～100 元。

3.3　施工项目安全责任划分

3.3.1　施工项目安全管理责任保证体系

1. 施工项目安全管理责任体系见图 3-1。

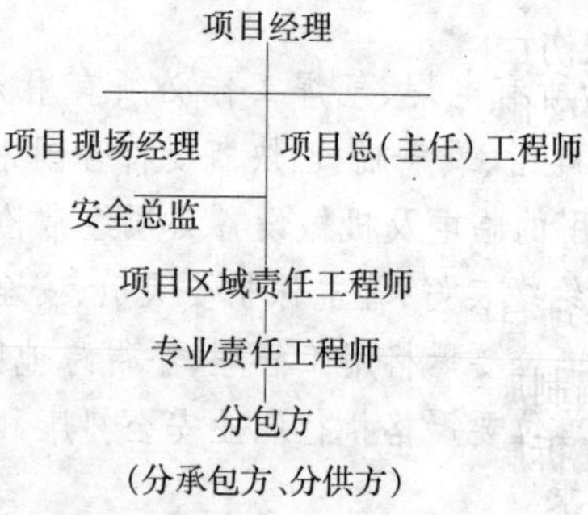

项目经理

项目现场经理　　项目总(主任)工程师

安全总监

项目区域责任工程师

专业责任工程师

分包方

(分承包方、分供方)

图 3-1　安全管理责任体系图

2.施工项目安全管理责任划分:

(1) 项目经理(或执行经理)

1) 认真贯彻落实国家、政府有关安全生产的方针、政策、法规,及时传达落实中央及地方政府对当前安全生产的指示或会议精神;

2) 对项目的安全生产负全面领导责任;

3) 认真执行公司安全生产管理目标,确保项目安全管理达标;

4) 负责建立和完善项目安全组织保证体系,并领导其有效运行;

5) 定期召开项目安全生产委员会(或领导小组)会议,认真研究与分析当前项目安全生产动态、特点,并对存在隐患采取有力措施进行整改,以确保安全生产;

6) 对项目安全防护费用投入进行决策。

(2) 项目总工程师(或主任工程师)

1) 主持编制项目施工组织设计及安全技术方案;

2) 主持施工组织设计及安全技术方案交底;

3) 对修改或变更的施工组织设计及安全技术方案进行重新审批与把关;

4) 主持编制冬雨期施工安全技术方案;

5) 主持制定并审核重大安全隐患整改方案并指导实施;

6) 参与因工伤亡或重大安全责任事故的调查、分析与处理;

7) 负责组织区域责任工程师、专业责任工程师及有关人员对项目整体防护设施及重点防护设施进行验收。

(3) 项目现场经理

1) 负责领导项目的施工生产安全管理工作;

2) 在组织编制施工计划的同时,将重要安全防护设施、设备的实施工作(如支拆脚手架、安全网、塔吊、外用电梯等)纳入计划,列为正式工序;

3) 组织区域责任工程师开展施工过程的安全监督与控制;

4）定期组织项目安全大检查,对检查出的安全隐患定措施、定人员限期整改完毕;组织专业责任工程师认真贯彻落实施工组织设计所规定的安全技术措施及冬、雨期施工安全技术措施;

5）负责因工伤亡事故现场的保护、伤员抢救及事故调查、报告与处理;

6）定期召开安全生产管理会议,就当前安全生产动态进行分析,对存在的安全隐患采取有力措施,责成相关人员(区域工程师、专业工程师、安全总监及分包商行政与安全负责人)整改。

(4) 项目商务经理

1）在分包单位进场前签订总分包安全管理合同或安全管理责任书;

2）在经济合同中分清总分包安全防护费用的划分范围;

3）在每月工程款结算单中扣除由于违章而被处罚的罚款。

(5) 项目安全总监

1）在现场经理的直接领导下履行项目安全生产工作的监督管理职责;

2）宣传贯彻安全生产方针政策、规章制度,推动项目安全组织保证体系的运行;

3）督促实施施工组织设计、安全技术措施;实现安全管理目标;对项目各项安全生产管理制度的贯彻与落实情况进行检查与具体指导;

4）组织分承包商安全专(兼)职人员开展安全监督与检查工作;

5）查处违章指挥、违章操作、违反劳动纪律的行为和人员,对重大事故隐患采取有效的控制措施,必要时可采取局部停工的非常措施;

6）督促开展周一安全活动;

7）每月召开一次安全讲评会,分析、总结本月安全生产情况;

8）参与安全事故的调查与处理;

9）协助项目人事部门完成分包队伍的安全教育,并负责办理发放操作人员上岗证；

10）每月底要对本月安全生产动态，存在问题及解决办法以书面形式上报项目经理和公司安全部。

（6）项目区域责任工程师

1）对本区域内安全生产工作负全面管理责任，实现项目经理部制定的安全生产目标；

2）组织专业责任工程师认真贯彻落实上级有关安全生产的规定、指令，及施工组织设计所规定的安全技术保证措施；

3）定期对本管辖区域内的安全生产工作进行检查（专业责任工程师、安全员、分包商负责人、工长及安全员参加），对发现或存在的安全隐患要责令专业责任工程师限期整改；

4）负责保护发生在本区域内的安全事故现场和组织相关人员进行调查，并提出具体防范措施及处理意见上报现场经理；

5）负责组织本区域的专业责任工程师、分包商技术负责人、工长对区域内的单位工程防护设施及重点防护设施进行验收。

（7）专业责任工程师

1）组织所管辖的分包商认真贯彻执行上级有关安全生产的规定、指令及施工组织设计规定的安全技术保证措施；

2）对分包商所进行的安全技术交底工作进行监督与检查；

3）深入现场，加强对薄弱环节的监控，把好安全生产关；及时发现并制止分包商的违章指挥、违章操作或无证上岗等行为，必要时可令其停止作业，对情节严重者可予以经济处罚；

4）参加项目或本区域责任工程师组织的安全检查活动，对发现的隐患按整改通知单的要求，督促分包商整改完毕；

5）检查分包商周一安全活动是否认真进行；

6）负责保护事故现场，参与安全事故的调查、分析与处理；

7）对分包工人的作业环境与劳动保护用品是否符合有关安全生产的规定进行现场监督与检查。

3.3.2 总分包安全责任

1. 总包单位的安全职责

(1) 项目经理是项目安全生产的第一负责人,必须认真贯彻执行国家和地方有关安全法规、规范、标准,严格按文明安全工地标准组织施工生产。确保实现安全控制指标和实现文明安全工地达标计划。

(2) 建立健全安全生产保证体系,根据安全生产组织标准和工程规模设置安全生产机构,配备安全检查人员,并设置 5~7 人(含分包)的安全生产委员会或安全生产领导小组,定期召开会议(每月不少于一次),负责对本工程项目安全生产工作的重大事项及时做出决策,组织督促检查实施,并将分包的安全人员纳入总包管理,统一活动。

(3) 在编制、审批施工组织设计或施工方案和冬雨期施工措施时,必须同时编制、审批安全技术措施,如改变原方案时必须重新报批,并经常检查措施、方案的执行情况,对于无措施、无交底或针对性不强的,不准组织施工。

(4) 工程项目经理部的有关负责人、施工管理人员、特种作业人员必须经当地政府安全培训、年审取得资格证书、证件的才有资格上岗,凡在培训、考核范围内未取得安全资格的施工管理人员、特种作业人员不准直接组织施工管理和从事特种作业。

(5) 强化安全教育,除对全员进行安全技术知识和安全意识教育外,要强化分包新入场人员的"三级安全教育",教育面必须达到 100%,经教育培训考核合格,做到持证上岗,同时要坚持转场和调换工种的安全教育,并做好记录、登记建档工作。

(6) 根据工程进度情况除进行不定期、季节性的安全检查外,工程项目经理部每半月由项目执行经理组织一次检查,每周由安全部门组织各分包进行专业(或全面)检查。对查到的隐患,责成分包和有关人员立即或限期进行消项整改。

(7) 工程项目部(总包方)与分包方应在工程实施之前或进场的同时及时签订含有明确安全目标和职责条款划分的经营(管理)合同或协议书,当不能按期签订时,必须签订临时安全协议。

(8) 根据工程进展情况和分包进场时间,应分别签订年度或一次性的安全生产责任书或责任状,做到总分包在安全管理上责任划分明确,有奖有罚。

(9) 项目部实行"总包方统一管理,分包方各负其责"的施工现场管理体制,负责对发包方、分包和上级各部门或政府部门的综合协调管理工作。工程项目经理对施工现场的管理工作负全面领导责任。

(10) 项目部有权限期责令分包将不能尽责的施工管理人员调离本工程,重新配备符合总包要求的施工管理人员。

2. 分包单位的职责

(1) 分包的项目经理、主管副经理是安全生产管理工作的第一责任人,必须认真贯彻执行总包在执行的有关规定、标准和总包的有关决定和指示,按总包的要求组织施工。

(2) 建立健全安全保证体系。根据安全生产组织标准设置安全机构,配备安全检查人员,每50人要配备一名专职安全人员,不足50人的要设兼职安全员。并接受工程项目安全部门的业务管理。

(3) 分包在编制分包项目或单项作业的施工方案或冬雨期方案措施时,必须同时编制安全消防技术措施,并经总包审批后方可实施,如改变原方案时必须重新报批。

(4) 分包必须执行逐级安全技术交底制度和班、组长班前安全讲话制度,并跟踪检查管理。

(5) 分包必须按规定执行安全防护设施、设备验收制度,并履行书面验收手续,建档存查。

(6) 分包必须接受总包及其上级主管部门的各种安全检查并接受奖罚。在生产例会上应先检查、汇报安全生产情况。在施工生产过程中切实把好安全教育、检查、措施、交底、防护、文明、验收等七关,做到预防为主。

(7) 强化安全教育,除对全体施工人员进行经常性的安全教育外,对新入场人员必须进行三级安全教育培训,做到持证上岗,同时要坚持转场和调换工种的安全教育;特种作业人员必须经过专业安全技术培训考核,持有效证件上岗。

(8) 分包必须按总包的要求实行重点劳动防护用品定点厂家产品采购、使用制度,对个人劳动防护用品实行定期、定量供应制。并严格按规定要求配戴。

(9) 凡因分包单位管理不严而发生的因工伤亡事故,所造成的一切经济损失及后果由分包单位自负。

(10) 各分包方发生因工伤亡事故,要立即用最快捷的方式向总包方报告,并积极组织抢救伤员,保护好现场,如因抢救伤员必须移动现场设备、设施者要做出记录或拍照。

(11) 对安全管理纰漏多,施工现场管理混乱的分包单位除进行罚款处理外,对问题严重、屡禁不改,甚至不服管理的分包单位,予以解除经济合同。

3．业主指定分包单位

(1) 必须具备与分包工程相应的企业资质,并具备《建筑施工企业安全资格认可证》;

(2) 建立健全安全生产管理机构,配备安全员;接受总包的监督、协调和指导,实现总包的安全生产目标;

(3) 独立完成安全技术措施方案的编制、审核和审批;对自行施工范围内的安全措施、设施进行验收;

(4) 对分包范围内的安全生产负责,对所辖职工的身体健康负责,为职工提供安全的作业环境,自带设备与手持电动工具的安全装置齐全、灵敏可靠;

(5) 履行与总包和业主签订的总分包合同及《安全管理责任书》中的有关安全生产条款。

(6) 自行完成所辖职工的合法用工手续。

(7) 自行开展总包规定的各项安全活动。

3.3.3　交叉施工(作业)安全责任

1．总包和分包的工程项目负责人,对工程项目中的交叉施工(作业)负总的指挥、领导责任,总包对分包,分包对分项承包单位或施工队伍,要加强安全消防管理,科学组织交叉施工,在没有针对性的书面技术交底、方案和可靠防护措施的情况下,禁止上下交叉施工作业,防止和避免发生事故。

(1) 经营部门在签订总分包合同或协议书中应有安全消防责任划分内容,明确各方的安全责任。

(2) 计划部门在制定施工计划时,将交叉施工问题纳入施工计划,应优先考虑。

(3) 工程调度部门应掌握交叉施工情况,加强各分包之间交叉施工的调度管理,确保安全的情况下协调交叉施工中的有关问题。

(4) 安全部门对各分包单位实行监督、检查,要求各分包单位在施工中,必须严格执行总包方的有关规定、标准、措施等,协助领导与分包单位签订安全消防责任状,并提出奖罚意见,同时对违章进行交叉作业的施工单位给予经济处罚。

2. 总包与分包,分包与分项外包的项目工程负责人,除在签署合同或协议中明确交叉施工(作业)各方的责任外,还应签订安全消防协议书或责任状,划分交叉施工中各方的责任区和各方的安全消防责任,同时应建立责任区及安全设施的交接和验收手续。

3. 交叉施工作业上部施工单位应为下部施工人员提供可靠的隔离防护措施,确保下部施工作业人员的安全,在隔离防护设施未完善之前,下部施工作业人员不得进行施工,隔离防护设施完善后,经过上下方责任人和有关人员进行验收合格后才能施工作业。

4. 工程项目或分包的施工管理人员在交叉施工之前对交叉施工的各方做出明确的安全责任交底,各方必须在交底后组织施工作业,安全责任交底中应对各方的安全消防责任、安全责任区的划分、安全防护设施的标准、维护等内容做明确要求,并经常检查执行情况。

5. 交叉施工作业中的隔离防护设施及其他安全防护设施由安全责任方提供,当安全责任方因故无法提供防护设施时,可由非责任方提供,责任方负责日常维护和支付租赁费用。

6. 交叉施工作业中的隔离防护设施及其他安全防护设施的完善和可靠性由责任方负责,由于隔离防护设施或安全防护存在缺陷而导致的人身伤害及设备、设施、料具的损失责任,由责任方承担。

7. 工程项目或施工区域出现交叉施工作业安全责任不清或安全责任区划分不明确时,总包和分包应积极主动地进行协调和管理,各分包单位之间进行交叉施工,其各方应积极主动配合,在责任不清、意见不统一时由总包的工程项目负责人或工程调度部门出面协调、管理。

8. 在交叉施工作业中防护设施完善验收后,非责任方不经总包、分包或有关责任方同意不准任意改动(如电梯井门、护栏、安全网、坑洞口盖板等),因施工作业必须改动时,写出书面报告,需经总、分包和有关责任方同意,才准改动,但必须采取相应的防护措施,工作完成或下班后必须恢复原状,否则非责任方负一切后果责任。

9. 电气焊割作业严禁与油漆、喷漆、防水、木工等进行交叉作业,在工序安排上应先焊割等明火作业。如果必须先进行油漆,防水作业,施工管理人员在确认排除有燃爆可能的情况下,再安排电气焊割作业。

10. 凡进总包施工现场的各分包单位或施工队伍,必须严格执行总包所执行的标准、规定、条例、办法,按标准化文明安全工地组织施工,对于不按总包要求组织施工,现场管理混乱、隐患严重、影响文明安全工地整体达标的或给交叉施工作业的其他单位造成不安全问题的分包单位或施工队伍,总包有权给予经济处罚或终止合同,清出现场。

3.3.4 租赁双方的安全责任

1. 大型机械(塔吊、外用电梯等)租赁、安装、维修单位:

(1) 必须具备相应资质;

(2) 所租赁的设备必须具备统一编号,其机械性能良好,安全装置齐全、灵敏、可靠;

（3）在当地施工时，租赁外埠塔吊和施工用电梯或外地分包自带塔吊和施工用电梯，使用前必须在本地建委登记备案取得统一临时编号。

（4）租赁、维修单位对设备的自身质量和安装质量负责，并定期维修、保养。

（5）租赁单位向使用单位配备合格的司机。

2. 承租方对施工过程中设备的使用安全负责。

3.4 施工项目安全教育培训

3.4.1 安全教育的内容

安全是生产赖以正常进行的前提，安全教育又是安全管理工作的重要环节，是提高全员安全素质、安全管理水平和防止事故，从而实现安全生产的重要手段。

安全教育，主要包括安全生产思想、安全知识、安全技能和法制教育四个方面的内容。

1. 安全生产思想教育

安全思想教育的目的是为安全生产奠定思想基础。通常从加强思想认识、方针政策和劳动纪律教育等方面进行。

（1）思想认识和方针政策的教育。一是提高各级管理人员和广大职工群众对安全生产重要意义的认识。从思想上、理论上认识社会主义制度下搞好安全生产的重要意义，以增强关心人、保护人的责任感，树立牢固的群众观点；二是通过安全生产方针、政策教育。提高各级技术、管理人员和广大职工的政策水平，使他们正确全面地理解党和国家的安全生产方针、政策，严肃认真地执行安全生产方针、政策和法规。

（2）劳动纪律教育。主要是使广大职工懂得严格执行劳动纪律对实现安全生产的重要性，企业的劳动纪律是劳动者进行共同劳动时必须遵守的法则和秩序。反对违章指挥，反对违章作业，严格执行安全操作规程，遵守劳动纪律是贯彻安全生产方针，减少伤害事故,实现安全生产的重要保证。

2.安全知识教育

企业所有职工必须具备安全基本知识。因此,全体职工都必须接受安全知识教育和每年按规定学时进行安全培训。安全基本知识教育的主要内容是:企业的基本生产概况;施工(生产)流程、方法;企业施工(生产)危险区域及其安全防护的基本知识和注意事项;机械设备、厂(场)内运输的有关安全知识;有关电气设备(动力照明)的基本安全知识;高处作业安全知识;生产(施工)中使用的有毒、有害物质的安全防护基本知识;消防制度及灭火器材应用的基本知识;个人防护用品的正确使用知识等。

3.安全技能教育

安全技能教育。就是结合本工种专业特点,实现安全操作、安全防护所必须具备的基本技术知识要求。每个职工都要熟悉本工种、本岗位专业安全技术知识。安全技能知识是比较专门、细致和深入的知识。它包括安全技术、劳动卫生和安全操作规程。国家规定建筑登高架设、起重、焊接、电气、爆破、压力容器、锅炉等特种作业人员必须进行专门的安全技术培训。宣传先进经验,既是教育职工找差距的过程,又是学、赶先进的过程;事故教育可以从事故教训中吸取有益的东西,防止今后类似事故的重复发生。

4.法制教育

法制教育就是要采取各种有效形式,对全体职工进行安全生产法规和法制教育,从而提高职工遵法、守法的自觉性,以达到安全生产的目的。

3.4.2　施工项目安全教育的对象

国家法律法规规定:生产经营单位应当对从业人员进行安全生产教育和培训,保证从业人员具备必要的安全生产知识,熟悉有关的安全生产规章制度和安全操作规程,掌握本岗位的安全操作技能。未经安全生产教育和培训不合格的从业人员,不得上岗作业。

地方政府及行业管理部门对施工项目各级管理人员的安全教

育培训做出了具体规定,要求施工项目安全教育培训率实现100%。

施工项目安全教育培训的对象包括以下五类人员:

1. 工程项目经理、项目执行经理、项目技术负责人:工程项目主要管理人员必须经过当地政府或上级主管部门组织的安全生产专项培训,培训时间不得少于24h,经考核合格后,持《安全生产资质证书》上岗。

2. 工程项目基层管理人员:施工项目基层管理人员每年必须接受公司安全生产年审,经考试合格后,持证上岗。

3. 分包负责人、分包队伍管理人员:必须接受政府主管部门或总包单位的安全培训,经考试合格后持证上岗。

4. 特种作业人员:必须经过专门的安全理论培训和安全技术实际训练,经理论和实际操作的双项考核,合格者,持《特种作业操作证》上岗作业。

5. 操作工人:新入场工人必须经过三级安全教育,考试合格后持"上岗证"上岗作业。

3.4.3 施工现场安全教育的形式

1. 新工人"三级安全教育"

三级安全教育是企业必须坚持的安全生产基本教育制度。对新工人(包括新招收的合同工、临时工、学徒工、农民工及实习和代培人员)必须进行公司、项目、作业班组三级安全教育,时间不得少于40h。

三级安全教育由安全、教育和劳资等部门配合组织进行。经教育考试合格者才准许进入生产岗位;不合格者必须补课、补考。对新工人的三级安全教育情况,要建立档案(印制职工安全生产教育卡)。新工人工作后一个阶段还应进行重复性的安全再教育,加深安全感性、理性知识的意识。

三级安全教育的主要内容:

(1)公司进行安全基本知识、法规、法制教育,主要内容是:

1)党和国家的安全生产方针、政策;

2) 安全生产法规、标准和法制观念；

3) 本单位施工(生产)过程及安全生产规章制度,安全纪律；

4) 本单位安全生产形势、历史上发生的重大事故及应吸取的教训；

5) 发生事故后如何抢救伤员、排险、保护现场和及时进行报告。

(2) 项目进行现场规章制度和遵章守纪教育,主要内容是：

1) 本单位(工区、工程处、车间、项目)施工(生产)特点及施工(生产)安全基本知识；

2) 本单位(包括施工、生产场地)安全生产制度、规定及安全注意事项；

3) 本工种的安全技术操作规程；

4) 机械设备、电气安全及高处作业等安全基本知识；

5) 防火、防雷、防尘、防爆知识及紧急情况安全处置和安全疏散知识；

6) 防护用品发放标准及防护用具、用品使用的基本知识。

(3) 班组安全生产教育由班组长主持进行,或由班组安全员及指定技术熟练、重视安全生产的老工人讲解。进行本工种岗位安全操作及班组安全制度、纪律教育,主要内容是：

1) 本班组作业特点及安全操作规程；

2) 班组安全活动制度及纪律；

3) 爱护和正确使用安全防护装置(设施)及个人劳动防护用品；

4) 本岗位易发生事故的不安全因素及其防范对策；

5) 本岗位的作业环境及使用的机械设备、工具的安全要求。

2. 转场安全教育

新转入施工现场的工人必须进行转场安全教育,教育时间不得少于 8h;教育内容包括：

(1) 本工程项目安全生产状况及施工条件；

(2) 施工现场中危险部位的防护措施及典型事故案例；

（3）本工程项目的安全管理体系、规定及制度。

3.变换工种安全教育

凡改变工种或调换工作岗位的工人必须进行变换工种安全教育；变换工种安全教育时间不得少于 4h，教育考核合格后方准上岗。教育内容包括：

（1）新工作岗位或生产班组安全生产概况、工作性质和职责；

（2）新工作岗位必要的安全知识，各种机具设备及安全防护设施的性能和作用；

（3）新工作岗位、新工种的安全技术操作规程；

（4）新工作岗位容易发生事故及有毒有害的地方；

（5）新工作岗位个人防护用品的使用和保管。

一般工种不得从事特种作业。

4.特种作业安全教育

从事特种作业的人员必须经过专门的安全技术培训，经考试合格取得操作证后方准独立作业。特种作业的类别及操作项目包括：

（1）电工作业

1）用电安全技术；

2）低压运行维修；

3）高压运行维修；

4）低压安装；

5）电缆安装；

6）高压值班；

7）超高压值班；

8）高压电气试验；

9）高压安装；

10）继电保护及二次仪表整定。

（2）金属焊接作业

1）手工电弧焊；

2）气焊、气割；

3）CO_2 气体保护焊；

4）手工钨极氩弧焊；

5）埋弧自动焊；

6）电阻焊；

7）钢材对焊（电渣焊）；

8）锅炉压力容器焊接。

（3）起重机械作业

1）塔式起重机操作；

2）汽车式起重机驾驶；

3）桥式起重机驾驶；

4）挂钩作业；

5）信号指挥；

6）履带式起重机驾驶；

7）轨道式起重机驾驶；

8）垂直卷扬机操作；

9）客运电梯驾驶；

10）货运电梯驾驶；

11）施工外用电梯驾驶。

（4）登高架设作业

1）脚手架拆装；

2）起重设备拆装；

3）超高处作业。

（5）厂内机动车辆驾驶

1）叉车、铲车驾驶；

2）电瓶车驾驶；

3）翻斗车驾驶；

4）汽车驾驶；

5）摩托车驾驶；

6）拖拉机驾驶；

7）机械施工用车（推土机、挖掘机、装载机、压路机、平地机、

铲运机)驾驶;

8) 矿山机车驾驶;

9) 地铁机车驾驶。

有下列疾病或生理缺陷者,不得从事特种作业:

(1) 器质性心脏血管病。包括风湿性心脏病、先天性心脏病(治愈者除外)、心肌病、心电图异常者;

(2) 血压超过 160/90mmHg,低于 86/56mmHg;

(3) 精神病、癫痫病;

(4) 重症神经官能症及脑外伤后遗症;

(5) 晕厥(近一年有晕厥发作者);

(6) 血红蛋白男性低于 90%,女性低于 80%;

(7) 肢体残废,功能受限者;

(8) 慢性骨髓炎;

(9) 厂内机动驾驶类:大型车身高不足 155cm;小型车身高不足 150cm;

(10) 耳全聋及发音不清者。厂内机动车驾驶听力不足 5m者;

(11) 色盲;

(12) 双眼裸视力低于 0.4,矫正视力不足 0.7 者;

(13) 活动性结核(包括肺外结核);

(14) 支气管哮喘(反复发作者);

(15) 支气管扩张病(反复感染、咳血)。

对特种作业人员的培训、取证及复审等工作严格执行国家、地方政府的有关规定。

对从事特种作业的人员要进行经常性的安全教育,时间为每月一次,每次教育 4h;教育内容为:

(1) 特种作业人员所在岗位的工作特点,可能存在的危险、隐患和安全注意事项;

(2) 特种作业岗位的安全技术要领及个人防护用品的正确使用方法;

（3）本岗位曾发生的事故案例及经验教训。

5．班前安全活动交底(班前讲话)

班前安全讲话作为施工队伍经常性安全教育活动之一，各作业班组长于每班工作开始前(包括夜间工作前)必须对本班组全体人员进行不少于15min的班前安全活动交底。班组长要将安全活动交底内容记录在专用的记录本上，各成员在记录本上签名。

班前安全活动交底的内容应包括：

（1）本班组安全生产须知；

（2）本班工作中的危险点和应采取的对策；

（3）上一班工作中存在的安全问题和应采取的对策。

遇有特殊性、季节性和危险性较大的作业前，责任工长要参加班前安全讲话并对工作中应注意的安全事项进行重点交底。

6．周一安全活动

周一安全活动作为施工项目经常性安全活动之一，每周一开始工作前应对全体在岗工人开展至少1h的安全生产及法制教育活动。活动形式可采取看录像、听报告、分析事故案例、图片展览、急救示范、智力竞赛、热点辩论等形式进行。工程项目主要负责人要进行安全讲话，主要内容包括：

（1）上周安全生产形势、存在问题及对策；

（2）最新安全生产信息；

（3）重大和季节性的安全技术措施；

（4）本周安全生产工作的重点、难点和危险点；

（5）本周安全生产工作目标和要求。

7．季节性施工安全教育

进入雨期及冬期施工前，在现场经理的部署下，由各区域责任工程师负责组织本区域内施工的分包队伍管理人员及操作工人进行专门的季节性施工安全技术教育；时间不少于2h。

8．节假日安全教育

节假日前后应特别注意各级管理人员及操作者的思想动态，有意识有目的地进行教育、稳定他们的思想情绪，预防事故的

发生;

9. 施工项目出现以下几种情况时,工程项目经理应及时安排有关部门和人员对施工工人进行安全生产教育,时间不少于 2h。

(1) 因故改变安全操作规程;

(2) 实施重大和季节性安全技术措施;

(3) 更新仪器、设备和工具,推广新工艺、新技术;

(4) 发生因工伤亡事故、机械损坏事故及重大未遂事故;

(5) 出现其他不安全因素,安全生产环境发生了变化。

3.5 施工项目安全技术管理

安全技术管理是施工企业安全管理的三大对策之一。施工现场由于场地狭小,多单位、多工种、多工序、多种设备的立体交叉作业,使得施工生产和安全生产工作难度较大。为理顺协调各方面的关系,合理安排工序,保证工期按时完成,确保操作人员的安全健康和机械设备的有效利用,施工项目必须在编制施工组织设计或施工方案的同时,编制安全施工方案或安全技术措施。施工安全技术措施是针对施工项目中存在的不安全因素进行预测和分析,找出危险点,为消除或控制危险隐患,从技术和管理上采取措施加以防范,消除不安全因素,防止事故发生。因此,安全技术措施是施工项目安全生产的指令性文件,具有法令效应,必须认真编制并严格贯彻执行。

3.5.1 安全技术措施和方案

1. 编制依据

工程项目施工组织设计或施工方案中必须有针对性的安全技术措施,特殊和危险性大的工程必须单独编制安全施工方案或安全技术措施。安全技术措施或安全施工方案的编制依据有:

(1) 国家和政府有关安全生产的法律、法规和有关规定;

(2) 安全技术标准、规范,安全技术规程;

(3) 企业的安全管理规章制度。

编制安全技术措施和方案应熟悉的安全技术资料或规定,包括:

(1) 建筑安装工程安全技术操作规程,技术规范、标准、规章制度;

(2) 一般施工的安全要求;

(3) 施工现场的安全规定;

(4) 脚手架施工安全规定;

(5) 土方工程的安全措施规定;

(6) 机电设备和安装的安全规定;

(7) 拆除工程的安全规定;

(8) 防护用品的安全规定;

(9) 安全工作一般规定;

(10) 建筑登高作业人员的素质要求;

(11) 作业环境的安全要求;

(12) 各类工具及使用的安全要求;

(13) 施工现场的安全防护;基础工程施工的安全防护;

(14) 架子工程施工的安全防护;吊篮工程施工的安全防护;

(15) 井字架、龙门架、外用电梯的安全防护。

2.编制原则

安全技术措施和方案的编制,必须考虑现场的实际情况、施工特点及周围作业环境,措施要有针对性。凡施工过程中可能发生的危险因素及建筑物周围外部环境不利因素等,都必须从技术上采取具体且有效的措施予以预防。同时,安全技术措施和方案必须有设计、有计算、有详图、有文字说明。

3.编制的要求

(1) 及时性

1) 安全性措施在施工前必须编制好,并且经过审核批准后正式下达施工单位以指导施工;

2) 在施工过程中,设计发生变更时,安全技术措施必须及时变更或做补充,否则不能施工;

3) 施工条件发生变化时,必须变更安全技术措施内容,并及时经原编制、审批人员办理变更手续,不得擅自变更。

(2) 针对性

1) 要根据施工工程的结构特点,凡在施工生产中可能出现的危险因素,必须从技术上采取措施,消除危险,保证施工安全。

2) 要针对不同的施工方法和施工工艺制定相应的安全技术措施:

① 不同的施工方法要有不同的安全技术措施,技术措施要有设计、有详图、有文字要求、有计算;

② 根据不同分部分项工程的施工工艺可能给施工带来的不安全因素,从技术上采取措施保证其安全实施。土方工程、地基与基础工程、砌筑工程、钢窗工程、吊装工程及脚手架工程等必须编制单项工程的安全技术措施;

③ 编制施工组织设计或施工方案在使用新技术、新工艺、新设备、新材料的同时,必须研究应用相应的安全技术措施。

3) 针对使用的各种机械设备、用电设备可能给施工人员带来的危险因素,从安全保险装置、限位装置等方面采取安全技术措施;

4) 针对施工中有毒、有害、易燃、易爆等作业可能给施工人员造成的危害,制定相应的防范措施;

5) 针对施工现场及周围环境中可能给施工人员及周围居民带来危险的因素,以及材料、设备运输的困难和不安全因素,制定相应的安全技术措施。

① 夏季气候炎热、高温时间持续较长,要制定防暑降温措施和方案;

② 雨期施工要制定防触电、防雷击、防坍塌措施和方案;

③ 冬期施工要制定防风、防火、防滑、防煤气中毒、防亚硝酸钠中毒措施和方案。

(3) 具体性

1) 安全技术措施必须明确具体,能指导施工,绝不能搞口号式、一般化。

2) 安全技术措施中必须有施工总平面图,在图中必须对危险的油库、易燃材料库、变电设备以及材料、构件的堆放位置,塔式起重机、井字架或龙门架、搅拌台的位置等按照施工需要和安全堆积的要求明确定位,并提出具体要求。

(4) 安全技术措施及方案必须由工程项目责任工程师或工程项目技术负责人指定的技术人员进行编制。

(5) 安全技术措施及方案的编制人员必须掌握工程项目概况、施工方法、场地环境等第一手资料,并熟悉有关安全生产法规和标准,具有一定的专业水平和施工经验。

4. 编制的内容:

(1) 一般工程:

1) 深坑、桩基施工与土方开挖方案;

2) ±0.00 以下结构施工方案;

3) 工程临时用电技术方案;

4) 结构施工临边、洞口及交叉作业、施工防护安全技术措施;

5) 塔吊、施工外用电梯、垂直提升架等安装与拆除安全技术方案(含基础方案);

6) 大模板施工安全技术方案(含支撑系统);

7) 高大、大型脚手架、整体式爬升(或提升)脚手架及卸料平台安全技术方案;

8) 特殊脚手架——吊篮架、悬挑架、挂架等安全技术方案;

9) 钢结构吊装安全技术方案;

10) 防水施工安全技术方案;

11) 设备安装安全技术方案;

12) 新工艺、新技术、新材料施工安全技术措施;

13) 防火、防毒、防爆、防雷安全技术措施;

14) 临街防护、临近外架供电线路、地下供电、供气、通风、管线,毗邻建筑物防护等安全技术措施;

15) 主体结构、装修工程安全技术方案;

16) 群塔作业安全技术措施；

17) 中小型机械安全技术措施；

18) 安全网的架设范围及管理要求；

19) 冬雨期施工安全技术措施；

20) 场内运输道路及人行通道的布置。

(2) 单位工程安全技术措施

对于结构复杂、危险性大、特性较多的特殊工程,应单独编制安全技术方案。如爆破、大型吊装、沉箱、沉井、烟囱、水塔、各种特殊架设作业、高层脚手架、井架和拆除工程等,必须单独编制安全技术方案,并要有设计依据、有计算、有详图、有文字要求。

(3) 季节性施工安全技术措施

1) 高温作业安全措施:夏季气候炎热,高温时间持续较长,制定防暑降温安全措施；

2) 雨期施工安全方案:雨期施工,制定防止触电、防雷、防坍塌、防台风安全技术措施；

3) 冬期施工安全方案:冬期施工,制定防风、防火、防滑、防煤气中毒、防亚硝酸钠中毒的安全措施。

5. 安全技术方案(措施)审批管理

(1) 一般工程安全技术方案(措施)由项目经理部工程技术部门负责人审核,项目经理部总(主任)工程师审批,报公司项目管理部、安全监督部备案。

(2) 重要工程(含较大专业施工)方案由项目(或专业公司)总(主任)工程师审核,公司项目管理部、安全监督部复核,由公司技术发展部或公司总工程师委托技术人员审批并在公司项目管理部、安全监督部备案。

(3) 大型、特大工程安全技术方案(措施)由项目经理部总(主任)工程师组织编制报技术发展部、项目管理部、安全监督部审核,由公司总(副总)工程师审批并在上述三个部门备案。

(4) 深坑(超过 5m)、桩基础施工方案、整体爬升(或提升)脚手架方案经公司总工程师审批后还须报当地建委施工管理处备案。

(5) 业主指定分包单位所编制的安全技术措施方案在完成报批手续后报项目经理部技术部门(或总工、主任工程师处)备案。

6. 安全技术方案(措施)变更

(1) 施工过程中如发生设计变更,原定的安全技术措施也必须随着变更,否则不准施工。

(2) 施工过程中确实需要修改拟定的安全技术措施时,必须经原编制人同意,并办理修改审批手续。

3.5.2 安全技术交底

安全技术交底是指导工人安全施工的技术措施,是项目安全技术方案的具体落实。安全技术交底一般由技术管理人员根据分部分项工程的具体要求、特点和危险因素编写,是操作者的指令性文件,因而,要具体、明确、针对性强,不得用施工现场的安全纪律、安全检查等制度代替,在进行工程技术交底的同时进行安全技术交底。

1. 安全技术交底制度

安全技术交底与工程技术交底一样,实行分级交底制度:

(1) 大型或特大型工程由公司总工程师组织有关部门向项目经理部和分包商(含公司内部专业公司)进行交底。交底内容:工程概况、特征、施工难度、施工组织、采用的新工艺、新材料、新技术、施工程序与方法、关键部位应采取的安全技术方案或措施等。

(2) 一般工程由项目经理部总(主任)工程师会同现场经理向项目有关施工人员(项目工程管理部、工程协调部、物资部、合约部、安全总监及区域责任工程师、专业责任工程师等)和分包商(含公司内部专业公司)行政和技术负责人进行交底,交底内容同前款。

(3) 分包商(含公司内部专业公司)技术负责人要对其管辖的施工人员进行详尽的交底。

(4) 项目专业责任工程师要对所管辖的分包商的工长进行分部工程施工安全措施交底,对分包工长向操作班组所进行的安全技术交底进行监督与检查；

(5) 专业责任工程师要对劳务分承包方的班组进行分部分项工程安全技术交底并监督指导其安全操作。

(6) 各级安全技术交底都应按规定程序实施书面交底签字制度，并存档以备查用。

2. 施工项目分部分项作业安全技术交底示例

(1) 钢模工安全技术交底。

1) 进入施工现场必须戴安全帽，高空作业必须系安全带；

2) 3m 以上梁、柱、墙、楼板安装或拆除模板，临边必须有防止人员、材料坠落伤人的措施，禁止无任何防护措施时拆除或安装模板；

3) 在拆模过程中，如发现实际结构混凝土强度未达到要求，有影响结构安全的质量问题，应暂停拆模，实际强度达到要求后，方可继续拆除；

4) 不承重的侧模板，包括梁、柱、墙的侧模板，只要混凝土强度保证其表面及棱角不因拆除模板而受损坏即可拆除；

5) 结构混凝土模板拆除后，强度未达到设计标号应加设临时支撑；

6) 拆模前必须有拆模申请，并根据同条件养护试块强度记录，达到规定时，经技术负责人签字同意，方可拆除；

7) 单块拆卸时，应将支承连杆和零件逐件拆卸。墙、柱、梁模板应逐块拆取传递，一般应后装先拆：先拆侧模板，后拆底板；先拆非承重部分，后拆承重部分。平台模板可单块拆卸，亦可分段分排拆除。为了避免平台模板突然整块塌落伤人，必要时应先设立临时支撑后，才能拆除支撑。操作人员应站在头顶上没有模板的位置，循序前进，逐块拆除；

8) 拆下来的配件应分类收齐，拆下的模板应按指定位置整齐堆放，及时清运，并均按有关模板管理办法来清理粘结的灰浆和修理校正损坏变形的部件。严禁挪做他用以及抛掷、撞击、脚踩、填衬等损伤模板的行为；

9) 模板拆除后,应即时取出对拉撑栓上的尼龙帽或者其他形式的拉杆做出处理,所留孔洞随即用砂浆抹平。对有防水要求的构件应按有关要求处理;

10) 组装成片模板整体拆模时,先挂好吊索,然后拆除支撑,轻拆拼接两片模板的零配件,待模板离开构件表面后,再放至指定位置,按规定清理和堆放。堆放时应平放;

11) 拆除时不得用撬棒、重锤等硬物硬击;

12) 拆除梁模和柱模时,如发现混凝土棱角有损坏等现象,应改进操作方法或延长拆模时间,以保证棱角整齐;

13) 装拆模板,必须有稳固的登高工具或脚手架,高度超过3.5m时,必须搭设脚手架。装拆过程中,下面不得站人;

14) 禁止在模板横肋及支承杆件上攀登上下;

15) 装拆模板时携带工具袋和工具箱。不使用的工具应随手放入袋内,不得在模板、杆件或脚手架跳板上放置工具或配件;

16) 脚手架上不得堆放模板,应随拆随搬运,上下有人接应。作业中途停歇时,应把已安装的部件固定牢靠,活动部件拆卸完毕后,方可停歇;

17) 安装墙模板时,应注意防止倾覆,必须在支撑牢固后方可继续安装其余部分;

18) 安装柱模板时,应一边安装一边支撑固定,未固定牢靠时支撑不能卸下;

19) 安装梁的倾模时,不得站立在底模上操作或行走;

20) 安装楼板模板时,应先安设好门架或顶撑及搁栅或桁架梁后再铺设模板;

21) 预组成成片模板,安装时如遇大风,应临时支撑稳固,拆卸时可以整体拆除。每次拆除相邻两整片之间最后连配件之前,必须检查吊钩是否挂牢;

22) 拆除模板时,应拆一块传递一块,不得连块合拆,严禁任意抛掷零件、杆件及模板;

23) 使用钢模板,对电线和电灯等各类用电电气装置应有严

格的安全保护措施。防止砸坏电线造成触电;

24) 特殊环境或特种混凝土模板拆除,应制定补充拆除措施。

(2) 木模工安全技术交底。

1) 模板支撑不得使用腐朽、扭裂、劈裂的材料。顶撑要垂直,底端平整坚实,并加垫木。木楔要钉牢,并用横顺拉杆和剪刀撑拉牢;

2) 采用桁架支模应严格检查,发现严重变形、螺栓松动等应及时修复;

3) 支模应按工序进行,模板没有固定前,不得进行下道工序,禁止利用拉杆、支撑攀登上下。支设 4m 以上的立柱模板,四周必须顶牢。操作时,要搭设操作架;不足 4m 的,可使用马凳操作;

4) 支设独立梁模应设临时工作台,不得站在柱模上操作和在梁底上行走;

5) 支设立柱模板和梁模板、操作平台上钢筋绑扎,要求不准站在梁、柱模板上操作和在梁底板上行走,更不允许利用拉杆、支撑攀登上下;

6) 支模应按工序进行,模板在没有固定好之前不得进行下道工序,否则模板受外界影响容易倒塌伤人;

7) 高空临边作业时,有高处坠落和掉下材料的危险,支模人员上下应走通道,严禁利用模板、栏杆、支撑上下,阳台平台上支模要系好安全带,工具要随手放人工具袋内,禁止抛掷任何物体;

8) 拆除模板应经施工技术人员同意。操作时应按顺序分段进行;严禁猛撬、硬砸或大面积撬落和拉倒。完工前,不得留下松动和悬挂的模板。拆动的模板应及时运送到指定地点集中堆放,防止钉子扎脚;

9) 拆模后需要局部支撑和使用早拆体系的支撑杆必须顶牢,不得松动,防止支撑倒下伤人,高处作业严禁投掷材料。

(3) 模板拆除安全技术交底。

1) 拆除时应严格遵守"拆模作业"要点的规定;

2) 高处、复杂结构模板的拆除,应有专人指挥和切实的安全

措施,并在下面标出工作区,严禁非操作人员进入作业区;

3) 工作前应事先检查所使用的工具是否牢固。扳手等工具必须用绳链系挂在身上,工作时思想要集中,防止钉子扎脚和从空中滑落;

4) 遇六级以上大风时,应暂停室外的高处作业。有雨、雪、霜时应先清扫施工现场,确认操作部位不滑时再进行工作;

5) 拆除模板一般应采用长撬杠,严禁操作人员站在正拆除的模板上;

6) 已拆除的模板、拉杆、支撑等应及时运走,妥善堆放,严防操作人员因扶空、踏空而坠落;

7) 在混凝土墙体、平板上有预留洞时,应在模板拆除后,随时在墙洞上做好安全护栏,或将板上的洞口盖严;

8) 拆模板时,应将已活动的模板、拉杆、支撑等固定牢固,严防突然掉落、倒塌伤人;

9) 拆除基础及地下工程模板时,应先检查基槽(坑)土壁的状况,发现有松软、龟裂等不安全因素时,必须在采取防范措施后,方可作业。拆下的模板和支承杆件不得在离槽(坑)上口 1m 以内堆放,并随拆随运;

10) 拆除板、梁、柱、墙模板时应注意:

① 拆除 4m 以上模板时,应搭脚手架或操作平台,并设防护栏杆;

② 严禁在同一垂直面上操作;

③ 拆除时应逐块拆卸,不得成片松动和撬落或拉倒;

④ 拆除平台、楼层板的底模时,应设临时支撑,防止大片模板坠落,尤其是拆支柱时,操作人员应站在门窗洞拉拆,更应严防模板突然全部掉落伤人;

⑤ 严禁站在悬臂结构上面敲拆底模。拆除高而窄的淤滞构件、模板,如薄腹梁、吊车梁等,应随时加设支撑将构件支稳,严防构件倾倒伤人;

⑥ 每人应有足够工作面,数人同时操作时应科学分工,统一

信号和行动。

11）正确使用个人防护用品和安全防护设施。进入施工现场，必须戴安全帽，禁止穿拖鞋或光脚。

（4）混凝土工安全技术交底。

1）浇筑 2m 以上的框架、过梁、雨篷和小平台等，应设操作平台，不得站在模板或支撑件上操作；

2）振动器停止使用，应关闭电动机，搬动电动机应切断电源，不得用电缆线拖拉扯动电动机；

3）电缆线上不得有裸露之处，不允许在电缆线上堆放其他物品和车压人踏；

4）严禁用振动棒撬钢筋和模板，操作时勿将振动棒头夹到钢筋里或其他硬物而受到损坏；

5）用绳拉平板振动器与平板应保持紧固，电源线必须固定在平板上，电源开关应安装在手把上；

6）用井架运输时，小车把不得伸出笼外，车轮前后要挡牢，稳起稳落；

7）浇灌混凝土使用的溜槽及串筒节间必须连接牢固。操作部位应有护身栏杆，不准直接站在溜槽帮上操作；

8）浇灌框架、梁、柱混凝土，应设操作台，不得直接站在模板或支撑上操作；

9）浇捣拱形结构，应自两边拱脚对称同时进行；浇圈梁、雨篷、阳台，应设防护措施，浇捣料仓，下口应先封闭，并铺设临时脚手架，以防人员下坠；

10）使用振动棒应穿胶鞋，湿手不得接触开关，电源线不得有破皮漏电现象；

11）振动器必须安装有漏电保护器；特殊部位下浇筑混凝土，如无可靠安全设施，应系安全带。

（5）钢筋加工安全技术交底。

1）钢材、半成品等应按规格、品种分别堆放整齐，制作场地要平整，工作台要稳固，照明灯具必须加网罩。距电气开关或配电箱

不少于 800mm;

2）钢筋加工车间及钢筋堆放场地必须使用保护电闸箱及控制柜,电气开关柜和焊接设备操作地面应铺设橡胶板或其他绝缘材料;

3）随机电源开关灵敏,漏电保护器完好。安全防护装置必须完整有效。各部位螺栓紧固;

4）拉直钢筋,卡头要卡牢,地锚要结实牢固,拉筋沿线 2m 区域内禁止行人。人工绞磨拉直,不准用胸、肚接触推杠,并缓慢松懈,不得一次松开;

5）展开盘圆钢筋要一头卡牢,防止回弹,切断时要先用脚踩紧;

6）人工断料,工具必须牢固。掌克子和打锤要站成斜角,注意扔锤区域内的人和物体。切断小于 300mm 的短钢筋,应用钳子夹牢,禁止用手把扶,并在外侧设置防护栏笼罩;

7）钢筋加工车间及钢筋堆放场地必须使用封闭保护电闸箱及控制柜,电气开关柜和焊接设备操作地面,应铺设橡胶板或其他绝缘材料;

8）各部位螺栓必须紧固,不得松动,作业按"十字"作业法操作;

9）工具夹具不得有开焊和裂纹;

10）盘条钢筋应放在盘条架上进行,盘条架应安放稳固、转动灵活;

11）加工、搬运钢筋时,应防止钢筋崩、弹、甩动,造成碰伤、烫伤和触电事故;

12）严禁用钢筋触动电气开关,钢筋头、铁锈皮应随时清除,集中堆放;清扫工作场地时,电气设备不得受潮;

13）操作人员应对配合人员的安全负责,配合人员听从操作人员的指挥;

14）各种钢筋机械在操作前,班组长要对作业人员进行操作规程的学习。

(6) 钢筋绑扎安全技术交底。

1) 多人合运钢筋,起、落、转、停动作要一致,人工上下传送不得在同一垂直线上。钢筋套堆放分散、稳当,防止倾倒和塌落;

2) 在高空、深坑绑扎钢筋和安装骨架,须搭设脚手架和马道。马道上不准堆料,禁止向下抛掷;

3) 绑扎立柱、墙体钢筋,不得站在钢筋骨架上和攀登骨架上下。柱筋在 4m 以内,重量不大,可在地面或楼面上绑扎,整体竖起;柱筋在 4m 以上,应搭设操作架;柱筋骨架,应用临时支撑拉牢,以防倾倒;

4) 起吊钢筋骨架,下方禁止站人,必须待骨架降落到离地 1m 以内始准靠近,支撑就位方可摘钩;

5) 绑扎边柱、边梁钢筋应搭设防护架;

6) 绑扎 3m 以上梁、柱、墙体钢筋,禁止在骨架上攀登和在钢筋上行走,应搭设操作通道和操作架;

7) 绑扎圈梁、挑檐,必须在有外防护架的条件下进行,外防护架高度不低于作业面 1.2m,无临边防护不系安全带不得从事临边钢筋绑扎作业;

8) 钢筋起吊必须捆牢固,吊钩下方不得站人;吊运绑扎钢筋骨架工作,架子必须系好钢筋绳工作架,在无任何牵连的情况下进行吊运,到位后,待工作架放稳,搭好支撑方能放下钢丝绳;

9) 绑扎、安装钢筋骨架前,应检查模板、支柱、脚手架是否稳固,绑扎圈梁、挑檐、外墙、高度超过 4m,必须搭正式操作架和挂安全网;

10) 禁止以钢筋骨架代替梯子上下攀登进行操作,柱子骨架高度超过 5m,在骨架中间应加设支撑拉杆,加以稳固;

11) 绑扎 1m 高度以上大梁时,应先立起一面帮模,再进行绑扎钢筋;

12) 绑扎矩形梁时,先在上口搭设木楞,绑完后抽出木楞,慢放落;在平地上预制骨架,应架临时支撑,保持稳定;

13) 在绑扎的平面钢筋上,不准踩踏行走;

14) 利用机械安装钢筋骨架,应有专人指挥,骨架下严禁站人,就位人员必须待骨架降落到 1m 以内方可靠近扶住就位。两人应互相配合,落实后方可摘钩;

15) 人力搬运钢筋时,应动作一致,在起落停止和上下坡道及拐弯时,前后要相互呼应;

16) 在搬运及安装钢筋时,防止碰触电线;

17) 人力垂直运送钢筋时,应预先搭设马道,并加护身栏;人工垂直送、拉、运钢筋,应搭接料平台,加设护身栏杆,并应检查绳索滑轮及绑扎等机具是否牢固,在上面接料人员应挂好安全带,人员必须在护身栏内操作,在吊运时垂直下方禁止有人;

18) 堆放钢筋及骨架应整齐平实,下垫木楞,堆放带有弯钩的半成品,最上一层钢筋的弯钩不应朝上。

(7) 脚手架搭设安全技术交底。

1) 凡是高血压、心脏病、癫痫病、晕厥或视力弱等不适合做高处作业人员,均不得从事架子作业。配备架子工徒工,在培训以前必须经过医务部门体检合格,操作时必须有技工带领、指导,由低到高,逐步增加,不得任意单独上架子操作。要经常进行安全技术教育。凡从事架子工种的人员,必须定期(每年)进行体检;

2) 脚手架支搭以前,必须制定施工方案和进行安全技术交底。对于高大异形的架子应报请上级部门批准,并向所有参加作业人员进行书面交底;

3) 操作小组接受任务后,必须根据任务特点和交底要求进行认真讨论,确定支搭方法,明确分工。在开始操作前,组长和安全员应对施工环境及所需防护用具做一次检查,消除隐患后,方可开始操作;

4) 架子工在高处(距地高度 2m 以上)作业时,必须佩戴安全带。所用的钎子应拴 2m 长的钎子绳。安全带必须与已绑扎好的立、横杆挂牢,不得挂在钢丝扣或其他不牢固的地方,不得"走过档"(即在一根顺水杆上不扶任何支点行走),也不得跳跃架子。在架子上操作应精力集中,禁止打闹和开玩笑,休息时应下架子。严

禁酒后作业;

5) 遇有恶劣气候(如风力 6 级以上,高温、雨雪天气等)影响安全施工时应停止高处作业;

6) 大横杆应绑在立杆里边,绑第一步大横杆时,必须检查立杆是否立正,绑至四步时必须绑临时十字盖,绑大横杆时,必须2~3人配合操作,由中间一人结杆、放平,按顺序绑扎;

7) 递杆、拨杆时,上下左右操作人员应密切配合,协调一致,拨干人员应注意不碰撞上方人员和已绑好的杆子,下方递杆人员应在上方人员接住杆子后方可松手,并躲离其垂直操作距离 3m以外。使用人力吊料,大绳必须坚固,严禁在垂直操作距离 3m 以内拉大绳吊料。使用机械吊运,应用天地轮,天地轮必须加固,应遵守机械吊装安全操作规程。吊运杉槁、钢管等物应绑扎牢固,接料平台外侧不准站人,接料人员应在起重机械停车后再接料、摘钩、接绑绳;

8) 未搭完的一切脚手架,非架子工一律不准上架。架子搭完后由施工人员会同架子组长、使用脚手架的班组、技术、安全等有关人员共同进行验收,认为合格,办理接交验收手续后方可使用。使用中的架子必须保持完整,禁止随意拆、改脚手架或挪用脚手杆;必须拆改时,应经施工负责人批准,由架子工负责操作;

9) 所有的架子,经过大风、大雨后,要进行检查,如发现倾斜下沉、松扣和崩扣要及时修理;

10) 架子搭设必须按搭设图说明进行,作业工人必须按搭设图和搭设说明进行施工,施工中不准违章作业;

11) 每天班前要检查作业区安全隐患,清楚架子上活动材料及飞板。

(8) 脚手架拆除安全技术交底。

1) 外架拆除前,工长要向拆架施工人员进行书面安全交底工作。交底要由接受人签字;

2) 安全交底内容要有针对性,拆架子的注意事项必须讲清楚;

3) 拆架前在地上用绳子或铁丝先拉好围栏,设有监护人,没有安全员在场,外架不准拆除;

4) 架子拆除程序应由上而下,按层按步拆除。先清理架上杂物,如脚手板上的混凝土、砂浆块、U 形卡、活动杆子及材料。按拆架原则先拆后搭的脚手杆。剪刀撑、拉杆不准一次性全部拆除,要求脚手杆拆到哪一层,剪刀撑、拉杆拆到哪一层;

5) 拆除工艺流程:拆除护栏→脚手板→小横杆→大横杆→剪刀撑→立杆→拉杆传递至地面→清除扣件→按规格堆码;

6) 拆杆和放杆时必须由 2～3 人协同操作,拆大横杆时,应由站在中间的人将杆顺下传递,下方人员接到杆拿稳拿牢后,上方人员才准松手,严禁往下乱扔脚手料具;

7) 拆架人员必须系安全带,拆除过程中,应指派一个责任心强、技术水平高的工人担任指挥,负责拆除工作的全部安全作业;

8) 拆架时有管线阻碍不得任意割移,同时要注意扣件崩扣,避免踩在滑动的杆件上操作;

9) 拆架时螺丝扣必须从钢管上拆除,不准螺丝扣留在被拆下的钢管上;

10) 拆架人员应配备工具袋,手上拿钢管时,不准同时拿扳手,工具用后必须放在工具套内;

11) 拆架休息时不准坐在架子上或不安全的地方,严禁在拆架时嬉戏打闹;

12) 拆架人员要穿戴好个人劳保用品,不准穿胶底易滑鞋上架作业,衣服要轻便;

13) 拆架中途不得换人,如更换人员必须重新进行安全技术交底;

14) 拆下来的脚手杆要随拆、随清、随运,分类、分堆、分规格码放整齐,要有防水措施,以防雨后生锈。扣件要分型号装箱保管;

15) 拆下来的钢管要定期重新外刷一道防锈漆,刷一道调合漆。弯管要调直。扣件要上润滑油;

16) 严禁夜间进行架子拆除作业。

(9) 电工作业安全技术交底。

1) 所有绝缘、检验工具,应妥善保管,严禁他用,并应定期检查、校验;

2) 现场施工用高低压设备及线路,应按照施工设计及有关电气安全技术规程安装和架设;

3) 线路上禁止带负荷接电或断电,并禁止带电操作;

4) 熔化焊锡、锡块,工具要干燥,防止爆溅;

5) 喷灯不得漏气、漏油及堵塞,不得在易燃、易爆场所点火及使用。工作完毕,灭火放气;

6) 配制环氧树脂及沥青电缆胶高空浇注时,下方不得有人;

7) 有人触电,立即切断电源,进行急救;电气着火,应立即将有关电源切断,使用泡沫灭火器或干砂灭火;

8) 现场变配电高压设备,不论带电与否,单人值班不准超越遮栏和从事修理工作;

9) 在高压带电区域内部停电工作时,人体与带电部分,应保持安全距离,并需有人监护;

10) 变配电室内、外高压部分及线路,停电工作时:

① 切断有关电源,操作手柄上应上锁或挂标牌;

② 验电时应戴绝缘手套,接电压等级使用验电器,在设备两侧各相或线路各相分别验电;

③ 验明设备或线路确认无电后,即将检修设备或线路做短路接地;

④ 装设接地线,应由二人进行,先接接地端,后接导体端,拆除时顺序相反。拆、接时均应穿戴绝缘防护用品;

⑤ 接地线应使用截面不小于 $25mm^2$ 的多股软裸铜钱和专用线夹。严禁用缠绕的方法,进行接地和短路。

11) 绝缘棒或传动机拉、合高压开并,应戴绝缘手套。雨天室外操作时,除穿戴绝缘防护用品以外,绝缘棒应有防雨罩,并有人监护。严禁带负荷拉、合开关;

12) 电气设备的金属外壳必须接零。同一供电网不允许有的接地有的接零;

13) 电气设备所用保险丝(片)的额定电流与其负荷容量相适应。禁止用其他金属线代替保险丝(片);

14) 施工现场夜间临时照明电线及灯具,高度应不低于2.5m。易燃、易爆场所,应用防爆灯具;

15) 照明开关、灯口及插座等,应正确接入火线及零线;

16) 严格遵守施工用电组织设计规定,不准违章作业;

17) 进入施工现场要戴好安全帽,高空作业要系好安全带;

18) 熟悉用电急救知识;

19) 按施工组织设计做好资料:

① 验收检查表;

② 电工值班记录;

③ 电工维修记录;

④ 定期检查记录;

⑤ 接地电阻检、复查记录;

⑥ 班前讲话及班组日志。

(10) 焊接作业安全技术交底。

1) 电焊机外壳,必须接地良好,其电源的装拆应由电工进行;

2) 电焊机要设单独的开关,开关应放在防雨的闸箱内,拉合时应戴手套侧向操作;

3) 焊钳与把线必须绝缘良好,连接牢固,要换焊条应戴手套。在潮湿地点工作应站在绝缘胶板或木板上;

4) 严禁在带压力的容器或管道上施焊,焊接带电的设备必须先切断电源;

5) 焊接贮存过易燃、易爆、有毒物品的容器或管道,必须清除干净,并将所有孔口打开;

6) 在密封金属容器内施焊时,容器必须可靠接地,通风良好,并应有专人监护。严禁向容器内输入氧气;

7) 焊接预热工件时,应有湿棉布或挡板等隔热措施;

8）把线、地线，禁止与钢丝绳接触，更不得用钢丝绳或机电设备代替零线。所有地线接头，必须连接牢固；

9）更换场地移动把线时，应切断电源，并不得手持把线爬梯登高；

10）清除焊渣时，必须戴防护眼镜或面罩。焊条头集中堆放；

11）二氧化碳气体预热器的外壳应绝缘，端电压不应大于36V；

12）雷雨时，应停止露天焊接作业；

13）施焊场地周围应清除易燃易爆物品，或进行覆盖、隔离；

14）必须在易燃易爆气体或液体扩散区施焊时，应经有关部门验试许可后，方可施焊；

15）工作结束，应切断焊机电源，将氧气瓶、乙炔气瓶气阀关好，拧上安全罩，并检查操作地点，确认无起火危险后，方可离开；

16）氧气瓶应有防震胶圈，旋紧安全帽，避免碰撞和剧烈震动，并防止暴晒。冻结时应热水加热，不准用火烤；

17）乙炔气管用后需清除管内水。胶管、防止回火的安全装置冻结时，应用热水或蒸汽加热解冻，严禁用火烤；

18）电焊时，焊枪口不准对人，正在燃烧的焊枪不得放在工作件或地面上。带有乙炔和氧气时，不准放在金属容器内，以防气体逸出，发生燃烧事故；

19）不得手持连接胶管（把线）的焊枪（把）爬梯、登高；

20）严禁在带压的容器或管道上焊、割，带电设备应先切断电源；

21）铅焊时，场地应通风良好，皮肤外露部分应涂护肤油脂；

22）电焊作业人员必须经安全技术培训考试合格持证上岗；

23）在没有可靠安全防护的临边作业时，应系安全带和戴好安全帽；

24）电焊机应放在干燥绝缘好的地方。在使用前检查一、二次线绝缘是否良好，接线处是否有防护罩，焊钳是否完好，外壳是否有接零保护。确认无问题后方可使用；

25）在潮湿的地沟、管道、锅炉内施焊时，应采取绝缘措施，可垫绝缘板或橡胶皮，穿绝缘鞋操作。应通风良好，防止出汗而使衣服潮湿；

26）焊接时，操作人员必须戴绝缘手套，穿绝缘鞋，焊接时必须双线到位，不准利用架子、轨道、管道、钢筋和其他导电物作联接地线，更不准使用裸导线，应用多股铜芯电缆线；

27）操作时，必须有用火证，配备消防器材，并设专人看护，清除附近易燃物，防止焊花四溅，引燃物料，发生火灾；

28）电焊工必须持证上岗操作，电焊机设专用开关箱，不准将焊机放在手推车上使用。

（11）气焊作业安全技术交底。

1）氧气瓶与乙炔瓶所放的位置，距火源不得少于 10m；

2）乙炔瓶要放在空气流通好的地方，严禁放在高压线下面。要立放固定使用，严禁卧放使用；

3）施工现场附近不得有易燃易爆物品；

4）装置要经常检查和维修，防止漏气。同时要严禁气路沾油，以防引起火灾；

5）氧气瓶、乙炔瓶（或乙炔发生器）在寒冷地区工作时，易被冻结。此时只能用温水解冻（水温为 40℃），不准用火烤。同时也要注意不得放在高温处或在日光下直射，温度不要超过 35℃；

6）使用乙炔瓶时，必须配备专用的乙炔减压器和回火防止器；

7）每变换一次工作地点，都要按上述要求检查；

8）氧气瓶和乙炔瓶装减压器前，要清除瓶口污物，以免污物进入减压器内；

9）瓶阀开启要缓慢平稳，以防止气体损坏减压器；

10）点火前检查加热器是否有抽吸力，其方法是：拔掉乙炔胶管，只留氧气胶管，同时拧开氧气阀和乙炔阀，这时可用手指检查加热器乙炔管接口处有无抽吸力。有抽吸力时，才能接乙炔管进行点火；如果没有抽吸力则说明喷嘴处有故障，必须对加热器进行

检修,直至有抽吸力时,才能进行点火;

11) 在点火或工作过程中发生回火时,要立即关闭氧气阀门,随后再关闭乙炔阀门。重新点火前,要用氧气将混合管内的残余气体吹净后进行;

12) 停止工作时,必须检查加热器的混合管内是否有窝火现象,待没有窝火时,方可收起加热器;

13) 施焊场地周围应清除易燃易爆物品,或进行覆盖、隔离;

14) 必须在易燃易爆气体或液体扩散区施焊时,应经有关部门检试许可后,方可进行;

15) 氧气瓶、氧气表及焊割工具上,严禁沾染油脂;

16) 点火时,焊枪口不准对人,正在燃烧的焊枪不得放在工件或地面上。带有乙炔和氧气时,不准放在金属容器内,以防气体逸出,发生燃烧事故;

17) 不得手持连接胶管的焊枪爬梯、登高;

18) 严禁在带压的容器或管道上焊、割,带电设备应先切断电源;

19) 在贮存过易燃、易爆及有毒物品的容器或管道上焊、割时,应先清除干净,并将所有的孔口打开;

20) 铅焊时,场地应通风良好,皮肤外露部分应涂护肤油脂,工作完毕应冲洗;

21) 工作完毕,应将乙炔气瓶,氧气瓶气阀关好,拧上安全罩。检查操作场地,确认无着火危险,方准离开。

(12) 起重作业安全技术交底。

1) 起重指挥应由技术熟练、懂起重机械性能的人员经培训合格,持操作证上岗。指挥时应站在能够照顾到全部工作地点,所发信号应事先统一,并做到准确、宏亮和清楚;

2) 吊、运、装作业人员必须精力集中,作业中不准吸烟、吃东西、闲聊、玩笑、打闹,随时注意起重机的旋转、行走和重物状况。吊装作业人员在工作或起吊动作未结束时,不准擅自离开作业岗位;

3）旗语、手势信号明显、准确，音响信号清晰宏亮。上、下信号密切配合，下信号服从上信号指挥；

4）信号指挥站位得当，指挥动作要使起重机司机容易看到；上下信号容易联系，始终能清楚观察到起吊、吊运、就位的全过程。信号指挥站位要利于保护自身的安全，不能站在易受碰撞、难躲避，易受意外伤害，无保护措施的墙顶等危险部位；

5）起吊离地 20～30cm，应停钩检查。检查内容包括起重机的制动、稳定性，吊物捆绑的可靠性，吊索具受力后的状态等。发现超载，钢丝绳打扭、变形，钩挂不牢，吊索受力不均，吊点不当，吊物松散、不平衡、有浮摆物、钩挂及其他起吊疑问等，应立即落钩、处理，确认安全后再起吊；

6）吊物悬空后出现异常，指挥人员要迅速判断，紧急通告危险部位人员迅速撤离。指挥吊物慢慢下落，排除险情再起吊；

7）吊运中突然停电或发生机械故障，重物不准长时间悬空。要指挥将重物缓慢停在适当稳定位置并垫好；

8）严禁吊物从人的头顶上越过。必须超过障碍物或人头顶时，其距离不准小于 50cm；

9）吊钩上升时，吊钩起升的极限高度应与吊臂顶点至少保持 2m 的距离；

10）起重机行走时，应注意观察并及时排除轨道上的障碍物，注意电缆应有足够的长度，轨钳是否打开。起重机与轨道止档至少要保持 1m 的安全距离；

11）群机或同一轨道上两台塔式起重机作业，指挥人员必须配合好，注意保持起重机间的安全距离，两机起重臂的安全距离不得小于 5m，防止两机碰撞或吊物钩挂；

12）吊物不易摆放平稳或易脱钩的重物，必须使用卡环或专用的安全吊具，保证稳起稳落，严禁用钩直挂吊运；

13）严禁吊物越过居民、街巷、有人建筑物、高压线和在其上空旋转。必须时，应于吊运前采取相应的有效措施；

14）塔式起重机不准在弯道处起吊作业。必须在弯道上进行起重作业时,要认真拟定作业方案、制定安全技术措施,经技术主管批准。指挥人员必须按弯道作业书面安全交底的规定,指挥吊装作业;

15)坚决制止违章作业指令,严格执行吊运作业安全操作规程"十不吊",即:

① 被吊物重量超过机械性能允许范围;

② 信号不明;

③ 吊物下方有人;

④ 吊物上站人;

⑤ 埋在地下物;

⑥ 斜拉、斜牵、斜吊;

⑦ 散物捆扎不牢;

⑧ 零、散、小物件无容器;

⑨ 吊物重量不明,吊索具不符合规定;

⑩ 六级以上大风。

(13)抹灰作业安全技术交底。

1)正确使用个人防护用品和安全防护措施。进入施工现场,必须戴安全帽,禁止穿拖鞋或光脚。在没有防护设施、悬崖和陡坡位置施工,必须系安全带;

2)室内抹灰使用的木凳、金属支架应搭设平稳牢固,脚手板跨度不得大于2m。架上堆放材料不得过于集中,在同一跨度内不应超过两人;

3)不准在门窗、暖气片、洗脸池等器物上搭设脚手架。阳台部位粉刷,外侧必须挂设安全网,严禁踩踏脚手架的护身栏杆和阳台栏杆进行操作;

4)机械喷灰应戴防护用品,压力表、安全阀应灵敏可靠,输浆管各部接口应拧紧牢固。管路摆放顺直,避免折弯;

5)输浆应严格按照规定压力进行,超压和管道堵塞,应卸压检修;

6)贴面使用预制件、大理石、磁砖等,应堆放整齐平稳,边用

边运。安装要稳拿稳放,待灌浆凝固稳定后,方可拆临时支撑;

7) 使用磨石机,应戴绝缘手套,穿胶鞋,电源线不得破皮漏电,金刚砂块安装必须牢固,经试运转正常,方可操作;

8) 脚手架铺板高度超过 2m 时,应由架子工按规定支搭脚手架。经检查验收后方可操作;

9) 使用人字梯或靠梯在光滑的地面上操作,梯子下脚要绑麻布或胶皮并加拉结绳,脚手板不要放在最高一档上。脚手板两端搭头长度不少于 20cm,跳板净跨不得大于 2m。脚手板上不得同时站两人操作;

10) 用石灰水喷浆时,应将手、脸抹上凡士林或护肤膏,并戴上防护镜和口罩,以免灼伤皮肤;

11) 如在阳台上操作,跳板上人员应系好安全带。

(14) 土方作业安全技术交底。

1) 挖土方应从上而下分层进行,两人操作间距应大于 2.5m,禁止采用挖空底脚的操作方法;

2) 开挖坑(槽)、沟深度超过 1.5m 时,一定要按土质和挖的深度规定进行放坡或加可靠支撑。如果既未放坡,也不加可靠支撑,不得施工;

3) 坑(槽)、沟边 1m 以内不得堆土、堆料和停放机具。1m 以外堆土,其高度不宜超过 1.5m;坑(槽)、沟与附近建筑物的距离不得小于 1.5m,危险时必须采取加固措施。

4) 挖土方不得在石头的边坡下或贴近未加固的危险楼房基底下进行。操作时应随时注意上方土的变动情况,如出现裂纹或部分塌落应及时放坡或加固;

5) 工人上下深坑(槽)应预先搭设稳固安全的阶梯,避免上下时发生坠落;

6) 开挖深度超过 2m 的坑(槽)、沟边沿处,必须设两道 1.2m 的防护栏杆并悬挂危险标志,夜间施工时悬挂红色标志灯。任何人严禁在深坑(槽)、悬岩、陡坡下面休息;

7) 在雨期挖土时,必须排水畅通,并应特别注意边坡的稳定。

下大雨时应暂停土方施工；

8）夜间挖土时，应尽量安排在地形平坦、施工干扰较少和运输道路畅通的地段，施工场地应有足够的照明；

9）人工挖大孔径桩及扩底桩施工前，必须制定防坠落物、防坍塌、防人员窒息等安全措施，并指定专人负责实施；

10）机械开挖后，边坡一般较陡，应用人工加以修整，达到设计要求后，再进行其他作业；

11）土方施工中，施工人员要经常注意边坡是否有裂缝、滑坡迹象，一旦发现，应该立即停止施工，待处理和加固后才能进行施工。

3.5.3 安全验收

施工项目必须执行安全验收制度。

1．验收范围：

（1）脚手杆、扣件、脚手板、安全帽、安全带、漏电保护器、临时供电电缆、临时供电配电箱以及其他个人防护用品；

（2）普通脚手架、满堂红架子、井字架、龙门架等和支搭的各类安全网；

（3）高大脚手架，以及吊篮、插口、挑挂架等特殊架子；

（4）临时用电工程；

（5）各种起重机械、施工用电梯和其他机械设备。

2．验收要求：

（1）脚手杆、扣件、脚手板、安全网、安全帽、安全带、漏电保护器以及其他个人防护用品，必须有合格的试验单及出厂合格证明。当发现有疑问时，请有关部门进行鉴定，认可后才能使用；

（2）井字架、龙门架的验收，由工程项目经理组织，工长、安全部、机械管理等部门的有关人员参加，经验收合格后，方能使用；

（3）普通脚手架、满堂红架子、堆料架或支搭的安全网的验收，由工长或工程项目技术负责人组织，安全部参加，经验收合格后方可使用；

（4）高大脚手架以及特殊架子的验收，由批准方案的技术负

责人组织,方案制定人、安全部及其他有关人员参加,经验收合格后方可使用;

(5)起重机械、施工用电梯的验收,由公司(厂、院)机械管理部门组织,有关部门参加,经验收合格后方可使用;

(6)临时用电工程的验收,由公司(厂、院)安全管理部门组织,电气工程师、方案制定人、工长参加,经验收合格后方可使用;

(7)所有验收都必须办理书面签字手续,否则验收无效。

3.6　施工项目现场安全管理

3.6.1　基础施工阶段

1.土石方作业安全防护。

(1)挖掘土方应从上而下施工,禁止采用挖空底脚的操作方法。

(2)采用机械挖土时,机械旋转半径内不得有人停留。

(3)采用人工挖土时,人与人之间的操作间距不得小于2.5m。并应设人观察边坡有无塌坍危险。

(4)开挖槽、坑、沟深度超过1.5m,应按规定放坡或加可靠支撑。

(5)开挖深度超过2m,必须在边沿处设两道护身栏杆或加可靠围护,危险处,夜间应设红色标志灯。

(6)槽、坑、沟边与建筑物、构筑物的距离不得小于1.5m。

(7)槽、坑、沟边1m以内不得堆土、堆料、停置机具。

2.挡土墙、护坡桩、大孔径桩及扩径桩及扩底桩的施工安全防护。

(1)施工前必须制定施工方案及安全技术措施,并上报有关部门批准后方可施工。

(2)施工现场应设围挡与外界隔离,非工作人员不得入内。

(3)下孔作业人员必须戴安全帽,腰系安全绳,且保证地面上有监护人。

（4）人员上下必须从专用爬梯上下，严禁沿孔壁或乘运土工具上下。

（5）桩孔应备孔盖，深度超过 5m 时要进行强制通风，完工时应将孔口盖严。

（6）人工提土需用垫板，应宽出孔口每侧不小于 1m，板宽不小于 30cm，板厚不小于 5cm，孔口大于 1m 时，孔上作业人员应系安全带。

（7）挖出的土方应随出随运，暂时不能运走的应堆放在孔口 1m 以外，且堆放高度不得超过 1m，孔口边不得堆放任何物料。

（8）容器装土不能过满，孔上任何人不准向孔内投扔任何物料。

3.6.2 结构施工阶段

3.6.2.1 脚手架作业安全防护

1. 脚手架的材质要求

（1）钢管脚手架应用外径 48～51mm，壁厚 3～3.5mm，无严重锈蚀、弯曲、压扁或裂纹的钢管；

（2）木脚手架应用小头有效直径不小于 8cm、无腐朽、折裂、枯节的杉篙。脚手杆件不得钢木混搭（某些地区施工严禁使用木脚手架）。

（3）钢管脚手架的杆件连接必须使用合格的玛钢扣件，不得使用钢丝和其他材料绑扎；

（4）杉篙脚手架的杆件绑扎应使用 8 号钢丝，搭设高度在 6m 以下的杉篙脚手架可使用直径不小于 10mm 的专用绑扎绳。

2. 脚手板的材质要求

（1）木脚手板应用杉木或松木制成，厚度不小于 5cm，宽度 20～25cm，板长 3～6m，有腐朽、劈裂的不能使用；

（2）钢手脚板用 2～3mm 厚的钢板压制而成，厚度 5cm，宽度 25cm，长度 3～4m，脚手板端头有连接卡；钢板厚度小于 2mm，不是用Ⅰ级钢板制做的不能使用。

3. 脚手架搭设

（1）脚手架基础应平整夯实，并有排水措施，以保证地基具有足够的承载能力，避免脚手架整体或局部沉降；

（2）脚手架底部必须垫不小于 5cm×15cm×200cm 的通板，内外立杆加绑扫地杆。杉篙立杆埋地深 50cm，加绑扫地杆；

（3）结构脚手架立杆间距不得大于 1.5m，大横杆间距不得大于 1.2m，小横杆间距不得大于 1m；

（4）装修脚手架立杆间距杉篙不得大于 1.8m，钢管不得大于 1.5m，大横杆间距不得大于 1.8m，小横杆间距不得大于 1.5m；

（5）脚手架必须按楼层与结构拉结牢固，拉结点垂直距离不得超过 4m，水平距离不得超过 6m；拉结所用的材料强度不得低于双股 8 号钢丝的强度，在拉结点处设可靠支顶，高大架子不得使用柔性材料进行拉结；

（6）脚手架的操作面必须满铺脚手板，离墙面距离不得大于 20cm，不得有空隙、探头板和飞跳板。脚手板下层兜设水平网。脚手板对接处必须设双排小横杆，两小横杆间距不得大于 30cm；

（7）脚手架操作面外侧应设两道护身栏杆和一道挡脚板或设一道护身栏，立挂安全网，下口封严。防护高度应为 1.5m，严禁用竹芭作脚手板；

（8）凡高度在 20m 以上（含 20m）的外脚手架纵向必须设置剪刀撑（也叫十字盖），剪刀撑应随架子同步支搭，以保证架子的稳定性；

1）架子的剪刀撑应从脚手架纵向两端和山墙处搭起。搭设宽度为不超过 7 根立杆，每隔 5～7 根立杆设一组；

2）剪刀撑与水平面的夹角为 45°～60°；

3）剪刀撑的底部要插到垫板处，与立杆相交点能加扣件的一定要加扣件。剪刀撑应采取搭接方式，搭接长度不少于 50cm，且在搭接处加至少两个扣件；

4）脚手架高度在 20m 以下时可设置正反斜支撑。

（9）脚手架各杆相交伸出的端头均应大于 10cm，以防止杆件

滑脱;

(10) 脚手板操作面的端头(或叫断面)处应绑两道防护栏杆;

(11) 脚手板非作业层不铺板时,小横杆可部分拆除,要求是每步保留,相间抽拆,上下两步错开。抽拆后小横杆的距离为,结构架子不大于 1.5m,装修架子不大于 3m;

(12) 因施工需要立杆不能伸到基础时,应经过计算在断杆处加八字撑,将此断杆处的力分卸到两侧架子上;

(13) 建筑物顶部脚手架要高于坡屋面的挑檐板 1.5m,高于平屋面女儿墙顶 1m,高出部分要绑两道护身栏,并立挂安全网;

(14) 特殊脚手架和高度在 20m 以上(含 20m)的高大脚手架,必须有设计方案。高度 10m 以上 20m 以下的脚手架搭设前必须有措施和交底;

(15) 结构用的里外承重脚手架,使用时荷载不得超过 2646N/m²(270kg/m²),脚手架上堆砖不允许超过单行侧摆三层砖。装修用的里外脚手架使用荷载不得超过 1960N/m²(200kg/m²);

(16) 脚手架具的外侧边缘与供电架空线路的边线之间的最小安全操作距离为表 3-1 规定。

安全操作距离 表 3-1

外电线路电压	1kV 以下	1~10kV	35~110kV	154~220kV	330~500kV
最小安全操作距离(m)	4	6	8	10	15

(17) 脚手架具的外侧边缘与外电架空线路边线之间因特殊情况无法保持安全操作距离时,必须采取有效可靠的防护措施。

4. 斜道的搭设

(1) 人行斜道的宽度不得小于 1m,坡度 1:3(高:长);运料斜道的宽度不得小于 1.5m,坡度以 1:6 为宜;

(2) 斜道两侧及平台外围,应设防护栏杆及挡脚板或满挂立网,立网与斜道绑牢,人行斜道的脚手板上应加防滑条,其厚度

2～3cm,间距不大于 30cm;

(3) 斜道立杆间距 1.5m,大横杆间距 1.2～1.4m,小横杆置于斜横杆上间距不大于 1m。在拐弯平台处的小横杆还应适当加密;

(4) 斜道两侧和端部应设剪刀撑。对于独立搭设的斜道应加密连墙杆;

(5) 斜道入口处应设护头棚;

(6) 上、下脚手架的斜道严禁搭设在有外电线路的一侧。

5．满堂红架子的搭设

(1) 装修用满堂红架子,立杆间距不大于 1.5m,大横杆间距不大于 1.4m,小横杆间距不大于 1.0m;

(2) 满堂红架子高度在 6m 以下时,可铺花板,间隙不大于 20cm,板头要绑牢,高度在 6m 以上时,必须铺严脚手板;

(3) 当基础为土质时,立杆的底部应平整夯实垫通板;

(4) 四角设抱角斜撑,四边设剪刀撑,中间每隔 4 根立杆沿纵长方向搭设一道剪刀撑,所有斜撑和剪刀撑和剪刀均应由底到顶连续设置;

(5) 上料井口四角设安全护栏,上下架子要设爬梯;

(6) 满堂红架子临边外线必须设两道防护栏杆和一道挡脚板。

6．独立柱子架子的搭设

(1) 立杆间距为 1.8～2m,水平横杆间距不大于 1.8m;

(2) 作业面要满铺板,设两道防护栏杆和一道挡脚板,或一道防护栏杆满挂立网,作业面的宽度不得小于 60cm;

(3) 独立架子四边设剪刀撑,与水平面角度应为 45°～60°,上下架子要设爬梯。

7．工具式脚手架作业安全防护

(1) 插口架子:

① 插口架子的负荷量(包括荷载)不得超过 1176N/m² (120kg/m²),架子上严禁堆放物料,人员不得集中停立,保证架子

受力均衡;

② 插口架子提升或降落时,不准使用吊钩,必须用卡环吊运,任何人不准站在架子上随架子升降;别杆等材料随架子升降时,必须放置在妥善的地方,以免掉落;

③ 架子长度不得超过建筑物的两个开间,最长不得超过 8m,超过 8m 的要经上一级技术部门批准,采取加固措施;

④ 插口架子的宽度以 0.8~1m 为宜,高度不低于 1.8m,最少要有三道钢管大横杆;

⑤ 插口架子外皮要高出施工面 1m,横杆间距不得大于1.5m,并加剪刀撑,安全网从上至下挂满封严并且兜住底部,并与每步脚手板下脚封死绑牢;

⑥ 插口架子安装就位后,架子之间的间隙不得大于 20cm,间隙应用盖板连接绑牢,立面外侧用安全网封严;

⑦ 插口架须要悬挑时,挑出长度从受力点起,不准超过1.5m。必须超过 1.5m 时,要经过技术部门批准,采取加固措施;

⑧ 插口架子的别杠应别在窗口的上下口。别杠应用10cm×10cm 的木方,别杠每端应长于所别实墙 20cm,插口架子上端的钢管应用双扣件锁牢;

⑨ 凡建筑物拐角处相连的插口架子大小面用安全网交圈封严。

(2) 吊篮架子:

① 吊篮的负荷量 (包括人体重) 不准超过 1176N/m² (120kg/m²),人员和材料要对称分布,保证吊篮两端负载平衡;

② 严禁在吊篮的防护以外和护头棚上作业,任何人不准擅自拆改吊篮;

③ 吊篮里皮距建筑物以 10cm 为宜,两吊篮之间间距不得大于 20cm,不准将两个或几个吊篮边连在一起同时升降;

④ 以手扳葫芦为吊具的吊篮,钢丝绳穿好后,必须将保险扳把拆掉,系牢保险绳。并将吊篮与建筑物拉牢;

⑤ 吊篮长度一般不得超过 8m,吊篮宽度以 0.8~1m 为宜。

单层吊篮高度以 2m、双层吊篮高度以 3.8m 为宜；

⑥ 用钢管组装的吊篮，立杆间距不准大于 2m，大小面均须打戗。采用焊接边框的吊篮，立杆间距不准超过 2.5m，长度超过 3m 的大面要打戗；

⑦ 单层吊篮至少设 3 道横杆，双层吊篮至少设 5 道横杆；

⑧ 承重受力的预埋吊环，应用直径不小于 16mm 的圆钢。吊环埋入混凝土内的长度应大于 36cm，并与墙体主筋焊接牢固。预埋吊环距支点的距离不得小于 3m；

⑨ 安装挑梁探出建筑物一端稍高于另一端，挑梁之间用杉篙或钢管连接牢固，挑梁应用不小于 14 号工字钢强度的材料；

⑩ 吊篮升降使用的手扳葫芦应用 3t 以上的专用配套的钢丝绳。倒链应用 2t 以上承重的钢丝绳，直径应不小于 12.5mm；

⑪ 钢丝绳不得接头使用，与挑梁连接处要有防剪措施，至少用 3 个卡子进行卡接；

⑫ 吊篮长度在 8m 以下 3m 以上的要设 3 个吊点，长度在 3m 以下的可设两个吊点，但篮内人员必须挂好安全带。

8．井字架、龙门架的安全防护

（1）井字架、龙门架的支搭必须符合规程要求。高度在 10～15m 的应设一组缆风绳，每增高 10m 加设一组，每组四根，缆风绳应用直径不小于 12.5mm 的钢丝绳，并按规定埋设地锚，严禁捆绑在树木、电线杆等物体上，钢丝绳用花篮缧丝调节松紧，严禁用别杠调节钢丝绳长度。缆风绳的固定应不小于 3 个卡扣，并且卡扣的弯曲部分一律卡在钢丝绳的短头部分；

（2）钢管井字架立杆用对接扣件连接，不得错开搭接，立杆、大横杆间距均不大于 1m，四角应设双排立杆。天轮架必须绑两根天轮木，加顶桩打八字戗；

（3）井字架、龙门架首层进料口一侧应搭设长度不小于 3m 的建筑物进出料防护棚，应搭设双层防护棚；

（4）井字架、龙门架首层进料口必须采用联动防护门，吊盘定位必须采用自动联锁装置，应保证灵敏有效、安全可靠；

(5) 井字架、龙门架的导向滑轮至卷扬机卷筒的钢丝绳,凡经通道处应予以遮护;

(6) 井字架、龙门架的天轮与最高一层上料平台的垂直距离应不小于 6m,必须设置超高限位装置,使吊笼上升最高位置与天轮间的垂直距离不小于 2m;

(7) 工作完毕或暂时停止工作时,吊盘必须落到地面,因故障吊盘暂停悬空位置时,司机不准离开卷扬机;

(8) 严禁人员乘坐吊盘上下;

(9) 井字架、龙门架吊笼出入口均应有安全门,两侧必须有安全防护措施;

(10) 井字架、龙门架楼层进出料必须有安全门,两侧应绑两道护身栏杆,并设挡脚板;

(11) 井字架、龙门架非工作状态的楼层进出料口安全门必须予以关闭;

(12) 井字架、龙门架应设上下联络信号。

9. 爬架

(1) 爬架的基本组成:

爬架主要由架体、附着机构、提升设备,安全装置和其他专用构件等组成。

① 架体。架体一般用扣件式钢管脚手架或碗扣式钢管脚手架组成,也有采用型钢组合而成。架体的主要构件有立杆、横杆、斜杆、脚手板、安全网等;

② 附着机构。附着机构随爬架种类的不同而不同,它一般通过穿墙螺栓与工程结构相联,主要作用是将架体上各种荷载传到建筑结构上去;

③ 提升机构。提升机构的主要作用是实现架体的升降,它由动力设备及控制系统组成。动力设备有手动环链葫芦,电动环链葫芦,液压千斤顶,升板机、卷扬机等,控制系统有电控系统的控制柜、电缆和液压系统的液压源、液压管路、液压控制台等;

④ 安全装置。安全装置分防坠装置与防倾覆装置。防倾覆

装置的作用是保持架体升降与使用中的水平约束,防止架体在水平荷载作用下产生晃动或倾覆,防坠装置的作用是保持架体升降中的竖向约束,在动力失效时迅速锁住架体,防止下坠。

(2) 爬架的分类:

① 按爬升方式分。套管式爬架和导轨式爬架等;

② 按组架方式分。a.单片式爬架:其主要特征是脚手架沿建筑物周边由若干片爬架组成,每片仅有两个提升点;b.多片式爬架:其主要特征是脚手架沿建筑物周边由若干片爬架组成,每片有多于两个的提升点;c.整体式爬架:其主要特征是脚手架沿建筑物周边封闭搭设,架体整体升降;

③ 按提升设备类型分。手拉葫芦式爬架、环链电动葫芦式爬架、升板机式爬架、卷扬机式爬架、液压式爬架等。

(3) 爬架的安全装置:

① 防倾覆装置。爬架无论在使用状态还是在升降状态,均有向内外倾覆的可能性。在使用状态下,架体处于静止状态,通过架体同建筑物间的附墙连接,容易保证架体的水平方向稳定,但爬架在升降状态下,架体与爬升机构间处于相对运动状态,需要专门的防倾覆装置来保证架体的正常运行。

目前使用中比较可靠的常用防倾覆装置有:

a. 导轨＋导轮:导轨与导轮分别固定在建筑物与架体上,通过导轨对导轮的约束来实现防倾覆的目的。导轨式爬架就是采用这一种机构,它由上导轮组和下导轮组组成,上导轮组安装在最上一层结构处,下导轮组安装在架体底部。

b. 钢管＋套管:套管式爬架的水平约束就是这样一种类型。这种结构从原理上看,本身就具备导向和水平约束作用。但由于附墙支座上下间距较小,约束作用有限,因此对架体的高度有一定的限制。

② 防坠装置。

架体坠落的主要原因有:a.使用状态及升降状态时附墙机构破坏;b.升降状态时动力失效;c.架体整体刚度或整体强度不足而

发生架体散落;d.附墙点混凝土强度不足。

而附墙机构,架体、附墙点的破坏一般通过设计上来保证安全度,现场使用中通过加强管理来解决。动力失效产生坠落则一般通过防坠装置来解决。

目前使用中仅导轨式爬架是比较可靠的防坠装置,其主要利用相对运动的物体在小于摩擦角的斜面上摩擦力大于下滑力,从而达到制动的原理而设计的。整个装置包括传感机构和制动机构两大部分,脚手架在正常升降状态时,制动机构处于开锁状态,当动力失效时,传感机构开始工作,使制动机构进入自锁状态,从而达到防坠的效果。

(4) 爬架的搭设与使用:

① 搭设前需对脚手钢管、扣件、承力架、导轨、承力杆、机构、电气等进行检查,严禁有裂缝、变形、滑牙、严重锈蚀等现象;

② 整体提升电动葫芦要求是同一生产厂,同一时间出厂的同一规格的电动葫芦,电动机及减速器也应有相同的要求;

③ 链条不能有裂纹,钢丝绳应符合钢丝绳使用规定;

④ 吊钩必须具有保险装置,用20倍放大镜检查不能有裂纹或破口现象,不能使用磨损量超过吊钩厚度1/10(挂绳处),吊钩心轴磨损量超过其直径的5%,开口度的原尺寸增加15%的吊钩;

⑤ 穿墙螺栓丝扣部分应完好无损,螺杆无明显变形,长度与墙体厚度相符合;

⑥ 对防坠装置应检查动作是否灵活可靠,需调整的必须调整到位;

⑦ 还应检查隐蔽工程,如预留孔、混凝土的强度以及孔位的正确与否。预留孔的直径,不能超过螺栓配合孔径允许值。若发现不符合要求,必须在架体就位前及时作好修整处理,直到合格为止;

⑧ 凡用电动葫芦提升的,还需有防水、防尘措施,导线还应有绝缘措施;

⑨ 不管何种爬架搭设完毕后均需铺好脚手板,底层下部拉好

安全网,外侧满挂密目网封闭。

爬架固定完毕经全面检查符合设计要求,安全可靠,即可投人使用,按规定在作业面的步跨上进行作业,作业允许荷载严格参照说明书上的要求。

3.6.2.2 洞口、临边作业安全防护

1.临边作业安全防护

(1)尚未安装栏杆或挡脚板的阳台周边、无外架防护的屋面周边、框架结构楼层周边、雨篷与挑檐边、水箱与水塔周边、斜道两侧边、卸料平台外侧边,必须设置1.2m高的两道护身栏杆并设置固定高度不低于18cm的挡脚板或搭设固定的立网防护;

(2)护栏除经设计计算外,横杆长度大于2m时,必须加设栏杆柱,栏杆柱的固定及其与横杆的连接,其整体构造应在任何一处能经受任何方向的1000N的外力;

(3)当临边的外侧面临街道时,除防护栏杆外,敞口立面必须采取满挂小眼安全网或其他可靠措施做全封闭处理;

(4)分层施工的楼梯口、梯段边及休息平台处必须安装临时护栏,顶层楼梯口应随工程结构进度安装正式防护栏杆。回转式楼梯间应支设首层水平安全网,每隔4层设一道水平安全网;

(5)阳台栏板应随工程结构进度及时进行安装。

2.洞口作业安全防护

(1)楼板、屋面和平台等面上短边尺寸为2.5~25cm以上的洞口,必须设坚实盖板并能防止挪动移位;

(2)25cm×25cm~50cm×50cm的洞口,必须设置固定盖板,保持四周搁置均衡,并有固定其位置的措施;

(3)50cm×50cm~150cm×150cm的洞口,必须预埋通长钢筋网片,纵横钢筋间距不得大于15cm;或满铺脚手板,脚手板应绑扎固定,任何人未经许可不得随意移动;

(4)150cm×150cm以上洞口,四周必须搭设围护架,并设双道防护栏杆,洞口中间支挂水平安全网,网的四周要拴挂牢固、严密;

(5) 位于车辆行驶道路旁的洞口、深沟、管道、坑、槽等,所加盖板应能承受不小于当地额定卡车后轮有效承载力 2 倍的荷载;

(6) 墙面等处的竖向洞口,凡落地的洞口应设置防护门或绑防护栏杆,下设挡脚板。低于 80cm 的竖向洞口,应加设 1.2m 高的临时护栏;

(7) 电梯井必须设不低于 1.2m 的金属防护门,井内首层和首层以上每隔 10m 设一道水平安全网,安全网应封闭。未经上级主管技术部门批准,电梯井内不得做垂直运输通道和垃圾通道;

(8) 洞口必须按规定设置照明装置和安全标志。

3.6.2.3 高处作业防护

1. 攀登作业安全防护

(1) 攀登用具,结构构造上必须牢固可靠,移动式梯子,均应按现行的国家标准验收其质量;

(2) 梯脚底部应坚实,不得垫高使用,梯子的上端应有固定措施;

(3) 立梯工作角度以 $75° \pm 5°$ 为宜,踏板上下间距以 30cm 为宜,并不得有缺档。折梯使用时上部夹角以 $35° \sim 45°$ 为宜,铰链必须牢固,并有可靠的拉撑措施;

(4) 使用直爬梯进行攀登作业时,攀登高度以 5m 为宜,超出 2m,宜加设护笼,超过 8m,必须设置梯间平台;

(5) 作业人员应从规定的通道上下,不得在阳台之间等非规定通道进行攀登,上下梯子时,必须面向梯子,且不得手持器物;

(6) 攀登的用具,结构构造上必须牢固可靠。供人上下的踏板其使用荷载不应大于 $1100N/m^2$。当梯面上有特殊作业,重量超过上述荷载时,应按实际情况加以验算。

2. 悬空作业安全防护

(1) 悬空作业处应有牢靠的立足处,并必须视具体情况,配置防护栏网、栏杆或其他安全设施;

(2) 悬空作业所用的索具、脚手板、吊篮、吊笼、平台等设备。均需经过技术鉴定或验证后方可使用;

(3) 高空吊装预应力钢筋混凝土屋架、桁架等大型构件前,应搭设悬空作业中所需的安全设施;

(4) 吊装中的大模板、预制构件以及石棉水泥板等屋面板上,严禁站人和行走;

(5) 支模板应按规定的工艺进行,严禁在连接件和支撑件上攀登上下,并严禁在同一垂直面上装、拆模板。支设高度在3m以上的柱模板四周应设斜撑,并应设立操作平台;

(6) 绑扎钢筋和安装钢筋骨架时,必须搭设脚手架和马凳。绑扎立柱和墙体钢筋时,不得站在钢筋骨架上或攀登骨架上下,绑扎3m以上的柱钢筋,必须搭设操作平台;

(7) 浇注离地2m以上框架、过梁、雨篷和小平台时,应有操作平台,不得直接站在模板或支撑件上操作;

(8) 悬空进行门窗作业时,严禁操作人员站在橙子、阳台栏板上操作,操作人员的重心应位于室内,不得在窗台上站立;

(9) 特殊情况下如无可靠的安全设施,必须系好安全带并扣好保险钩;

(10) 预应力张拉区域应标示明显的安全标志,禁止非操作人员进入。张拉钢筋的两端必须设置挡板。挡板应距所张拉钢筋的端部1.5～2m,且应高出最上一组张拉钢筋0.5m,其宽度应距张拉钢筋两外侧各不小于1m。

3. 高处作业安全防护

(1) 无外脚手架或采用单排外脚手架和工具式脚手架时,凡高度在4m以上的建筑物首层四周必须支搭3m宽的水平安全网,网底距地不小于3m。高层建筑支搭6m宽双层网,网底距地不小于5m,高层建筑每隔10m,还应固定一道3m宽的水平网,凡无法支搭水平网的,必须逐层设立网全封闭;

(2) 建筑物出入口应搭设长3～6m,且宽于出入通道两侧各1m的防护棚,棚顶满铺不小于5cm厚的脚手板,非出入口和通道两侧必须封严;

(3) 对人或物构成威胁的地方,必须支搭防护棚,保证人、物

安全;

(4) 高处作业使用的铁凳、木凳应牢固,不得摇晃,凳间距离不得大于 2m,且凳上脚手板至少铺两块以上,凳上只许一人操作;

(5) 高处作业人员必须穿戴好个人防护用品,严禁投掷物料。

4. 操作平台的安全防护

(1) 移动式操作平台的面积不应超过 10m²,高度不应超过 5m,并采取措施减少立柱的长细比;

(2) 装设轮子的移动式操作平台,轮子与平台的接合处应牢固可靠,立柱底端离地面不得超出 80mm;

(3) 操作平台台面满铺脚手板,四周必须设置防护栏杆,并设置上下扶梯;

(4) 悬挑式钢平台应按现行规范进行设计及安装,其方案要输入施工组织设计;

(5) 操作平台上应标明容许荷载值,严禁超过设计荷载。

3.6.2.4 交叉作业的安全防护

(1) 支模、粉刷、砌墙等各工种进行上下立体交叉作业时,不得在同一垂直方向上操作。下层操作必须在上层高度确定的可能坠落半径范围内以外,不能满足时,应设置硬隔离安全防护层。

(2) 钢模板、脚手架等拆除时,下方不得有其他人员操作,并应设专人监护。

(3) 钢模板拆除后其临时堆放处应离楼层边沿不应小于 1m,且堆放高度不得超过 1m。楼层边口、通道口、脚手架边缘处,严禁堆放任何拆下物件。

3.6.2.5 模板工程安全防护

目前在各大中城市已大量推广组合式定形钢模板及钢木模板。由于高层和超高层建筑的蓬勃发展,现浇结构数量愈来愈大,相应模板工程所产生的事故也有逐渐增大的趋势,如胀凸、炸模、整体倒塌等时有出现,所以,应对模板工程加强安全管理。

1. 模板的种类

(1) 模板根据其形式,可分为整体式模板、定形模板、工具式模板、翻转模板、滑动模板、胎模等；

(2) 按材料不同又可分为木模板，钢木模板、钢模板、铝合金模板、塑料模板、玻璃钢模板等。

2．模板的材质

(1) 钢模板及其支撑的材质要求：

① 钢材应符合《碳素结构钢》(GB 700—88)中的 Q235 标准；

② 焊条应与被焊接的钢材相适应；

③ 定型钢模板必须具有出厂检验合格证；

④ 对成批的新钢模板使用前应进行荷载试验，符合要求后方可使用。

(2) 木模板及其支撑的材质要求：

① 木材应符合《木结构工程施工质量验收规范》(GB 50206—2002)中的承重结构选材标准，材质不宜低于Ⅲ等材；

② 支撑木杆应使用松木或杉木，不得采用杨木、柳木、桦木、椴木等易变形开裂的木材。木杆不得使用有腐朽、折裂、枯节等疵病的木材。支撑木杆的连接结合，宜采用钉、销或螺栓，不宜使用钢丝或麻绳等绑扎；

③ 木料上有节疤、缺口等疵病的部位，应放在模板的背面或者截去；

④ 钉子长度应为模板厚度的 2~2.5 倍。

(3) 竹支撑的材质要求：

① 竹杆的小头直径不宜小于 80mm，青嫩枯脆、裂纹、白蚂蚁及虫蛀等的竹杆严禁使用；

② 支撑竹杆的接头连接可采用多股青篾绑扎。

3．模板的设计和使用要求

(1) 木模板及其支架的设计应符合《木结构设计规范》(GDJ 5—88)的规定，当木材含水率小于 25％时，强度设计值可提高 30％。荷载设计值要乘以 0.9 的折减系数，但材质不宜低于Ⅲ等材，严禁使用脆性、过分潮湿、易于变形和弯扭不直的木材；

（2）钢模板及其支架的设计应符合《钢结构设计规范》（GBJ 17—88）的规定，其设计荷载值应乘以 $r=0.85$ 的折减系数。采用冷弯薄壁型钢应符合《冷弯薄壁型钢结构技术规范》（GBJ 18—87）的规定，其设计荷载值不予折减；

（3）验算模板及其支架的刚度时，其变形值不得超过下列数值：

① 结构使用时表面外露者，模板的变形值不得超过其跨度的 1/400；

② 结构使用时有顶棚隐蔽者，模板的变形值不得超过其跨度的 1/250；

③ 支架的压缩变形值或弹性挠度，为相应结构计算跨度的 1/1000；

④ 木模板受压杆件的长细比不得超过 150；钢模板受压柱和桁架的长细比不得超过 150，受拉时不得超过 250；

⑤ 模板应支撑在坚实的地基上，并应有足够的支承面积，严禁受力后地基产生下沉。如地基系冻胀性土时，必须要有土在冻结和融化时保证结构安全的措施；

⑥ 模板在荷载作用下，应具有必要的强度、刚度和稳定性。并应保证结构的各部分形状、尺寸和位置的正确性；

⑦ 模板设计时应考虑便于安装和拆除，同时还要考虑安装钢筋，浇捣混凝土方便；

⑧ 整体式钢筋混凝土梁，当跨度大于或等于 4m 时，安装模板时应起拱，如无设计要求时宜为跨度的 1/1000～3/1000；

⑨ 模板接缝应严密不得漏浆，并应保证单体构件连接处具有必要的紧密性和可靠性；

⑩ 设计模板时应首先采用桁架支模、架空支模、工具式支模等先进的施工方法，以便加速模板的周转；

⑪ 组合钢模板、大模板、滑升模板等的设计、制作和施工尚应符合《组合钢模板技术规范》（GB 50214—2001）、《大模板多层住宅结构设计与施工规程》（JG 20—84）、《液压滑动模板施工技术规

范》(GBJ 113—87)等标准的相应规定。

4. 模板的安装

(1) 现浇整体式模板的安装。

1) 一般要求:

① 模板安装必须按模板的施工设计进行,严禁任意变动。

② 整体式的多层房屋和构筑物安装上层模板及其支架时,应符合下列规定:

a. 下层楼板结构的强度,当达到能承受上层模板、支撑和新浇混凝土的重量时,方可进行。否则下层楼板结构的支撑系统不能拆除,同时上下支柱应在同一垂直线上;

b. 如采用悬吊模板桁架支模方法,其支撑结构必须要有足够的强度和刚度。

③ 当层间高度大于 5m 时,若采用多层支架支模,则在两层支架立柱间应铺设垫板,且应平整,上下层支柱要垂直,并应在同一垂直线上。

④ 模板及其支撑系统在安装过程中,必须设置临时固定设施,严防倾覆。

⑤ 支柱全部安装完毕后,应及时沿横向和纵向加设水平支撑和垂直剪刀撑,并与支柱固定牢靠。当支柱高度小于 4m 时,水平撑应设上下两道,两道水平撑之间,在纵、横向加设剪刀撑。然后支柱每增高 2m 再增加一道水平撑,水平撑之间还需增加剪刀撑一道。

⑥ 采用分节脱模时,底模的支点应按设计要求设置。

⑦ 承重焊接钢筋骨架和模板一起安装时应符合下列规定:

a. 模板必须固定在承重钢筋骨架的结点上;

b. 安装钢筋模板组合体时,吊索应按模板设计的吊点位置绑扎。

⑧ 组合钢模板采取预拼装用整体吊装方法时,应注意以下要点:

a. 拼装完毕的大块模板或整体模板,吊装前应确定吊点位

置,先进行试吊,确认无误后,方可正式吊运安装;

b. 使用吊装机械安装大块整体模板时,必须在模板就位并连接牢固后方可脱钩;

c. 安装整块柱模板时,不得将其支在柱子钢筋上代替临时支撑。

2)安装注意事项:

① 单片柱模吊装时,应采用吊钩和柱模连接,严禁用钢筋钩代替,以避免柱模翻转时脱钩造成事故,待模板立稳后并拉好支撑,方可摘除吊钩;

② 支模应按工序进行,模板没有固定前,不得进行下道工序;

③ 支设4m以上的立柱模板和梁模板时,应搭设工作台;不足4m的,可使用马凳操作。不准站在柱模板上操作和在梁底模板上行走,更不允许利用拉杆,支撑攀登上下;

④ 墙模板在未装对拉螺栓前,板面要向背后倾斜一定角度并撑牢,以防倒塌。安装过程要随时拆换支撑或增加支撑,以保持墙模处于稳定状态。模板未支撑稳固前不得松动吊钩;

⑤ 安装墙模板时,应从内、外墙角开始,向相互垂直的两个方向拼装,连接模板的U形卡要正反交替安装,同一道墙(梁)的两侧模板应同时组合,以便确保模板安装时的稳定。当墙模板采用分层支模时,第一层模板拼装后,应立即将内外钢楞、穿墙螺栓、斜撑等全部安设紧固稳定。当下层模板不能独立安设支承件时,必须采取可靠的临时固定措施,否则严禁进行上一层模板的安装;

⑥ 用钢管和扣件搭设双排立柱支架支承梁模时,扣件应拧紧,且应抽查扣件螺栓的扭力矩是否符合规定,不够时,可放两个扣件与原扣件挨紧。横杆步距按设计规定,严禁随意增大;

⑦ 平板模板安装就位时,要在支架搭设稳固,板下横楞与支架连接牢固后进行。U形卡要按设计规定安装,以增强整体性,确保模板结构安全;

⑧ 五级以上大风,应停止模板的吊运作业。

(2)滑动模板的安装。

1）滑模的安装要求：

① 组装前应对各部件的材质、规格和数量进行详细检查，以便剔除不合格部件；

② 模板安装完毕，应对其进行全面检查，证明安全可靠后，方可进行下一工序的工作；

③ 液压控制台在安装前，必须预先做加压试车工作，应经严格检查合格后，方准运到工程上去安装；

④ 滑模的平台必须保持水平，千斤顶的升差应随时检查调整。

2）滑模施工注意事项：

① 滑升机具和操作平台应严格按照施工设计安装。平台四周要有防护栏杆和安全网，平台板铺设不得留有空隙。施工区域下面应设安全围栏，经常出入的通道要搭设防护棚；

② 人货两用施工电梯，应安装柔性安全卡，限位开关等安全装置，上、下应有通讯联络设备。并应设有安全刹车装置；

③ 滑模提升前，若为柔性索道运输时，必须先放下吊笼，再放松导索，检查支承杆有无脱空现象，结构钢筋与操作平台有无挂连，确属证明无误后，方可提升；

④ 操作平台上，不得多人聚集一处，夜间施工应准备手电筒，以预防夜间停电；

⑤ 滑升过程中，要随时调整平台水平中心的垂直度，以便防止平台扭转和水平位移；

⑥ 平台内、外吊脚手架使用前，应全部设置好安全网，并把安全网紧靠筒壁；

⑦ 为防止高空坠物伤人，烟筒等滑升底部的 2.5m 高度处搭设防护棚，防护棚应坚固可靠，上面应铺 6～8m 厚的钢板一层；

⑧ 应定期对一切起重设备的限位器、刹车装置等进行测定，以防失灵发生意外。

（3）大模板的安装。

1）大模板的堆放和安装：

① 平模存放时,必须满足地区条件所要求的自稳角。大模板存放在施工楼层上,应有可靠的防倾倒措施。在地面存放模板时,两块大模板应采用板面对板面的存放方法,长期存放应将模板联成整体。对没有支撑或自稳角不足的大模板,应存放在专用的堆放架上,或者平卧堆放,严禁靠放到其他模板或构件上,以防模板下脚滑移,倾翻伤人;

② 大模板起吊前,应把吊车的位置调整适当,并检查吊装用绳索、卡具及每块模板上的吊环是否牢固可靠,然后将吊钩挂好,拆除一切临时支撑,稳起稳吊,禁止用人力搬动模板。吊装过程中,严防模板大幅度摆动或碰倒其他模板;

③ 组装平模时,应及时用卡具或花篮螺丝将相邻模板连接好,防止倾倒,安装外墙外模板时,必须待悬挑扁担固定,位置调好后,方可摘钩。外墙外模安装好后,要立即穿好销杆,紧固螺栓;

④ 大模板安装时,应先内后外,单面模板就位后,用钢筋三角支架插入板面螺栓跟上支撑牢固。双面板就位后,用拉杆和螺栓固定,未就位和未固定前不得摘钩;

⑤ 有平台的大模板起吊时,平台上禁止存放任何物料。禁止隔着墙同时吊运一面一块模板;

⑥ 里外角模和临时摘挂的面板与大模板必须连接牢固,防止脱开和断裂坠落。

2) 大模板安装使用注意事项:

① 大模板放置时,下面不得压有电线和气焊管线;

② 平模叠放运输时,垫木必须上下对齐,绑扎牢固,运输车上严禁坐人;

③ 大模板组装或拆除时,指挥、拆除和挂钩人员,必须站在安全可靠的地方操作,严禁任何人员随大模板起吊,安装外模板的操作人员应带安全带;

④ 大模板必须设有操作平台、上下梯道、防护栏杆等附属设施,如有损坏,应及时修好。大模板安装就位后,为便于浇捣混凝土,两道墙模板平台间应搭设临时走道,严禁在外墙板上行走;

⑤ 模板安装就位后,要采取防止触电的保护措施,应设专人将大模板串联起来,并同避雷网接通,防止漏电伤人;

⑥ 当风力达 5 级时,仅允许吊装 1～2 层的模板和构件。风力超过 5 级,应停止吊装。

(4) 台模(飞模)的安装。

1) 台模(飞模)的安装要求:

① 支模前,先在楼、地面按布置图弹出各台模边线以控制台模位置,然后将组装好的柱筒子模套上,这时再将台模吊装就位;

② 台模校正。标高用千斤顶配合调整,并在每根立柱下用砖墩和木楔垫起或用可调钢套管;

③ 当有柱帽时,应制作整体斗模,斗模下口支承于柱子筒模上,上口用 U 形卡与台模相连接。

2) 台模(飞模)安装注意事项:

① 台模必须经过设计计算,确保其能承受全部施工荷载,并在反复周转使用时能满足强度、刚度和稳定性的要求;

② 堆放场地应平整坚实,严防地基下沉引起台模架扭曲变形;

③ 高而窄的台模架宜加设连杆互相牵牢,防止失稳倾倒;

④ 装车运输时,应将台模与车辆系牢,严防台模运输时互相碰撞和倾覆;

⑤ 组装后及每次安装前,应设专人检查和整修,不符合标准要求,不得投入使用;

⑥ 拆下及移至下一施工段使用时,模架上不得浮搁板块、零配件及其他用具,以防坠落伤人。待就位后,其后端与建筑物作可靠拉结后,方可上人;

⑦ 起飞台模用的临时平台,结构必须可靠,支搭坚固,平台上应设车轮的制动装置,平台外沿应设护栏,必要时还应挂安全网;

⑧ 在运行起飞时,严禁有人搭乘。

(5) 爬模的安装。

1) 爬模的安装要求:

① 提升前应检查模板是否全部脱离墙面,拉杆螺栓是否全部抽掉;

② 爬杆螺栓是否全部达到要求;

③ 在液压千斤顶或倒链提升过程中,应保持模板平稳上升,模板顶的高低差不得超过 100mm。并在提升过程中,应经常检查模板与脚手架之间是否有钩挂现象,油泵是否工作正常;

④ 模板提升好后,应立即校正与内模板固定,待有可靠的保证后,方可使油泵回油松掉千斤顶或倒链;

⑤ 经常检查撑头是否有变形,如有变形应立即处理,以防爬架护墙螺栓超负荷发生事故;

⑥ 提升爬架时,应先把模板中的油泵爬杆换到爬架油泵中(拆除撑头防止落下伤人),拧紧爬杆螺栓,这时方允许拆掉护墙螺栓。然后开始提升,提升过程中应注意爬架的高低差不超过 50mm 和有无障碍物。

2) 爬模安装注意事项:

① 爬模操作人员必须遵守工地的安全规定,并配带所规定劳动保护用品;

② 爬架的提升必须在混凝土达到所规定的强度后方可提升,提升时应有专人指挥,且必须满足下列要求:

a. 大模板的穿墙螺栓均未松动;

b. 每个爬架必须挂两个倒链(或两个千斤顶),严禁只用一个倒链(或一个千斤顶)提升;

c. 保险钢丝绳必须拴牢,并设专人检查无误;

d. 拆除爬架附墙螺栓前,倒链全部调整到工作状态,然后才能拆除附墙螺栓。上述条件均已全部具备方可提升。

③ 提升到位后,安装附墙螺栓,并按规定垫好垫圈拧紧螺帽,用测力扳手测定达到要求后,方可松掉倒链(或千斤顶)。严禁用塔吊提升爬架;

④ 提升大模板时,其对应模板只能单块提升,严禁两块大模板同时提升,且应注意下列事项:

a. 大模板必须在悬空的情况下,穿墙螺栓全部拆除;

b. 保险钢丝绳必须拴牢,并有专人检查;

c. 用多个倒链提升时,应先将各倒链调整到工作状态,方可拆除穿墙螺栓;

d. 大模板提升必须设专人指挥,各个倒链或千斤顶必须同步。

5. 模板的拆除

(1) 模板拆除一般要求:

① 拆除时应严格遵守"拆模作业"要点的规定;

② 高处、复杂结构模板的拆除,应有专人指挥和切实的安全措施,并在下面标出工作区,严禁非操作人员进入作业区;

③ 工作前应事先检查所使用的工具是否牢固,扳手等工具必须用绳链系挂在身上,工作时思想要集中,防止钉子扎脚和从空中滑落;

④ 遇六级以上大风时,应暂停室外的高处作业。有雨、雪、霜天气时应先清扫施工现场,不滑时再进行工作;

⑤ 拆除模板一般应采用长撬杠,严禁操作人员站在正拆除的模板上;

⑥ 已拆除的模板、拉杆、支撑等应及时运走或是妥善堆放,严防操作人员因扶空、踏空而坠落;

⑦ 在混凝土墙体、平板上有预留洞时,应在模板拆除后,随时在墙洞上做好安全护栏或将板的洞盖严;

⑧ 拆模间隙时,应将已活动的模板、拉杆、支撑等固定牢固,严防突然掉落,倒塌伤人。

(2) 普通模板拆除:

1) 拆除基础及地下工程模板时,应先检查基槽(坑)土壁的状况,发现有松软、龟裂等不安全因素时,必须在采取防范措施后,方可下人作业,拆下的模板和支承杆件不得在离槽(坑)上口 1m 以内堆放,并随拆随运。

2) 拆除板、梁、柱、墙模板时应注意:

① 拆除 4m 以上模板时,应搭脚手架或操作平台,并设防护拦杆;

② 严禁在同一垂直面上操作;

③ 拆除时应逐块拆卸,不得成片松动和撬落或拉倒;

④ 拆除平台、楼层板的底模时,应设临时支撑,防止大片模板坠落,尤其是拆支柱时,操作人员应站在门窗洞口外拉拆,应严防模板突然全部掉落伤人;

⑤ 严禁站在悬臂结构上面敲拆底模;

⑥ 拆除高而窄的预制构件模板,如薄腹梁、吊车梁等,应随时加设支撑,将构件支稳,严防构件倾倒伤人;

⑦ 每人应有足够工作面,数人同时操作时应科学分工,统一信号和行动。

(3) 滑升模板拆除:

① 必须遵守《高处作业安全技术规范》和《液压滑动模板施工安全技术规程》(JGJ 65—89)的规定;

② 必须制定拆除方案,规定其拆除的顺序和方法以确保安全;

③ 拆除前应向全体操作人员进行详细的安全技术操作交底工作。

(4) 大模板拆除:

① 大模板拆除后,起吊前必须认真检查固定件是否全部拆除;

② 起吊时应先稍微移动一下,证明确属无误后,方允许正式起吊;

③ 大模板的外模板拆除前,要用起重机事先吊好,然后才准拆除悬挂扁担及固定件。

(5) 爬模拆除:

① 拆除爬架、爬模要有专人进行,设专人指挥,严格按照所规定的拆除程序进行;

② 松开爬架顶上挑扁担的垫铁螺栓,以便观察塔吊是否真正

将模板吊空;

③ 检查索具,用卸甲(严禁用钩)扣住模板吊环,用塔吊轻轻吊紧,并在两端用绳拉紧,防止转动,然后抽去千斤顶爬杆,做到吊运时稳运、稳落、防止大模板大幅度晃动、碰撞造成倒塌事故;

④ 起吊时,应采用吊环和安全吊钩,卸甲不得斜牵起吊,严禁操作人员随模板起落;

⑤ 有窗口的爬架拆除时,操作人员不得进入爬架内,只允许在室内拆除螺栓。无窗口的爬架进入爬架内拆除螺栓,爬架上口和附墙处均需拉缆风绳(又叫浪风),严禁人在爬架内吊运;

⑥ 遇五级大风或大雨以及夜间不得进行此项拆模工作;

⑦ 进行拆模架的工作时,附近和下面应设安全警戒线,并派专人看守,以防物件坠落造成伤人事故;

⑧ 堆放模架的场地,应在事前平整夯实,并比周围垫高150mm 防止积水,堆放前应铺通长垫木。

3.6.2.6 起重设备安全防护

1. 基本要求

(1) 操作人员在作业前必须对工作现场环境、行驶道路、架空电线、建筑物以及构件重量和分布情况进行全面了解;

(2) 现场施工负责人应为起重机作业提供足够的工作场地,清除或避开起重臂起落及回转半径内的障碍物;

(3) 各类起重机应装有音响清晰的喇叭、电铃或汽笛等信号装置。在起重臂、吊钩、平衡重等转动体上应标以鲜明的色彩标志;

(4) 起重吊装的指挥人员必须持证上岗,作业时应与操作人员密切配合,执行规定的指挥信号。操作人员应按照指挥人员的信号进行作业,当信号不清或错误时,操作人员可拒绝执行;

(5) 操纵室远离地面的起重机,在正常指挥发生困难时,地面及作业层(高空)的指挥人员均应采用对讲机等有效的通讯联络进行指挥;

(6) 在露天有六级及以上大风或大雨、大雪、大雾等恶劣天气

时,应停止起重吊装作业。雨雪过后作业前,应先试吊,确认制动器灵敏可靠后方可进行作业;

(7) 起重机的变幅指示器、力矩限制器、起重量限制器以及各种行程限位开关等安全保护装置,应完好齐全、灵敏可靠,不得随意调整或拆除。严禁利用限制器和限位装置代替操纵机构;

(8) 操作人员进行起重机回转、变幅、行走和吊钩升降等动作前,应发出音响信号示意;

(9) 起重机作业时,起重臂和重物下方严禁有人停留、工作或通过。重物吊运时,严禁从人上方通过。严禁用起重机载运人员;

(10) 操作人员应按规定的起重性能作业,不得超载。在特殊情况下需超载使用时,必须经过验算,有保证安全的技术措施,并写出专题报告,经企业技术负责人批准,有专人在现场监护下,方可作业;

(11) 严禁使用起重机进行斜拉、斜吊和起吊地下埋设或凝固在地面上的重物以及其他不明重量的物体。现场浇注的混凝土构件或模板,必须全部松动后方可起吊;

(12) 起吊重物应绑扎平稳、牢固,不得在重物上再堆放或悬挂零星物件。易散落物件应使用吊笼栅栏固定后方可起吊。标有绑扎位置的物件,应按标记绑扎后起吊。吊索与物件的夹角宜采用 45°~60°,且不得小于 30°,吊索与物件梭角之间应加垫块;

(13) 起吊载荷达到起重机额定起重量的 90% 及以上时,应先将重物吊离地面 200~500mm 后,检查起重机的稳定性,制动器的可靠性,重物的平稳性,绑扎的牢固性,确认无误后方可继续起吊。对易晃动的重物应拴拉绳;

(14) 重物起升和下降速度应平稳、均匀,不得突然制动。左右回转应平稳,当回转未停稳前不得做反向动作。非重力下降式起重机,不得带载自由下降;

(15) 严禁起吊重物长时间悬挂在空中,作业中遇突发故障,应采取措施将重物降落到安全地方,并关闭发动机或切断电源后进行检修。在突然停电时,应立即把所有控制器拨到零位,断开电

源总开关,并采取措施使重物降到地面;

(16) 起重机不得靠近架空输电线路作业。起重机的任何部位与架空输电导线的安全距离不得小于表 3-2 的规定;

(17) 起重机使用的钢丝绳,应有钢丝绳制造厂签发的产品技术性能和质量的证明文件。当无证明文件时,必须经过试验合格后方可使用;

(18) 起重机使用的钢丝绳,其结构形式、规格及强度应符合该型起重机使用说明书的要求;

(19) 钢丝绳与卷筒应连接牢固,放出钢丝绳时,卷筒上应至少保留三圈,收放钢丝绳时应防止钢丝绳打环、扭结、弯折和乱绳,不得使用扭结、变形的钢丝绳。使用编结的钢丝绳,其编结部分在运行中不得通过卷筒和滑轮;

起重机与架空输电导线的安全距离　　表 3-2

安全距离　电压(kV)	<1	1~15	20~40	60~110	220
沿垂直方向(m)	1.5	3.0	4.0	5.0	6.0
沿水平方向(m)	1.0	1.5	2.0	4.0	6.0

(20) 钢丝绳采用编结固接时,编结部分的长度不得小于钢丝绳直径的 20 倍,并不应小于 300mm,其编结部分应捆扎细钢丝。当采用绳卡固接时,与钢丝绳直径匹配的绳卡的规格、数量应符合表 3-3 的规定。最后一个绳卡距绳头的长度不得小于 140mm。绳卡滑鞍(夹板)应在钢丝绳承载时受力的一侧,"U"螺栓应在钢丝绳的尾端,不得正反交错。绳卡初次固定后,应待钢丝绳受力后再度紧固,并宜拧紧到使两绳直径高度压扁 1/3。作业中应经常检查紧固情况;

与绳径匹配的绳卡数　　表 3-3

钢丝绳直径(mm)	10 以下	10~20	21~26	28~36	36~40
最少绳卡数(个)	3	4	5	6	7
绳卡间距(mm)	80	140	160	220	240

（21）每班作业前,应检查钢丝绳及钢丝绳的连接部位。当钢丝绳在一个节距内断丝根数达到或超过表 3-4 根数时,应予报废。当钢丝绳表面锈蚀或磨损使钢丝绳直径显著减少时,应将表 3-4 报废标准按表 3-5 折减,并按折减后的断丝数报废;

（22）向转动的卷筒上缠绕钢丝绳时,不得用手拉或脚踩来引导钢丝绳。钢丝绳涂抹润滑脂,必须在停止运转后进行;

钢丝绳报废标准(一个节距内的断丝数) 表 3-4

采用的安全系数	钢丝绳规格					
	6×19+1		6×37+1		6×61+1	
	交互捻	同向捻	交互捻	同向捻	交互捻	同向捻
6 以下	12	6	22	11	36	18
6~7	14	7	26	13	38	19
7 以上	16	8	30	15	40	20

钢丝绳锈蚀或磨损时报废标准的折减系数 表 3-5

钢丝绳表面锈蚀或磨损量(%)	10	15	20	25	30~40	大于 40
折减系数	85	75	70	60	50	报废

（23）起重机的吊钩和吊环严禁补焊。当出现下列情况之一时应更换:

① 表面有裂纹、破口;

② 危险断面及钩颈有永久变形;

③ 挂绳处断面磨损超过高度 10%;

④ 吊钩衬套磨损超过原厚度 50%;

⑤ 心轴(销子)磨损超过其直径的 3%~5%。

（24）当起重机制动器的制动鼓表面磨损达 1.5~2.0mm(小直径取小值,大直径取大值)时,应更换制动鼓,同样,当起重机制动器的制动带磨损超过原厚度 50% 时,应更换制动带。

2. 履带式起重机

(1) 起重机应在平坦坚实的地面上作业、行走和停放。在正常作业时,坡度不得大于 3°,并应与沟渠、基坑保持安全距离;

(2) 起重机启动前重点检查项目应符合下列要求:

① 各安全防护装置及各指示仪表齐全完好;

② 钢丝绳及连接部位符合规定;

③ 燃油、润滑油、液压油、冷却水等添加充足;

④ 各连接件无松动。

(3) 起重机启动前应将主离合器分离,各操纵杆放在空挡位置,并应按照本规程第 3.2 节的规定启动内燃机;

(4) 内燃机启动后,应检查各仪表指示值,待运转正常再接合主离合器,进行空载运转,顺序检查各工作机构及其制动器,确认正常后,方可作业;

(5) 作业时,起重臂的最大仰角不得超过出厂规定。当无资料可查时,不得超过 78°;

(6) 起重机变幅应缓慢平稳,严禁在起重臂未停稳前变换挡位;起重机载荷达到额定起重量的 90% 及以上时,严禁下降起重臂;

(7) 在起吊载荷达到额定起重量的 90% 及以上时,升降动作应慢速进行,并严禁同时进行两种及以上动作;

(8) 起吊重物时应先稍离地面试吊,当确认重物已挂牢,起重机的稳定性和制动器的可靠性均良好,再继续起吊。在重物升起过程中,操作人员应把脚放在制动踏板上,密切注意起升重物,防止吊钩冒顶。当起重机停止运转而重物仍悬在空中时,即使制动踏板被固定,仍应脚踩在制动踏板上;

(9) 采用双机抬吊作业时,应选用起重性能相似的起重机进行。抬吊时应统一指挥,动作应配合协调,载荷应分配合理,单机的起吊载荷不得超过允许载荷的 80%。在吊装过程中,两台起重机的吊钩滑轮组应保持垂直状态;

(10) 当起重机如需带载行走时,载荷不得超过允许起重量的 70%,行走道路应坚实平整,重物应在起重机正前方向,重物离地

面不得大于 500mm,并应拴好拉绳,缓慢行驶。严禁长距离带载行驶;

(11) 起重机行走时,转弯不应过急;当转弯半径过小时,应分次转弯;当路面凹凸不平时,不得转弯;

(12) 起重机上下坡道时应无载行走,上坡时应将起重臂仰角适当放小,下坡时应将起重臂仰角适当放大。严禁下坡空挡滑行;

(13) 作业后,起重臂应转至顺风方向,并降至 40°～60°之间,吊钩应提升到接近顶端的位置,应关停内燃机,将各操纵杆放在空挡位置,各制动器加保险固定,操纵室和机棚应关门加锁;

(14) 起重机转移工地,应采用平板拖车运送。特殊情况需自行转移时,应卸去配重,拆去短起重臂,主动轮应在后面,机身、起重臂、吊钩等必须处于制动位置,并应加保险固定。每行驶 500～1000m 时,应对行走机构进行检查和润滑;

(15) 起重机通过桥梁、水坝、排水沟等构筑物时,必须先查明允许载荷后再通过。必要时应对构筑物采取加固措施。通过铁路、地下水管、电缆等设施时,应铺设木板保护,并不得在上面转弯;

(16) 用火车或平板拖车运输起重机时,所用跳板的坡度不得大于 15°;起重机装上车后,应将回转、行走、变幅等机构制动,并采用三角木楔紧履带两端,再牢固绑扎;后部配重用枕木垫实;不得使吊钩悬空摆动。

3．汽车、轮胎式起重机

(1) 起重机行驶和工作的场地应保持平坦坚实,并应与沟渠、基坑保持安全距离;

(2) 起重机启动前重点检查项目应符合下列要求:

① 各安全保护装置和指示仪表齐全完好;

② 钢丝绳及连接部位符合规定;

③ 燃油、润滑油、液压油及冷却水添加充足;

④ 各连接件无松动;

⑤ 轮胎气压符合规定。

(3) 起重机启动前,应将各操纵杆放在空挡位置,手制动器应锁死,并应按照本规程第3.2节的有关规定启动内燃机。启动后,应怠速运转,检查各仪表指示值,运转正常后接合液压泵,待压力达到规定值,油温超过30℃时,方可开始作业;

(4) 作业前,应全部伸出支腿,并在撑脚板下垫方木,调整机体使回转支承面的倾斜度在无载荷时不大于1/1000(水准泡居中)。支腿有定位销的必须插上。底盘为弹性悬挂的起重机,放支腿前应先收紧稳定器;

(5) 作业中严禁扳动支腿操纵阀。调整支腿必须在无载荷时进行,并将起重臂转至正前或正后,方可再行调整;

(6) 应根据所吊重物的重量和提升高度,调整起重臂长度和仰角,并应估计吊索和重物本身的高度,留出适当空间;

(7) 起重臂伸缩时,应按规定程序进行,在伸臂的同时应相应下降吊钩。当限制器发出警报时,应立即停止伸臂。起重臂缩回时,仰角不宜太小;

(8) 起重臂伸出后,出现前节臂杆的长度大于后节伸出长度时,必须进行调整,消除不正常情况后,方可作业;

(9) 起重臂伸出后,或主副臂全部伸出后,变幅时不得小于各长度所规定的仰角;

(10) 汽车式起重机起吊作业时,汽车驾驶室内不得有人,重物不得超越驾驶室上方,且不得在车的前方起吊;

(11) 采用自由(重力)下降时,载荷不得超过该工况下额定起重量的20%,并应使重物有控制地下降,下降停止前应逐渐减速,不得使用紧急制动;

(12) 起吊重物达到额定起重量的50%及以上时,应使用低速挡;

(13) 作业中发现起重机倾斜、支腿不稳等异常现象时,应立即使重物下降落在安全的地方,下降中严禁制动;

(14) 重物在空中需要较长时间停留时,应将起升卷筒制动锁住,操作人员不得离开操纵室;

（15）起吊重物达到额定起重量的90%以上时,严禁同时进行两种及以上的操作动作;

（16）起重机带载回转时,操作应平稳,避免急剧回转或停止,换向应在停稳后进行;

（17）当轮胎式起重机带载行走时,道路必须平坦坚实,载荷必须符合规定,重物离地面不得超过500mm,并应拴好拉绳,缓慢行驶;

（18）作业后,应将起重臂全部缩回放在支架上,再收回支腿。吊钩应用专用钢丝绳挂牢;应将车架尾部两撑杆分别撑在尾部下方的支座内,并用螺母固定;应将阻止机身旋转的销式制动器插入销孔,并将取力器操纵手柄放在脱开位置,最后应锁住起重操纵室门;

（19）行驶前,应检查并确认各支腿的收存无松动,轮胎气压应符合规定。行驶时水温应在80~90℃范围内,水温未达到80℃时,不得高速行驶;

（20）行驶时应保持中速,不得紧急制动,过铁道口或起伏路面时应减速,下坡时严禁空挡滑行,倒车时应有人监护;

（21）行驶时,严禁人员在底盘走台上站立或蹲坐,并不得堆放物件。

4. 塔式起重机

（1）起重机的轨道基础应符合下列要求:

① 路基承载能力:轻型（起重量 30kN 以下）应为 60～100kPa;中型（起重量 31～150kN）应为 101～200kPa;重型（起重量 150kN 以上）应为 200kPa 以上;

② 每间隔 6m 应设轨距拉杆一个,轨距允许偏差为公称值的 1/1000,且不超过 ±3mm;

③ 在纵横方向上,钢轨顶面的倾斜度不得大于 1/1000;

④ 钢轨接头间隙不得大于 4mm,并应与另一侧轨道接头错开,错开距离不得小于 1.5m,接头处应架在轨枕上,两轨顶高度差不得大于 2mm;

⑤ 距轨道终端 1m 处必须设置缓冲止挡器,其高度不应小于行走轮的半径。在距轨道终端 2m 处必须设置限位开关碰块;

⑥ 鱼尾板连接螺栓应紧固,垫板应固定牢靠。

(2) 起重机的混凝土基础应符合下列要求:

① 混凝土强度等级不低于 C35;

② 基础表面平整度允许偏差 1/1000;

③ 埋设件的位置、标高和垂直度以及施工工艺符合出厂说明书要求。

(3) 起重机的轨道基础或混凝土基础应验收合格后,方可使用;

(4) 起重机的轨道基础两旁、混凝土基础周围应修筑边坡和排水设施,并应与基坑保持一定安全距离;

(5) 起重机的金属结构、轨道及所有电气设备的金属外壳,应有可靠的接地装置,接地电阻不应大于 4Ω;

(6) 起重机的拆装必须由取得建设行政主管部门颁发的拆装资质证书的专业队进行,并应有技术和安全人员在场监护;

(7) 起重机拆装前,应按照出厂有关规定,编制拆装作业方法、质量要求和安全技术措施,经企业技术负责人审批后,作为拆装作业技术方案,并向全体作业人员交底;

(8) 拆装作业前检查项目应符合下列要求:

① 路基和轨道铺设或混凝土基础应符合技术要求;

② 对所拆装起重机的各机构、各部位、结构焊缝、重要部位螺栓、销轴、卷扬机构和钢丝绳、吊钩、吊具以及电气设备、线路等进行检查,使隐患排除于拆装作业之前;

③ 对自升塔式起重机顶升液压系统的液压缸和油管、顶升套架结构、导向轮、顶升撑脚(爬爪)等进行检查,及时处理存在的问题;

④ 对采用旋转塔身法所用的主副地锚架、起落塔身卷扬钢丝绳以及起升机构制动系统等进行检查,确认无误后方可使用;

⑤ 对拆装人员所使用的工具、安全带、安全帽等进行检查,不

合格者立即更换;

⑥检查拆装作业中配备的起重机、运输汽车等辅助机械,应状况良好,技术性能应保证拆装作业的需要;

⑦拆装现场电源电压、运输道路、作业场地等应具备拆装作业条件;

⑧安全监督岗的设置及安全技术措施的贯彻落实已达到要求。

(9)起重机的拆装作业应在白天进行。当遇大风、浓雾和雨雪等恶劣天气时,应停止作业;

(10)指挥人员应熟悉拆装作业方案,遵守拆装工艺和操作规程,使用明确的指挥信号进行指挥。所有参与拆装作业的人员,都应听从指挥,如发现指挥信号不清或有错误时,应停止作业,待联系清楚后再进行;

(11)拆装人员在进入工作现场时,应穿戴安全保护用品,高处作业时应系好安全带,熟悉并认真执行拆装工艺和操作规程,当发现异常情况或疑难问题时,应及时向技术负责人反映,不得自行其是,应防止处理不当而造成事故;

(12)在拆装上回转、小车变幅的起重臂时,应根据出厂说明书的拆装要求进行,并应保持起重机的平衡;

(13)采用高强度螺栓连接的结构,应使用原厂制造的连接螺栓,自制螺栓应有质量合格的试验证明,否则不得使用。连接螺栓时,应采用扭矩扳手或专用扳手,并应按装配技术要求拧紧;

(14)在拆装作业过程中,当遇天气剧变、突然停电、机械故障等意外情况,短时间不能继续作业时,必须使已拆装的部位达到稳定状态并固定牢靠,经检查确认无隐患后,方可停止作业;

(15)安装起重机时,必须将大车行走缓冲止挡器和限位开关碰块安装牢固可靠,并应将各部位的栏杆、平台、扶杆、护圈等安全防护装置装齐;

(16)在拆除因损坏或其他原因而不能用正常方法拆卸的起重机时,必须按照技术部门批准的安全拆卸方案进行;

(17) 起重机安装过程中,必须分阶段进行技术检验。整机安装完毕后,应进行整机技术检验和调整,各机构动作应正确、平稳、无异响,制动可靠,各安全装置应灵敏有效;在无载荷情况下,塔身和基础平面的垂直度允许偏差为 4/1000,经分阶段及整机检验合格后,应填写检验记录,经技术负责人审查签证后,方可交付使用。

(18) 起重机塔身升降时,应符合下列要求:

① 升降作业过程,必须有专人指挥,专人照看电源,专人操作液压系统,专人拆装螺栓。非作业人员不得登上顶升套架的操作平台。操纵室内应只准一人操作,必须听从指挥信号;

② 升降应在白天进行,特殊情况需在夜间作业时,应有充足的照明;

③ 风力在四级及以上时,不得进行升降作业。在作业中风力突然增大达到四级时,必须立即停止,并应紧固上、下塔身各连接螺栓;

④ 顶升前应预先放松电缆,其长度宜大于顶升总高度,并应紧固好电缆卷筒。下降时应适时收紧电缆;

⑤ 升降时,必须调整好顶升套架滚轮与塔身标准节的间隙,并应按规定使起重臂和平衡臂处于平衡状态,并将回转机构制动住。当回转台与塔身标准节之间的最后一处连接螺栓(销子)拆卸困难时,应将其对角方向的螺栓重新插入,再采取其他措施。不得以旋转起重臂动作来松动螺栓(销子);

⑥ 升降时,顶升撑脚(爬爪)就位后,应插上安全销,方可继续下一动作;

⑦ 升降完毕后,各连接螺栓应按规定扭力紧固,液压操纵杆回到中间位置,并切断液压升降机构电源。

(19) 起重机的附着锚固应符合下列要求:

① 起重机附着的建筑物,其锚固点的受力强度应满足起重机的设计要求。附着杆系的布置方式、相互间距和附着距离等,应按出厂使用说明书规定执行。有变动时,应另行设计;

② 装设附着框架和附着杆件,应采用经纬仪测量塔身垂直

度,并应采用附着杆进行调整,在最高锚固点以下垂直度允许偏差为 2/1000;

③ 在附着框架和附着支座布设时,附着杆倾斜角不得超过 10°;

④ 附着框架直接设置在塔身标准节连接处,箍紧塔身。塔架对角处在无斜撑时应加固;

⑤ 塔身顶升接高到规定锚固间距时,应及时增设与建筑物的锚固装置。塔身高出锚固装置的自由端高度,应符合出厂规定;

⑥ 起重机作业过程中,应经常检查锚固装置,发现松动或异常情况时,应立即停止作业,故障未排除,不得继续作业;

⑦ 拆卸起重机时,应随着降落塔身的进程拆卸相应的锚固装置。严禁在落塔之前先拆锚固装置;

⑧ 遇有六级及以上大风时,严禁安装或拆卸锚固装置;

⑨ 锚固装置的安装、拆卸、检查和调整,均应有专人负责,工作时应系安全带和戴安全帽,并应遵守高处作业有关安全操作的规定;

⑩ 轨道式起重机作附着式使用时,应提高轨道基础的承载能力和切断行走机构的电源,并应设置阻挡行走轮移动的支座。

(20) 起重机内爬升时应符合下列要求:

① 内爬升作业应在白天进行。风力在五级及以上时,应停止作业;

② 内爬升时,应加强机上与机下之间的联系以及上部楼层与下部楼层之间的联系,遇有故障及异常情况,应立即停机检查,故障未排除,不得继续爬升;

③ 内爬升过程中,严禁进行起重机的起升、回转、变幅等各项动作;

④ 起重机爬升到指定楼层后,应立即拔出塔身底座的支承梁或支腿,通过内爬升框架固定在楼板上,并应顶紧导向装置或用楔块塞紧;

⑤ 内爬升塔式起重机的固定间隔不宜小于 3 个楼层;

⑥ 对固定内爬升框架的楼层楼板,在楼板下面应增设支柱做临时加固。搁置起重机底座支承梁的楼层下方两层楼板,也应设置支柱做临时加固;

⑦ 每次内爬升完毕后,楼板上遗留下来的开孔,应立即采用钢筋混凝土封闭;

⑧ 起重机完成内爬升作业后,应检查内爬升框架的固定、底座支承梁的紧固以及楼板临时支撑的稳固等,确认可靠后,方可进行吊装作业。

(21) 每月或连续大雨后,应及时对轨道基础进行全面检查,检查内容包括:轨距偏差,钢轨顶面的倾斜度,轨道基础的弹性沉陷,钢轨的不直度及轨道的通过性能等。对混凝土基础,应检查其是否有不均匀的沉降;

(22) 应保持起重机上所有安全装置灵敏有效,如发现失灵的安全装置,应及时修复或更换。所有安全装置调整后,应加封(火漆或铅封)固定,严禁擅自调整;

(23) 配电箱应设置在轨道中部,电源电路中应装设错相及断相保护装置及紧急断电开关,电缆卷筒应灵活有效,不得拖缆;

(24) 起重机在无线电台、电视台或其他强电磁波发射天线附近施工时,与吊钩接触的作业人员,应戴绝缘手套和穿绝缘鞋,并应在吊钩上挂接临时放电装置;

(25) 当同一施工地点有两台以上起重机时,应保持两机间任何接近部位(包括吊重物)距离不得小于2m;

(26) 起重机作业前,应检查轨道基础平直无沉陷,鱼尾板连接螺栓及道钉无松动,并应清除轨道上的障碍物,松开夹轨器并向上固定好;

(27) 起动前,重点检查项目应符合下列要求:

① 金属结构和工作机构的外观情况正常;

② 各安全装置和各指示仪表齐全完好;

③ 各齿轮箱、液压油箱的油位符合规定;

④ 主要部位连接螺栓无松动;

⑤ 钢丝绳磨损情况及各滑轮穿绕符合规定；

⑥ 供电电缆无破损。

(28) 送电前,各控制器手柄应在零位。当接通电源时,应采用试电笔检查金属结构部分,确认无漏电后,方可上机；

(29) 作业前,应进行空载运转,试验各工作机构是否运转正常,有无噪声异响,各机构的制动器及安全防护装置是否有效,确认正常后,方可作业；

(30) 起吊重物时,重物和吊具的总重量不得超过起重机相应幅度下规定的起重量；

(31) 应根据起吊重物和现场情况,选择适当的工作速度,操纵各控制器时应从停止点(零点)开始,依次逐级增加速度,严禁越挡操作。在变换运转方向时,应将控制器手柄扳到零位,待电动机停转后再转向另一方向,不得直接变换运转方向、突然变速或制动；

(32) 在吊钩提升、起重小车或行走大车运行到限位装置前,均应减速缓行到停止位置,并应与限位装置保持一定距离(吊钩不得小于1m,行走轮不得小于2m)。严禁采用限位装置作为停止运行的控制开关；

(33) 动臂式起重机的起升、回转、行走可同时进行,变幅应单独进行。每次变幅后应对变幅部位进行检查。允许带载变幅的,当载荷达到额定起重量的90%及以上时,严禁变幅；

(34) 提升重物,严禁自由下降。重物就位时,可采用慢就位机构或利用制动器使之缓慢下降；

(35) 提升重物做水平移动时,应高出其跨越的障碍物0.5m以上；

(36) 对于无中央集电环及起升机构不安装在回转部分的起重机,在作业时,不得顺一个方向连续回转；

(37) 装有上、下两套操纵系统的起重机,不得上、下同时使用；

(38) 作业中,当停电或电压下降时,应立即将控制器扳到零

位,并切断电源。如吊钩上挂有重物,应稍松稍紧反复使用制动器,使重物缓慢地下降到安全地带;

(39)采用涡流制动调速系统的起重机,不得长时间使用低速挡或慢就位速度作业;

(40)作业中如遇六级及以上大风或阵风,应立即停止作业,锁紧夹轨器,将回转机构的制动器完全松开,起重臂应能随风转动。对轻型俯仰变幅起重机,应将起重臂落下并与塔身结构锁紧在一起;

(41)作业中,操作人员临时离开操纵室时,必须切断电源,锁紧夹轨器;

(42)起重机载人专用电梯严禁超员,其断绳保护装置必须可靠。当起重机作业时,严禁开动电梯。电梯停用时,应降至塔身底部位置,不得长时间悬在空中;

(43)作业完毕后,起重机应停放在轨道中间位置,起重臂应转到顺风方向,并松开回转制动器,小车及平衡重应置于非工作状态,吊钩宜升到离起重臂顶端 2~3m 处;

(44)停机时,应将每个控制器拨回零位,依次断开各开关,关闭操纵室门窗,下机后,应锁紧夹轨器,使起重机与轨道固定,断开电源总开关,打开高空指示灯;

(45)检修人员上塔身、起重臂、平衡臂等高空部位检查或修理时,必须系好安全带;

(46)在寒冷季节,对停用起重机的电动机、电器柜、变速器箱、制动器等,应严密遮盖;

(47)动臂式和尚未附着的自升式塔式起重机,塔身上不得悬挂标语牌。

5. 桅杆式起重机

(1)起重机的安装和拆卸应划出警戒区,清除周围的障碍物,在专人统一指挥下,按照出厂说明或专门制定的拆装技术方案进行;

(2)安装起重机的地面应整平夯实,底座与地面之间应垫两

层枕木,并应采用木块楔紧缝隙;

(3) 缆风绳的规格、数量及地锚的拉力、埋设深度等,应按照起重机性能经过计算确定,缆风绳与地面的夹角应在 30°~45°之间,缆绳与桅杆和地锚的连接应牢固;

(4) 缆风绳的架设应避开架空电线。在靠近电线的附近,应装有绝缘材料制作的护线架;

(5) 提升重物时,吊钩钢丝绳应垂直,操作应平稳,当重物吊起刚离开支承面时,应检查并确认各部无异常时,方可继续起吊;

(6) 在起吊满载重物前,应有专人检查各地锚的牢固程度。各缆风绳都应均匀受力,主杆应保持直立状态;

(7) 作业时,起重机的回转钢丝绳应处于拉紧状态。回转装置应有安全制动控制器;

(8) 起重机移动时,其底座应垫以足够承重的枕木排和滚杠,并将起重臂收紧处于移动方向的前方。移动时,主杆不得倾斜,缆风绳的松紧应配合一致。

6. 门式、桥式起重机与电动葫芦

(1) 起重机路基和轨道的铺设应符合出厂规定,轨道接地电阻不应大于 4Ω;

(2) 使用电缆的门式起重机,应设有电缆卷筒,配电箱应设置在轨道中部;

(3) 用滑线供电的起重机,应在滑线两端标有鲜明的颜色,沿线应设置防护栏杆;

(4) 轨道应平直,鱼尾板连接螺栓应无松动,轨道和起重机运行范围内应无障碍物。门式起重机应松开夹轨器;

(5) 门式、桥式起重机作业前的重点检查项目应符合下列要求:

① 机械结构外观正常,各连接件无松动;

② 钢丝绳外表情况良好,绳卡牢固;

③ 各安全限位装置齐全完好。

(6) 操作室内应垫木板或绝缘板,接通电源后应采用试电笔

测试金属结构部分,确认无漏电方可上机;上、下操纵室应使用专用扶梯;

(7) 作业前,应进行空载运转,在确认各机构运转正常,制动可靠,各限位开关灵敏有效后,方可作业;

(8) 开动前,应先发出音响信号示意,重物提升和下降操作应平稳匀速,在提升大件时不得用快速,并应拴拉绳防止摆动;

(9) 吊运易燃、易爆、有害等危险品时,应经安全主管部门批准,并应有相应的安全措施;

(10) 重物的吊运路线严禁从人上方通过,亦不得从设备上面通过。空车行走时,吊钩应离地面 2m 以上;

(11) 吊起重物后应慢速行驶,行驶中不得突然变速或倒退。两台起重机同时作业时,应保持 3～5m 距离。严禁用一台起重机顶推另一台起重机;

(12) 起重机行走时,两侧驱动轮应同步,发现偏移应停止作业,调整好后,方可继续使用;

(13) 作业中,严禁任何人从一台桥式起重机跨越到另一台桥式起重机上去;

(14) 操作人员由操纵室进入桥架或进行保养检修时,应有自动断电联锁装置或事先切断电源;

(15) 露天作业的门式、桥式起重机,当遇六级及以上大风时,应停止作业,并锁紧夹轨器;

(16) 门式、桥式起重机的主梁挠度超过规定值时,必须修复后,方可使用;

(17) 作业后,门式起重机应停放在停机线上,用夹轨器锁紧,并将吊钩升到上部位置;桥式起重机应将小车停放在两条轨道中间,吊钩提升到上部位置。吊钩上不得悬挂重物;

(18) 作业后,应将控制器拨到零位,切断电源,关闭并锁好操纵室门窗;

(19) 电动葫芦使用前应检查设备的机械部分和电气部分,钢丝绳、吊钩、限位器等应完好,电气部分应无漏电,接地装置应良好；

（20）电动葫芦应设缓冲器，轨道两端应设挡板；

（21）作业开始第一次吊重物时，应在吊离地面100mm时停止，检查电动葫芦制动情况，确认完好后方可正式作业。露天作业时，应设防雨棚；

（22）电动葫芦严禁超载起吊。起吊时，手不得握在绳索与物体之间，吊物上升时应严防冲撞；

（23）起吊物件应捆扎牢固。电动葫芦吊重物行走时，重物离地面宜超过1.5m高。工作间歇不得将重物悬挂在空中；

（24）电动葫芦作业中发生异味、高温等异常情况，应立即停机检查，排除故障后方可继续使用；

（25）使用悬挂电缆电气控制开关时，绝缘应良好，滑动应自如，人的站立位置后方应有2m空地并应正确操作电钮；

（26）在起吊中，由于故障造成重物失控下滑时，必须采取紧急措施，向无人处下放重物；

（27）在起吊中不得急速升降；

（28）电动葫芦在额定载荷制动时，下滑位移量不应大于80mm。否则应清除油污或更换制动环；

（29）作业完毕后，应停放在指定位置，吊钩升起，并切断电源，锁好开关箱。

7. 卷扬机

（1）安装时，基座应平稳牢固、周围排水畅通、地锚设置可靠，并应搭设工作棚。操作人员的位置应能看清指挥人员和拖动或起吊的物件；

（2）作业前，应检查卷扬机与地面的固定，弹性联轴器不得松旷。并应检查安全装置、防护设施、电气线路、接零或接地线、制动装置和钢丝绳等，全部合格后方可使用；

（3）使用皮带或开式齿轮传动的部分，均应设防护罩，导向滑轮不得用开口拉板式滑轮；

（4）以动力正反转的卷扬机，卷筒旋转方向应与操纵开关上指示的方向一致；

(5) 从卷筒中心线到第一个导向滑轮的距离,带槽卷筒应大于卷筒宽度的 15 倍;无槽卷筒应大于卷筒宽度的 20 倍。当钢丝绳在卷筒中间位置时,滑轮的位置应与卷筒轴线垂直,其垂直度允许偏差为 6°;

(6) 钢丝绳应与卷筒及吊笼连接牢固,不得与机架或地面摩擦,通过道路时,应设过路保护装置;

(7) 在卷扬机制动操作杆的行程范围内,不得有障碍物或阻卡现象;

(8) 卷筒上的钢丝绳应排列整齐,当重叠或斜绕时,应停机重新排列,严禁在转动中用手拉脚踩钢丝绳;

(9) 作业中,任何人不得跨越正在作业的卷扬钢丝绳。物件提升后,操作人员不得离开卷扬机,物件或吊笼下面严禁人员停留或通过。休息时应将物件或吊笼降至地面;

(10) 作业中如发现异响、制动不灵、制动带或轴承等温度剧烈上升等异常情况时,应立即停机检查,排除故障后方可使用;

(11) 作业中停电时,应切断电源,将提升物件或吊笼降至地面;

(12) 作业完毕,应将提升吊笼或物件降至地面,并应切断电源,锁好开关箱。

8. 施工电梯安全防护

(1) 电梯应按规定单独安装接地保护和避雷装置;

(2) 电梯底笼周围 2.5m 范围内,必须设置稳固的防护栏杆。各停靠层的过桥和运输通道应平整牢固,出入口的栏杆应安全可靠;

(3) 限速器、制动器等安全装置必须由专人管理;

(4) 必须由经考核取证后的专职电梯司机操作;

(5) 电梯每班首次运行时,应空载及满载试运行,保证制动灵敏,将梯笼升离地面 1m 左右停车,检查制动器灵敏性,确认正常后方可投入运行。并按规定进行调试检查;

　(6) 梯笼乘人载物时应使荷载均匀分布,严禁超载使用;

　(7) 应严格控制载运重量,在无平衡重时(如安装及拆卸时)其载重量应折减 50%;

　(8) 电梯运行至最上层和最下层时仍要操纵按钮,严禁以行程限位开关自动碰撞的方法停车;

　(9) 当电梯未切断总电源开关前,司机不能离开操纵岗位。作业后,将电梯降到底层,各控制开关扳至零位,切断电源,锁好闸箱和梯门;

　(10) 风力达 6 级以上应停止使用,并将梯笼降到底层;

　(11) 多层施工交叉作业同时使用电梯时,要明确联络信号;

　(12) 电梯安装完毕正式投入使用之前,应在首层一定高度的地方架设防护棚;

　(13) 各停靠层通道门处,应安装栏杆或安全门。其他周边各处,应用栏杆和立网等材料封闭。

3.6.2.7　施工机具安全防护

1. 木工机械

(1) 带锯机

　1) 作业前,检查锯条,如锯条齿侧的裂纹长度超过 10mm,锯条接头处裂纹长度超过 10mm,以及连续缺齿两个和接头超过三个锯条均不得使用。裂纹在以上规定内必须在裂纹终端冲一止裂孔。锯条松紧度调整适当后,先空载运转,如声音正常、无串条现象时,方可作业;

　2) 作业中,操作人员应站在带锯机的两侧,跑车开动后,行程范围内的轨道周围不准站人,严禁在运行中上、下跑车;

　3) 原木进锯前,应调好尺寸,进锯后不得调整。进锯速度应均匀,不能过猛;

　4) 在木材的尾端越过锯条 0.5m 后,方可进行倒车。倒车速度不宜过快,要注意木楂、节疤碰卡锯条;

　5) 平台式带锯作业时,送接料要配合一致。送料、接料时不得将手送进台面。锯短料时,应用推棍送料。回送木料时,要离开

锯条 50mm 以上,并须注意木楂、节疤碰卡锯条;

6)装设有气力吸尘罩的带锯机,当木屑堵塞吸尘管口时,严禁在运转中用木棒在锯轮背侧清理管口;

7)锯机张紧装置的压砣(重锤),应根据锯条的宽度与厚度调节挡位或增减副砣,不得用增加重锤重量的办法克服锯条口松或串条等现象。

(2)圆盘锯

1)锯片上方必须安装保险挡板和滴水装置,在锯片后面,离齿 10~15mm 处,必须安装弧形楔刀。锯片的安装,应保持与轴同心;

2)锯片必须锯齿尖锐,不得连续缺齿两个,裂纹长度不得超过 20mm,裂缝末端应冲止裂孔;

3)被锯木料厚度,以锯片能露出木料 10~20mm 为限,夹持锯片的法兰盘的直径应为锯片直径的 1/4;

4)启动后,待转速正常后方可进行锯料。送料时不得将木料左右晃动或高抬,遇木节要缓缓送料。锯料长度应不小于 500mm。接近端头时,应用推棍送料;

5)如锯线走偏,应逐渐纠正,不得猛扳,以免损坏锯片;

6)操作人员不得站在和面对与锯片旋转的离心力方向操作,手不得跨越锯片;

7)锯片温度过高时,应用水冷却,直径 600mm 以上的锯片,在操作中应喷水冷却。

(3)平面刨(手压刨)

1)作业前,检查安全防护装置必须齐全有效;

2)刨料时,手应按在料的上面,手指必须离开刨口 50mm 以上。严禁用手在木料后端送料跨越刨口进行刨削;

3)被刨木料的厚度小于 30mm,长度小于 400mm 时,应用压板或压棍推进。厚度在 15mm,长度在 250mm 以下的木料,不得在平刨上加工;

4)被刨木料如有破裂或硬节等缺陷时,必须处理后再施刨。

刨旧料前,必须将料上的钉子、杂物清除干净,遇木槎、节疤要缓慢送料。严禁将手按在节疤上送料;

5) 刀片和刀片螺丝的厚度、重量必须一致,刀架夹板必须平整贴紧,合金刀片焊缝的高度不得超刀头,刀片紧固螺丝应嵌入刀片槽内,槽端离刀背不得小于10mm。紧固螺丝时,用力应均匀一致,不得过松或过紧;

6) 机械运转时,不得将手伸进安全挡板里侧去移动挡板或拆除安全挡板进行刨削。严禁戴手套操作。

(4) 压刨床(单面和多面)

1) 压刨床必须用单向开关,不得安装倒顺开关,三、四面刨应按顺序开动;

2) 作业时,严禁一次刨削两块不同材质、规格的木料,被刨木料的厚度不得超过50mm。操作者应站在机床的一侧,接、送料时不戴手套,送料时必须先进大头;

3) 刨刀与刨床台面的水平间隙应在10~30mm之间,刨刀螺丝必须重量相等,紧固时用力应均匀一致,不得过紧或过松,严禁使用带开口槽的刨刀;

4) 每次进刀量应为2~5mm,如遇硬木或节疤,应减小进刀量,降低送料速度;

5) 刨料长度不得短于前后压滚的中心距离,厚度小于10mm的薄板,必须垫托板;

6) 压刨必须装有回弹灵敏的逆止爪装置,进料齿辊及托料光辊应调整水平和上下距离一致,齿辊应低于工件表面1~2mm,光辊应高出台面0.3~0.8mm,工作台面不得歪斜和高低不平;

7) 安装刀片的注意事项按平面刨第5)条的规定执行。

2. 钢筋加工机械

(1) 钢筋调直切断机

1) 料架、料槽应安装平直,并应对准导向筒、调直筒和下切刀孔的中心线;

2) 用手转动飞轮,检查传动机构和工作装置,调整间隙,紧固

螺栓,确认正常后,启动空运转,并应检查轴承无异响,齿轮啮合良好,待运转正常后,方可作业;

3)按调直钢筋的直径,选用适当的调直块及传动速度。经调试合格,方可送料;

4)在调直块未固定、防护罩未盖好前不得送料。作业中严禁打开各部防护罩及调整间隙;

5)当钢筋送入后,手与曳轮必须保持一定距离,不得接近;

6)送料前应将不直的料头切去。导向筒前应装一根1m长的钢管,钢筋必须先穿过钢管再送入调直前端的导孔内;

7)作业后,应松开调直筒的调直块并回到原来位置,同时预压弹簧必须回位。

(2)钢筋切断机

1)接送料的工作台面应和切刀下部保持水平,工作台的长度可根据加工材料长度确定;

2)启动前,必须检查切刀应无裂纹,刀架螺栓紧固,防护罩牢靠。然后用手转动皮带轮,检查齿轮啮合间隙,调整切刀间隙;

3)启动后,应先空运转,检查各传动部分及轴承运转正常后,方可作业;

4)机械未达到正常转速时不得切料。切料时必须使用切刀的中、下部位,紧握钢筋对准刃口迅速送入;

5)不得剪切直径及强度超过机械铭牌规定的钢筋和烧红的钢筋。一次切断多根钢筋时,总截面面积应在规定范围内;

6)剪切低合金钢时,应换高硬度切刀,剪切直径应符合机械铭牌规定;

7)切断短料时,手和切刀之间的距离应保持150mm以上,如手握端小于400mm时,应用套管或夹具将钢筋短头压住或夹牢;

8)运转中,严禁用手直接清除切刀附近的断头和杂物。钢筋摆动周围和切刀附近,非操作人员不得停留;

9)发现机械运转不正常,有异响或切刀歪斜等情况,应立即停机检修;

10) 作业后,应切断电源,用钢刷清除切刀间的杂物,进行整机清洁保养。

(3) 钢筋弯曲机

1) 工作台和弯曲机台面要保持水平,并在作业前准备好各种芯轴及工具;

2) 按加工钢筋的直径和弯曲半径的要求装好芯轴、成型轴、挡铁轴或可变挡架,芯轴直径应为钢筋直径的 2.5 倍;

3) 检查芯轴、挡铁轴、转盘应无损坏和裂纹,防护罩紧固可靠,经空运转确认正常后,方可作业;

4) 作业时,将钢筋需弯的一头插在转盘固定销的间隙内,另一端紧靠机身固定销,并用手压紧;检查机身固定销子确实安放在挡住钢筋的一侧,方可开动;

5) 作业中,严禁更换轴芯、销子和变换角度以及调速等作业,亦不得加油和清扫;

6) 弯曲钢筋时,严禁超过本机规定的钢筋直径、根数及机械转速;

7) 弯曲高强度或低合金钢筋时,应按机械铭牌规定换算最大允许直径并调换相应的芯轴;

8) 严禁在弯曲钢筋的作业半径内和机身不设固定销的一侧站人。弯曲好的半成品应堆放整齐,弯钩不得朝上;

9) 转盘换向时,必须在停稳后进行。

(4) 钢筋冷拉机

1) 根据冷拉钢筋的直径,合理选用卷扬机,卷扬钢丝绳应经封闭式导向滑轮并和被拉钢筋水平方向成直角。卷扬机的位置必须使操作人员能见到全部冷拉场地,卷扬机距离冷拉中线不少于 5m;

2) 冷拉场地在两端地锚外侧设置警戒区,装设防护栏杆及警告标志。严禁无关人员在此停留。操作人员在作业时必须离开钢筋至少 2m 以外;

3) 用配重控制的设备必须与滑轮匹配,并有指示起落的记

号,没有指示记号时应有专人指挥。配重框提起时高度应限制在离地面 300mm 以内,配重架四周应有栏杆及警告标志;

4) 作业前,应检查冷拉夹具,夹齿必须完好,滑轮、拖拉小车应润滑灵活,拉钩、地锚及防护装置均应齐全牢固。确认良好后,方可作业;

5) 卷扬机操作人员必须看到指挥人员发出信号,并待所有人员离开危险区后方可作业;冷拉应缓慢、均匀地进行,随时注意停车信号或见到有人进入危险区时,应立即停拉,并稍稍放松卷扬钢丝绳;

6) 用延伸率控制的装置,必须装设明显的限位标志,并应有专人负责指挥;

7) 夜间工作照明设施,应装设在张拉危险区外;如需要装设在场地上空时,其高度应超过 5m。灯泡应加防护罩,导线不得用裸线;

8) 作业后,应放松卷扬钢丝绳,落下配重,切断电源,锁好开关箱。

(5) 预应力钢筋拉伸设备

1) 采用钢模配套张拉,两端要有地锚,还必须配有卡具、锚具,钢筋两端须镦头,场地两端外侧应有防护栏杆和警告标志;

2) 检查卡具、锚具及被拉钢筋两端镦头,如有裂纹或破损,应及时修复或更换;

3) 卡具刻槽应较所拉钢筋的直径大 0.7~1mm,并保证有足够强度使锚具不致变形;

4) 空载运转,校正千斤顶和压力表的指示吨位,定出表上的数字,对比张拉钢筋吨位及延伸长度。检查油路应无泄漏,确认正常后,方可作业;

5) 作业中,操作要平稳、均匀,张拉时两端不得站人。拉伸机在有压力情况下严禁拆卸液压系统上的任何零件;

6) 在测量钢筋的伸长和拧紧螺帽时,应先停止拉伸,操作人员必须站在侧面操作;

7）用电热张拉法带电操作时,应穿绝缘胶鞋和戴绝缘手套;

8）张拉时,不准用手摸或脚踩钢筋或钢丝;

9）作业后,切断电源,锁好开关箱。千斤顶全部卸载并将拉伸设备放在指定地点进行保养。

3. 混凝土振捣器

（1）使用前,检查各部应连接牢固,旋转方向正确;

（2）振捣器不得放在初凝的混凝土、地板、脚手架、道路和干硬的地面上进行试振,如检修或作业间断时,应切断电源;

（3）插入式振捣器软轴的弯曲半径不得小于 50cm,并不得多于两个弯,操作时振动棒应自然垂直地沉入混凝土,不得用力硬插、斜推或使钢筋夹住棒头,也不得全部插入混凝土中;

（4）振捣器应保持清洁,不得有混凝土粘结在电动机外壳上妨碍散热;

（5）作业转移时,电动机的导线应保持有足够的长度和松度。严禁用电源线拖拉振捣器;

（6）用绳拉平板振捣器时,拉绳应干燥绝缘,移动或转向时不得用脚踢电动机;

（7）振捣器与平板应保持紧固,电源线必须固定在平板上,电器开关应装在手把上;

（8）在一个构件上同时使用几台附着式振捣器工作时,所有振捣器的频率必须相同;

（9）操作人员必须穿绝缘胶鞋和戴绝缘手套;

（10）作业后,必须做好清洗、保养工作。振捣器要放在干燥处。

4. 磨石机

（1）工作前,应详细检查各部机件的情况,磨石、磨刀安装牢固可靠,螺栓、螺母等连接件必须紧固;传动件应灵敏可靠,不松旷,使用前进行润滑;

（2）使用前仔细检查电气系统,开关绝缘良好,熔断丝容量适当,电缆线应用绳子悬挂起来,不得随机械移动在地上拖拉;

(3) 工作前,应进行试运转,运转正常后,方可开始工作;

(4) 长时间作业,电动机或传动部分过热时,必须停机冷却后再用;

(5) 每班作业结束后,要切断电源,盘好电缆,将机械擦拭干净,停放在干燥处;

(6) 操作人员在工作中,必须穿胶鞋、戴绝缘手套;

(7) 任何检查修理,必须在电机停止转动后才能进行。电气部分应由电工修理,所有接线工作也应由电工担任;

(8) 停车后每天进行日常保养,各部轴销、油孔进行润滑保养。

5. 蛙式打夯机

(1) 蛙式打夯机适用于夯实灰土和素土的地基、地坪以及场地平整,不得夯实坚硬或软硬不一的地面,更不得夯打坚石或混有砖石碎块的杂土;

(2) 两台以上蛙夯在同一工作面作业时,左右间距不得小于5~10m;

(3) 操作和传递导线人员都要戴绝缘手套和穿绝缘胶鞋;

(4) 检查电路应符合要求,接地(接零)良好。检查各传动部件均正常后,方可作业;

(5) 手把上电门开关的管子内壁和电动机的接线穿入手把的入口处,均应套垫绝缘管或其他绝缘物;

(6) 作业时,电缆不可张拉过紧,应保持有 3~4m 的余量,递送人员应依照夯实路线随时调整,电缆线不得扭结或缠绕。作业中需移走电缆线时,应停机进行;

(7) 操作时,不得用力推拉或按压手柄,转弯时不得用力过猛,严禁急转弯;

(8) 夯实填高土方时,应从边缘以内 10~15cm 开始夯实 2~3 遍后,再夯实边缘;

(9) 在室内作业时应防止夯板或偏心块打在墙壁上;

(10) 作业后,切断电源,卷好电缆,如有破损应及时修理或更换。

6. 手持电动工具

电动工具按其触电保护分为Ⅰ、Ⅱ、Ⅲ类。Ⅰ类工具在防止触电保护方面不仅依靠基本绝缘,而且还包含一个附加安全预防措施。其方法是将可触及的可导电的零件与已安装的固定线路中的保护(接地)导线联接起来。因此这类工具使用时一定要进行接地或接零,最好装设漏电保护器;Ⅱ类工具在防止触电的保护方面不仅依靠基本绝缘,而且它还提供双重绝缘或加强绝缘的附加安全预防措施和设有保护接地或依赖安装条件的措施。即使用时不必接地或接零;Ⅲ类工具在防止触电保护方面依靠由安全特低供电和在工具内部不会产生比安全特低电压高的电压,其额定电压不超过50V,一般为36V,故工作更加安全可靠。

手持电动工具在使用中,除了根据各种不同工具的特点、作业对象和使用要求进行操作外,还应共同注意以下事项:

(1) 为保证安全,应尽量使用Ⅱ类(或Ⅲ类)电动工具,当使用Ⅰ类工具时,必须采用其他安全保护措施,如加装漏电保护器、安全隔离变压器等。条件未具备时,应有牢固可靠的保护接地装置,同时使用者必须戴绝缘手套,穿绝缘鞋或站在绝缘垫上。

(2) 使用前应先检查电源电压是否和电动工具铭牌所规定的额定电压相符。长期搁置未用的电动工具,使用前还必须用500V兆欧表测定绕组与机壳之间的绝缘电阻值,应不得小于 $7M\Omega$,否则必须进行干燥处理。

(3) 操作人员应了解所用电动工具的性能和主要结构,操作时要思想集中、站稳,使身体保持平衡,并不得穿宽大的衣服,不戴纱手套,以免卷入工具的旋转部分。

(4) 使用电动工具时,操作者所使用的压力不能超过电动工具所允许的限度,切忌单纯求快而用力过大,致使电机因超负荷运转而损坏。另外,电动工具连续使用的时间也不宜过长,否则微型电机容易过热损坏,甚至烧毁。一般电动工具在使用 2h 左右即需停止操作,待其自然冷却后再行使用。

(5) 电动工具在使用中不得任意调换插头,更不能不用插头,而将导线直接插入插座内。当电动工具不用或需调换工作头时,应及时拔下插头,但不能拉着电源线拔下插头。插插头时,开关应在断开位置,以防突然起动。

(6) 使用过程中要经常检查,如发现绝缘损坏,电源线或电缆护套破裂、接地线脱落、插头插座开裂、接触不良以及断续运转等故障时,应即时修理,否则不得使用。移动电动工具时,必须握持工具的手柄,不能用拖拉橡皮软线来搬动工具,并随时注意防止橡皮软线擦破、割断和轧坏,以免造成人身事故。

(7) 电动工具不适宜在含有易燃、易爆或腐蚀性气体及潮湿等特殊环境中使用,并应存放于干燥、清洁和没有腐蚀性气体的环境中。对于非金属壳体的电机、电器,在存放和使用时应避免与油等溶剂接触。

7. 电焊机

(1) 电弧焊

1) 焊接设备上的电机、电器、空压机等应按有关规定执行,并有完整的防护外壳,二次接线柱处应有保护罩;

2) 现场使用的电焊机应设有可防雨、防潮、防晒的机棚,并备有消防用品;

3) 焊接时,焊接和配合人员必须采取防止触电、高空坠落、瓦斯中毒和火灾等事故的安全措施;

4) 严禁在运行中的压力管道,装有易燃、易爆物品的容器和受力构件上进行焊接和切割;

5) 焊接铜、铝、锌、锡、铅等有色金属时,必须在通风良好的地方进行,焊接人员应戴防毒面具或呼吸滤清器;

6) 在容器内施焊时,必须采取以下措施:容器上必须有进、出风口并设置通风设备;容器内的照明电压不得超过 12V;焊接时必须有人在场监护,严禁在已喷涂过油漆或塑料的容器内焊接;

7) 焊接预热焊件时,应设挡板隔离焊件发生的辐射热;

8) 高空焊接或切割时,必须挂好安全带,焊件周围和下方应采取防火措施并有专人监护；

9) 电焊线通过道路时,必须架高或穿入防护管内埋设在地下,如通过轨道时,必须从轨道下面穿过；

10) 接地线及手把线都不得搭在易燃、易爆和带有热源的物品上,接地线不得接在管道、机床设备和建筑物金属构架或轨道上,接地电阻不大于 4Ω；

11) 雨天不得露天电焊。在潮湿地带作业时,操作人员应站在铺有绝缘物品的地方,穿好绝缘鞋；

12) 长期停用的电焊机,使用时,须检查其绝缘电阻不得低于 0.5Ω,接线部分不得有腐蚀和受潮现象；

13) 焊钳应与手把线连接牢固,不得用胳膊夹持焊钳。清除焊渣时,面部应避开焊缝；

14) 在载荷运行中,焊接人员应经常检查电焊机的温升,如超过 A 级 60℃、B 级 80℃时,必须停止运转并降温；

15) 施焊现场的 10m 范围内,不得堆放氧气瓶、乙炔发生器、木材等易燃物；

16) 作业后,清理场地、灭绝火种、切断电源、锁好电闸箱、消除焊料余热后再离开。

(2) 交流电焊机

1) 应注意初、次级线,不可接错,输入电压必须符合电焊机的铭牌规定。严禁接触初级线路的带电部分；

2) 次级抽头连接铜板必须压紧,其他部件应无松动或损坏；

3) 移动电焊机时,应切断电源。

(3) 直流电焊机

1) 旋转式电焊机:接线柱应有垫圈。合闸前详细检查接线螺帽,不得用拖拉电缆的方法移动焊机；

① 新机使用前,应将换向器上的污物擦干净,使换向器与电刷接触良好；

② 启动时,检查转子的旋转方向应符合焊机标志的箭头方向；

③ 启动后,应检查电刷和换向器,如有大量火花时,应停机查原因,经排除后方可使用;

④ 数台焊机在同一场地作业时,应逐台启动,并使三相载荷平衡。

2) 硅整流电焊机:

① 电焊机应在原厂使用说明书要求的条件下工作;

② 检查减速箱油槽中的润滑油,不足时应添加;

③ 软管式送丝机构的软管槽孔应保持清洁,定期吹洗。

(4) 对焊机

1) 对焊机应安置在室内,并有可靠的接地(接零)。如多台对焊机并列安装时间距不得少于 3m,并应分别接在不同相位的电网上,分别有各自的刀形开关;

2) 作业前,检查对焊机的压力机构应灵活,夹具应牢固,气、液压系统无泄漏,确认可靠后,方可施焊;

3) 焊接前,应根据所焊钢筋截面,调整二次电压,不得焊接超过对焊机规定直径的钢筋;

4) 断路器的接触点、电极应定期光磨、二次电路全部连接螺栓应定期紧固。冷却水温度不得超过 40℃;排水量应根据温度调节;

5) 焊接较长钢筋时,应设置托架。配合搬运钢筋的操作人员,在焊接时要注意防止火花烫伤;

6) 闪光区应设挡板,焊接时无关人员不得入内。

(5) 点焊机

1) 作业前,必须清除两电极的油污。通电后,机体外壳应无漏电;

2) 启动前,首先应接通控制线路的转向开关和调整好极数,接通水源、气源,再接电源;

3) 电极触头应保持光洁,如有漏电时,应立即更换;

4) 作业时,气路、水冷却系统应畅通。气体必须保持干燥。排水温度不得超过 40℃;排水量可根据气温调节;

5) 严禁在引燃电路中加大熔断器。当负载过小使引燃管内电弧不能发生时,不得闭合控制箱的引燃电路;

6) 控制箱如长期停用,每月应通电加热 30min。如更换闸流管亦应预热 30min;工作时控制箱的预热时间不得少于 5min。

(6) 乙炔气焊

1) 乙炔瓶、氧气瓶及软管、阀、表均应齐全有效,紧固牢靠,不得松动、破损和漏气。氧气瓶及其附件、胶管、工具上均不得沾染油污。软管接头不得用铜质材料制作;

2) 乙炔瓶、氧气瓶和焊炬间的距离不得小于 10m,否则应采取隔离措施。同一地点有两个以上乙炔瓶时,其间距不得小于 10m;

3) 新橡胶软管必须经压力试验。未经压力试验的或代用品及变质、老化、脆裂、漏气及沾上油脂的胶管均不得使用;

4) 不得将橡胶软管放在高温管道和电线上,或将重物或热的物件压在软管上,更不得将软管与电焊用的导线敷设在一起。软管经过车行道时应加护套或盖板;

5) 氧气瓶应与其他易燃气瓶、油脂和其他易燃、易爆物品分别存放,也不得同车运输。氧气瓶应有防震圈和安全帽,应平放不得倒置,不得在强烈日光下曝晒,严禁用行车或吊车吊运氧气瓶;

6) 开启氧气瓶阀门时,应用专用工具,动作要缓慢,不得面对减压器,但应观察压力表指针是否灵敏正常。氧气瓶中的氧气不得全部用尽,至少应留 49kPa 的剩余压力;

7) 严禁使用未安装减压器的氧气瓶进行作业;

8) 安装减压器时,应先检查氧气瓶阀门接头不得有油脂,并略开氧气瓶阀门吹除污垢,然后安装减压器。人身或面部不得正对氧气瓶阀门出气口,关闭氧气瓶阀门时,须先松开减压器的活门螺丝(不可紧闭);

9) 点燃焊(割)炬时,应先开乙炔阀点火,然后开氧气阀调整火焰。关闭时应先关闭乙炔阀,再关闭氧气阀;

10) 在作业中,如发现氧气瓶阀门失灵或损坏不能关闭时,应

让瓶内氧气自动放尽后,再行拆卸修理;

11) 乙炔软管、氧气软管不得错装。使用中,当氧气软管着火时,不得折弯软管断气,要迅速关闭氧气阀门,停止供氧。乙炔软管着火时,应先关熄炬火,可用弯折前面一段软管的办法来将火熄灭;

12) 冬期在露天施工,如软管和回火防止器冻结时,可用热水、蒸汽或在暖气设备下化冻。严禁用火焰烘烤;

13) 不得将橡胶软管背在背上操作。焊枪内若带有乙炔、氧气时不得放在金属管、槽、缸、箱内。氢氧并用时,应先开乙炔气,再开氢气,最后开氧气,再点燃。熄灭时,应先关氧气,再关氢气,最后关乙炔气;

14) 作业后,应卸下减压器,拧上气瓶安全帽,将软管卷起捆好,挂在室内干燥处,并将乙炔发生器卸压,放水后取出电石篮。剩余电石和电石渣,应分别放在指定的地方。

3.6.2.8 临时用电安全管理

1.临时用电管理原则

(1) 临时用电施工组织设计

1) 临时用电施工组织设计范围:

按照《施工现场临时用电安全技术规范》(JGJ 46—88)的规定,临时用电设备在 5 台及 5 台以上或设备总容量在 50kW 及 50kW 以上者,应编制临时用施工组织设计和制定安全用电技术措施及电气防火措施。以上是施工现场临时用电管理应当遵循的第一项技术原则,不必考虑正式工程的技术内容。

2) 临时用电施工组织设计的内容:

① 现场勘探;

② 确定电源进线和变电所、配电室、总配电箱、分配电箱等的装设位置及线路走向;

③ 负荷计算;

④ 选择变压器容量、导线截面和电器的类型、规格;

⑤ 绘制电气平面图、立面图和接线系统图;

⑥ 制订安全用电技术措施和电气防火措施。

3) 临时用电施工组织设计的步骤:

① 临时用电工程图纸必须单独绘制,并作为临时用电施工的依据;

② 临时用电施工组织设计必须由电气工程技术人员编制,技术负责人审核,经主管部门批准后实施;

③ 变更临时用电施工组织设计时必须履行第 2 条规定手续,并补充有关图纸资料;

④ 临时用电施工组织设计审批手续。

4) 临时用电施工组织设计审批手续:

① 施工现场临时用电施工组织设计必须由施工单位的电气工程技术人员编制,技术负责人审核。封面上要注明工程名称、施工单位、编制人并加盖单位公章;

② 施工单位所编制的施工组织设计,必须符合《施工现场临时用电安全技术规范》(JGJ 46—88)中的有关规定;

③ 临时用电施工组织设计必须在开工前 15 天内报上级主管部门审核、批准后方可进行临时用电施工。施工时要严格执行审核后的施工组织设计,按图施工。当需要变更施工组织设计时,应补充有关图纸资料,同样需要上报主管部门批准,待批准后,按照修改前、后的临时用电施工组织设计对照施工。

(2) 临时用电的安全技术档案

1) 关于临时用电施工组织设计资料

临时用电施工组织设计资料是施工现场临时用电方面的基础性技术、安全资料。

2) 关于技术交底资料

施工现场临时用电的技术交底资料是指在整个临时用电工程的施工组织设计被批准实施前,电气工程技术人员向安装、维修临时用电工程的电工和各种设备用电人员分别贯彻,强调临时用电安全重点的文字资料。技术交底资料还应包括临时用电施工组织设计的总体意图、具体技术内容、安全用电技术措施和电气防火措施等文字资料。技术交底资料是施工现场临时用电方面的广泛性安全教育资料,它的编制与贯彻对于施工现场临时用电的安全工作具有全面地指导意义。因此,技术交底资料必须完备、可靠,特别在技术交底资料上应能明确显示出交底日期、讨论意见和交底与被交底人的签字名单。

3) 关于安全检测记录

施工现场临时用电的安全检测是施工现场临时用电安全方面经常性的、全面的监视工作,对于适时发现和消除用电事故隐患具有重要的指导意义。安全检测的内容主要应包括:临时用电工程检查验收表;电气设备的试验、检验凭单和调试记录;接地电阻测定记录表;定期检(复)查表等。其中,接地电阻测定记录是一个关键性的资料,一个完备的接地电阻测定记录应包括电源变压器投入运行及其工作接地电阻值和重复接地电阻值,还应包括基层公司每一季度检查的复查接地电阻值。在工作接地电阻值满足要求的前题下,重复接地电阻值是关系到临时值的检(复)查数据就可以判断临时用电基本安全保护系统是否可靠,并且对改进措施提供了科学依据。

4) 电工维修工作记录

电工维修工作记录是反映电工日常电气维修工作情况的资料,是电工执行《施工现场临时用电安全检查技术规范》和电气操作规程的体现,从另一侧面也显示出安全用电的实际情况。对改进现场安全用电工作,预防某些电气事故,特别是触电伤害事故具有重要的参考价值。因此,电工维修工作记录应当尽可能地详尽,要记载时间、地点、设备、维修内容、技术措施、处理结果等;对于事故维修还要做出因果分析,并提出改进意见。对于应该维修的项目,如因被现场生产指挥人员阻止而未能及时维修,应将原因记载清楚,以备核查;如由于维修人员自身原因未能及时维修,也应将原因记载清楚。

工程竣工,拆除临时用电工程的时间、参加工员、拆除程序、拆除方法和采取的安全防护措施,也应在电工维修记录中详细记载。

(3) 施工现场对外电线路的安全距离及防护

1）外电线路的安全距离

所谓安全距离是指带电导体与其附近接地的物体、地面、不同极（或相）带电体、以及人体之间必须保持的最小空间距离或最小空间间隙。这个距离或间隙不仅应保证在各种可能的最大工作电压或过电压作用下，带电导体周围不至发生闪络放电；而且还应保证带电体周围工作人员身体健康不受损害。按有关资料介绍，各种电压等级的高压线路与接地物体或地面的安全距离如表3-6所列数值。

高压线路与接地物体或地面的安全距离　　　表 3-6

外电线路的定额电压（kV）	1~3	6	10	35	60	110	220j	330j	500j
外电线路的边线至接地物体或地面的安全距离（cm）	7.5	10	12.5	30	55	95	180	260	380
	20	20	20	40	60	10	180	260	380

注：220j 330j 500j 系指中性点直接接地系统。

安全距离主要是根据空气间隙的放电特性确定的。在施工现场中，安全距离问题主要是指在建工程（含脚手架具）的外侧边缘与外电架空线路的边线之间最小安全操作距离和施工现场的机动车道与外电架空线路交叉时的最小安全垂直距离。对此，《施工现场临时用电安全技术规范》(JGJ 46—88)已经做出了具体的规定，如表3-7和表3-8所列数值。

在建工程（含脚手架具）的外侧边缘与外电架空线路的边线之间的最小安全操作距离　　　表 3-7

外电线路电压（kV）	1 以下	1~10	35~110	154~220	330~500
最小安全操作距离（m）	4	6	8	10	15

注：上、下脚手架的斜道严禁搭设在有外电线路的一侧。

施工现场的机动车道与外电架空线路交叉时的最小垂直距离　　　表 3-8

外电线路电压（kV）	1 以下	1~10	35
最小安全操作距离（m）	6	7	7

表 3-7 与表 3-8 中的数据主要来源于水利电力部,经过大量科学实验和多年实践所做出的一些规定数据,其中不仅考虑了静态因素,还考虑了施工现场实际存在的动态因素。例如,考虑了在建工程搭设脚手架时,脚手架杆延伸至架具以外的操作因素等。这样一来,所规定的安全距离就能够可靠地防止由于施工操作人员接触或过分靠近外电线路所造成的触电伤害事故。

2) 外电线路的防护

根据前节的分析,为了防止外电线路对现场施工构成的潜在危害,在建工程与外电线路(不论是高压的,还是低压的)之间必须按表 3-7 保持规定的安全操作距离,而机动车道与外电线路之间则必须按表 3-8 保持规定的安全距离。

但是,施工现场的工程位置往往不是可以任意选择的,如果由于受施工现场在建工程位置限制而无法保证规定的安全距离,这时为了确保施工安全,则必须采取设置防护遮栏、栅栏以及悬挂警告牌等防护措施。显然,外电线路与遮栏、栅栏之间也有安全距离问题,这个安全距离正是搭设遮栏、栅栏等防护设施的依据条件。

各种不同电压等级的外电线路至遮栏、栅栏等防护设施的安全距离,按有关资料介绍如表 3-9 所示。从表中可以看出屋外部分的数据均比屋内部分的数据大,这里主要是考虑了屋外架空导

带电体至遮栏、栅栏的安全距离(cm)　　　　表 3-9

外电线路的额定电压(kV)		1~3	6	10	35	60	110	220j	330j	500j
线路边线至栅栏的安全距离	屋内		82.5	85	87.5	105	130	170		
	屋外		95	95	95	115	135	175	265	450
线路边线至网状遮栏的安全距离	屋内		17.5	20	22.5	40	65	105		
	屋外		30	30	30	50	70	110	190	270	500

线因受风吹摆动等因素,而网状遮栏的设置还考虑了成年人手指可能伸入网内的因素。顺便指出,在表 3-9 中列出的屋内部分的数据主要是用以与屋外部分的数据相比较。

表 3-9 所列安全距离的数据已精确到毫米数量级。它对于施工现场设置遮栏、栅栏时有重要的参考价值,不论是搭设还是拆卸,均必须遵循表中给出的数据,以便控制可靠的安全距离,否则就难于避免触电事故的发生。如果现场搭设遮栏、栅栏的场所非常狭隘,无法实现表 3-9 所给出的数据,即无法控制可靠的安全距离,这时即使设置遮栏等,亦无防护意义,余下惟一的安全措施就是与有关部门协商,采取停电、迁移外电线路或改变工程位置等。否则不得强行施工。

施工现场的吊车在运行过程中,有时被吊装的物料要从某一段外电线路上方经过,为使被吊物能够安全通过,须要按规定在该段外电线路上方搭设遮栏,通常以采用由跳板搭成的缝隙很小的∏形遮栏为宜。但在搭设此种遮栏时,除必须按表 3-9 所列数值保持安全距离外,还必须注意以下两个问题:①所搭设的遮栏应有足够的强度和刚度,以避免遮栏断裂、歪斜以及变形的影响;②对于所搭设的遮栏要有专人从事监护工作。

(4) 临时用电安全技术措施

临时用电安全技术措施包括两个方面的内容:一是安全用电在技术上所采取的措施;二是为了保证安全用电和供电的可靠性在组织上所采取的各种措施,它包括各种制度的建立、组织管理等一系列内容。安全用电措施应包括下列内容。

1) 安全用电技术措施。

① 保护接地:

是指将电气设备不带电的金属外壳与接地极之间做可靠的电气连接。它的作用是当电气设备的金属外壳带电时,如果人体触及此外壳时,由于人体的电阻远大于接地体电阻,则大部分电流经接地体流入大地,而流经人体的电流很小。这时只要适当控制接地电阻(一般不大于 4Ω),就可减少触电事故发生。但是在 TN 供电系统中,这种保护方式的设备外壳电压对人体来说还是相当危险的。因此这种保护方式只适用于 *TT* 供电系统的施工现场,按规定保护接地的电阻不大于 4Ω。

② 保护接零:

在电源中性点直接接地的低压电力系统中,将用电设备的金属外壳与供电系统中的零线或专用零线直接做成电气连接,称为保护接零。它的作用是当电气设备的金属外壳带电时,短路电流经零线而成闭合电路,使其变成单相短路故障,因零线的阻抗很小,所以短路电流很大,一般大于额定电流的几倍甚至几十倍,这样大的单相短路电流将使保护装置迅速而准确的动作切断事故电源,保证人身安全。其供电系统为接零保护系统,即 *TN* 系统。保护零线是否与工作零线分开,可将 *TN* 供电系统划分为 *TN-C*、*TN-S* 和 *TN-C-S* 三种供电系统。

A *TN-C* 供电系统。它的工作零线兼做接零保护线。这种供电系统就是平常所说的三相四线制。但是如果三相负荷不平衡时,零线上有不平衡电流,所以保护线所连接的电气设备金属外壳有一定电位。如果中性线断线,则保护接零的漏电设备外壳带电。因此这种供电系统存在着一定缺点。

B *TN-S* 供电系统。它是把工作零线 *N* 和专用保护线 *PE* 在供电电源处严格分开的供电系统,也称三相五线制。它的优点是专用保护线上无电流,此线专门承接故障电流,确保其保护装置动作。应该特别指出,*PE* 线不许断线。在供电末端应将 *PE* 线做重复接地。

C *TN-C-S* 供电系统。在建筑施工现场如果与外单位共用一台变压器或本施工现场变压器中性点没有接出 *PE* 线,是三相四线制供电,而施工现场必须采用专用保护线 *PE* 时,可在施工现场总箱中零线做重复接地后引出一根专用 *PE* 线,这种系统就称为 *TN-C-S* 供电系统。施工时应注意:除了总箱处,其他各处均不得把 *N* 线和 *PE* 线连接,*PE* 线上不许安装开关和熔断器,也不得把大地兼做 *PE* 线。*PE* 线也不得进入漏电保护器,因为线路末端的漏电保护器动作,会使前线漏电保护器动作。

不管采用保护接地还是保护接零,必须注意:在同一系统中不允许对一部分设备采取接地,对另一部分采取接零。因为在同一系统中,如果有的设备采取接地,有的设备采取接零,则当采取接地的设备发生碰壳时,零线电位将升高,而使所有接零的设备外壳都带上危险的电压。

D 设置漏电保护器。

a) 施工现场的总配电箱和开关箱至少设置两级漏电保护器,而且两级漏电保护器的额定漏电动作时应做合理配合,使之具有分级保护的功能;

b) 开关箱中必须设置漏电保护器,施工现场所有用电设备,除作保护接零外,必须在设备负荷线的首端处安装漏电保护器;

c) 漏电保护器应装设在配电箱电源隔离开关的负荷侧和开关箱电源隔离开关的负荷侧;

d) 漏电保护器的选择应符合国标《漏电电流动作保护器》(GB 6829—86)、《剩余电流动作保护器》(GB 6829—86)的要求,开关箱内的漏电保护器其额定漏电动作电流应不大于 30mA,额定漏电动作时间应小于 0.1s。

使用在潮湿和有腐蚀介质场所的漏电保护保护器应采用防溅型产品。其额定漏电动作电流应不大于 15mA,额定漏电动作时间应小于 0.1s。

E 安全电压。

安全电压指不载任何防护设备,接触时对人体各部位不造成任何损害的电压。国家标准《安全电压》(GB 3805—83)中的规定,安全电压值的等级有 42、36、24、12、6V 五种。同时还规定:当电气设备采用电压超过 24V 时,必须采取防直接接触带电体的保护措施。

对下列特殊场所应使用安全电压照明器:

a) 隧道、人防工程、有高温、导电灰尘或灯具离地面高度低于 2.4m 等场所的照明,电源电压应不大于 36V。

b) 在潮湿和易触及带电体场所的照明电源电压不得大于24V。

c) 在特别潮湿的场所,导电良好的地面、锅炉或金属容器内工作的照明电源不得大于12V。

F　电气设备的设置应符合下列要求。

a) 配电系统应设置室内总配电箱和室外分配电箱或设置室外总配电箱和分配电箱,实行分级配电;

b) 动力配电箱与照明配电箱宜分别设置,如合置在同一配电箱内,动力和照明线路应分路设置,照明线路接线宜接在动力开关的上侧;

c) 开关箱应由末级分配电箱配电。开关箱内应一机一闸,每台用电设备应有自己的开关箱,严禁用一个开关电器直接控制两台以上的用电设备;

d) 总配电箱应设在靠近电源的地方,分配电箱应装设在用电设备各负荷相对集中的地区。分配电箱与开关箱的距离不得超过30m,开关箱与其控制的固定式用电设备的水平距离不宜超过3m;

e) 配电箱、开关箱应装设在干燥、通风及常温场所。不得装设在有严重损伤作用的瓦斯、烟气、蒸汽、液体及其他有害介质中。也不得装设在易受外来固体物撞击、强烈振动、液体浸溅及热源烘烤的场所。配电箱、开关箱周围应有足够两人同时工作的空间,其周围不得堆放任何有碍操作、维修的物品;

f) 配电箱、开关箱安装要端正、牢固,移动式的箱体应装设在坚固的支架上。固定式配电箱、开关箱的下皮与地面的垂直距离应大于1.3m,小于1.5m。移动式分配电箱、开关箱的下皮与地面的垂直距离为0.6~1.5m。配电箱、开关箱采用铁板或优质绝缘材料制作,铁板的厚度应大于1.5mm;

g) 配电箱、开关箱中导线的进线口和出线口应设在箱体下底面,严禁设在箱体的上顶面、侧面、后面或箱门处。

G　电气设备的安装。

a) 配电箱内的电器应首先安装在金属或非木质的绝缘电器安装板上,然后整体紧固在配电箱箱体内,金属板与配电箱体应作电气连接;

b) 配电箱、开关箱内的各种电器应按规定的位置紧固在安装板上,不得歪斜和松动。且电器设备之间、设备与板四周的距离应符合有关工艺标准的要求;

c) 配电箱、开关箱内的工作零线应通过接线端子板连接,并应与保护零线接线端子板分设;

d) 配电箱、开关箱内的连接线应采用绝缘导线,导线的型号及载面应严格执行临电图纸的标示面。各种仪表之间的连线应使用面积不小于 $2.5mm^2$ 的绝缘铜芯导线,导线接头不得松动,不得有外露带电部分;

e) 各种箱体的金属框架、金属箱体,金属电器安装板以及箱内电器的正常不带电的金属底座、外壳等必须做保护接零,保护零线应经过接线端子板连接;

f) 配电箱后面的排线需排列整齐,绑扎成束,并用卡钉固定在盘板上,盘后引出及引入的导线应留出适当余度,以便检修;

g) 导线剥削处不应伤线芯过长,导线压头应牢固可靠,多股导线不应盘圈压接,应加装压线端子(有压线孔者除外)。如必须穿孔用顶丝压接时,多股线应刷锡后再压接,不得减少导线股数。

H 电气设备的防护。

a) 在建工程不得在高、低压线路下方施工。高、低压线路下方不得搭设作业棚、建造生活设施或堆放构件、架具、材料及其他杂物;

b) 施工时,各种架具的外侧边缘与外电架空线路的边线之间必须保持安全操作距离。当外电线路的电压为 1kV 以下时,其最小安全操作距离为 4m;当外电架空线路的电压为 $1\sim10kV$ 时,最小安全操作距离为 6m;当外电架空线路的电压为 $35\sim110kV$ 时,其最小安全操作距离为 8m。上下脚手架的斜道严禁搭设在有外电线路的一侧。旋转臂架式起重机的任何部位或被吊物边缘与

10kV 以下的架空线路边线最小水平距离不得小于 2m;

c) 施工现场的机动车道与外电架空线路交叉时,架空线路的最低点与路面的最小垂直距离应符合以下要求;外电线路电压为 1kV 以下时,最小垂直距离为 6m;外电线路电压为 1～35kV 时,最小垂直距离为 7m;

d) 对于达不到最小安全距离时,施工现场必须采取保护措施,可以增设屏障、遮栏、围栏或保护网,并要悬挂醒目的警告标志牌。在架设防护设施时应有电气工程技术人员或专职安全人员负责监护;

e) 对于既不能达到最小安全距离,又无法搭设防护措施的施工现场,施工单位必须与有关部门协商,采取停电、迁移外电线路或改变工程位置等措施,否则不得施工。

I 电气设备的操作与维修人员必须符合以下要求。

a) 施工现场内临时用电的施工和维修必须由经过培训后取得上岗证书的专业电工完成,电工的等级应同工程的难易程度和技术复杂性相适应;初级电工不允许进行中、高级电工的作业;

b) 各类用电人员应做到:

ⓐ 掌握安全用电基本知识和所用设备的性能;

ⓑ 使用设备前必须按规定穿戴和配备好相应的劳动防护用品;并检查电气装置和保护设施是否完好。严禁设备带"病"运转;

ⓒ 使用保护所用设备的负荷线、保护零线和开关箱。发现问题,及时报告解决;

ⓓ 搬迁或移动用电设备,必须经电工切断电源并做妥善处理进行。

J 电气设备的使用与维护。

a) 施工现场的所有配电箱、开关箱应每月进行一次检查和维修。检查、维修人员必须是专业电工。工作时必须穿戴好绝缘用品,必须使用电工绝缘工具;

b) 检查、维修配电箱、开关箱时,必须将其前一级相应的电源开关分闸断电,并悬挂停电标志牌,严禁带电作业;

c) 配电箱内盘面上应标明各回路的名称、用途、同时要做出分路标记;

d) 总、分配电箱门应配锁,配电箱和开关箱应指定专人负责。施工现场停止作业 1h 以上时,应将动力开关箱上锁;

e) 各种电箱内不允许放置任何杂物,应保持清洁。箱内不得挂接其他临时用电设备;

f) 熔断器的熔体更换时,严禁用不符合原规格的熔体代替。

K 施工现场的配电线路。

a) 现场中所有架空线路的导线必须采用绝缘铜线或绝缘铝线。导线架设在专用电线杆上;

b) 架空线的导线截面最低不得小于下列截面:当架空线用铜芯绝缘线时,其导线截面不小于 $16mm^2$;跨越铁路、公路、河流,电力线路挡距内的架空绝缘铝线最小截面不小于 $35mm^2$,绝缘铜线截面不小于 $16mm^2$;

c) 架空线路的导线接头数不得超过该层导线条数的 50%,且一根导线只允许有一个接头;线路在跨越铁路、公路、河流、电力线路挡距内不得有接头;

d) 架空线路相序的排列:

ⓐ TT 系统供电时,其相序排列;面向负荷从左向右为 $L1$、N、$L2$、$L3$;

ⓑ TN-C 系统或 TN-C-S 系统供电时,和保护零线在同一横担架设时的相序排列:面向负荷从左至右为 $L1$、N、$L2$、$L3$、PE;

ⓒ TN-S 系统或 TN-C-S 系统供电时,动力线、照明线同杆架设上、下两层横担、相序排列方法:上层横担,面向负荷从左至右为 $L1$、$L2$、$L3$;下层横担,面向负荷从左至右为 $L1$、$(L2$、$L3)$、N、PE。当照明线在两个横担上架设时,最下层横担面向负荷,最右边的导线为保护零线 PE。

e) 架空线路的档距一般为 30m,最大不得大于 35m;线间距离应大于 0.3m;

f) 施工现场内导线最大弧垂与地面距离不小于 4m,跨越机动车道时为 6m;

g) 架空线路所使用的电杆应为专用混凝土杆或木杆。当使用木杆时,木杆不得腐朽,其梢应不小于 130mm;

h) 架空线路所使用的横担、角钢及杆上的其他配件应视导线截面、杆的类型具体选择。杆的埋设、拉线的设置均应符合有关施工规范。

L 施工现场的电缆线路。

a) 电缆线路应采用穿管埋地或沿墙、电杆架空敷设、严禁沿地面明敷设;

b) 电缆在室外直接埋地敷设的深度不小于 0.6mm,并应在电缆上下各均匀敷设不小于 50mm 厚的细砂,然后覆盖砖等硬质保护层;

c) 橡皮电缆沿墙或电杆敷设时应用绝缘子固定,严禁使用金属裸线作绑扎。固定点间的距离应保证橡皮电缆能承受自重所带的荷重。橡皮电缆的最大弧垂距地不得小于 2.5m;

d) 电缆的接头应牢固可靠,绝缘包扎后的接头不能降低原来的绝缘强度,并不得承受张力;

e) 在有高层建筑的施工现场,临时电缆必须采用埋地引入。电缆垂直敷设的位置应充分利用在建工程的竖井、垂直孔洞等,同时应靠近负荷中心,固定点每楼层不得少于一处。电缆水平敷设沿墙固定,最大弧垂距地不得小于 1.8m。

M 室内导线的敷设及照明装置。

a) 室内配线必须采用绝缘铜线或绝缘铝线,采用瓷瓶、瓷夹或塑料夹敷设,距地面高度不得小于 2.5m;

b) 进户线在室外处还要用绝缘子固定,进户线过墙应穿套管,距地面应大于 2.5m,室外要做防水弯头;

c) 室内配线所用导线截面应按图纸要求施工,但铝线截面最小不得小于 2.5mm^2,铜线截面不得小于 1.5mm^2;

d) 金属外壳的灯具外壳必须作保护接零,所用配件均应使用镀锌件；

e) 室外灯具距地面不得小于 3m,室内灯具不得低于 2.4m。插座接线时应符合规范要求；

f) 螺口灯头及接线应符合下列要求：

ⓐ 相线接在与中心触头相连的一端,零线接在与螺纹口相连的一端；`

ⓑ 灯头的绝缘外壳不得有损伤和漏电。

g) 各种用电设备、灯具的相线必须经开关控制,不得将相线直接引入灯具；

h) 暂设室内的照明灯具应优先选用拉线开关。拉线开关距地面高度为 2~3m,与门口的水平距离为 0.15~0.2m,拉线出口应向下；

i) 严禁将插座与搬把开关靠近装设；严禁在床上设开关。

2) 安全用电组织措施。

① 建立临时用电施工组织设计和安全用电技术措施的编制、审批制度,并建立相应的技术档案；

② 建立技术交底制度。向专业电工、各类用电人员介绍临时用电施工组织设计和安全用电技术措施的总体意图、技术内容和注意事项,并应在技术交底文字资料上履行交底人和被交底人的签字手续,注明交底日期；

③ 建立安全检测制度。从临时用电工程竣工开始,定期对临时用电工程进行检测,主要内容是:接地电阻值,电气设备绝缘电阻值,漏电保护器动作参数等,以监视临时用电工程是否安全可靠,做好检测记录；

④ 建立电气维修制度。加强日常和定期维修工作,及时发现和消除隐患,并建立维修工作记录,记载维修时间、地点、设备、内容、技术措施、处理结果、维修人员、验收人员等；

⑤ 建立工程拆除制度。建筑工程竣工后,临时用电工程的拆除应有统一的组织和指挥,须规定拆除时间、人员、程序、方法、注意事项和防护措施等；

⑥ 建立安全检查和评估制度。施工管理部门和企业要按照《建筑施工安全检查评分标准》(JGJ 59—88)定期对现场用电安全情况进行检查评估；

⑦ 建立安全用电责任制。对临时用电工程各部位的操作、监护、维修分片、分块、分机落实到人,并辅以必要的奖罚；

⑧ 建立安全教育和培训制度。定期对专业电工和各类用电人员进行用电安全教育和培训,凡上岗人员必须持有劳动部门核发的上岗证书,严禁无证上岗。

2. 临时用电安全技术交底

(1) 安全用电自我防护技术交底：

施工现场用电人员应加强自我保护意识,特别是电动建筑机械的操作人员必须掌握安全用电的基本知识,以减少触电事故的发生。对于现场中一些固定机械设备的防护和操作人员应进行如下交底：

1) 开机前,认真检查开关箱内的控制开关设备是否齐全有效,漏电保护器是否可靠,发现问题及时向工长汇报,工长派电工处理。

2) 开机前,仔细检查电气设备的接零保护线端子有无松动,严禁赤手触摸一切带电绝缘导线。

3) 严格执行安全用电规范,凡一切属于电气维修、安装的工作,必须由电工来操作,严禁非电工进行电工作业。

电工安全技术交底：

① 电气操作人员严格执行电工安全操作规程,对电气设备工具要进行定期检查和试验,凡不合格的电气设备、工具要停止使用；

② 电工人员严禁带电操作,线路上禁止带负荷接线,正确使用电工器具；

③ 电气设备的金属外壳必须做接地或接零保护,在总箱、分开关箱内必须安装漏电保护器实行两级漏电保护；

④ 电气设备所用保险丝,禁止用其他金属丝代替,并且需与

设备容量相匹配；

　⑤ 施工现场内严禁使用塑料线，所用绝缘导线型号及截面必须符合临电设计；

　⑥ 电工必须持证上岗，操作时必须穿戴好各种绝缘防护用品，不得违章操作；

　⑦ 当发生电气火灾时应立即切断电源，用干砂灭火，或用干粉灭火机灭火，严禁使用导电的灭火剂灭火；

　⑧ 凡移动式照明，必须采用安全电压；

　⑨ 施工现场临时用电施工，必须执行施工组织设计和安全操作规程。

　塔式起重机安全技术交底：

　① 塔式起重机的重复接地应在轨道两端各设一组接地装置，对较长的轨道，每隔 30m 应加一组接地装置；

　② 塔式起重机必须做防雷接地，同一台电气设备的重复接地与防雷接地可使用同一个接地体，接地电阻值应取两者的最低值；

　③ 塔式起重机的各种限位开关必须齐全有效，其供电电缆不得拖地行走；

　④ 对于起重设备在每天工作前必须对各种行程开关进行空载检查，正常后方可使用；

　⑤ 塔吊司机必须持证上岗。

　夯土机械安全技术交底：

　① 夯土机械的操作手柄必须采取绝缘措施；

　② 操作人员必须穿戴绝缘胶鞋和绝缘手套两人操作，一人扶夯，一人负责整理电缆；

　③ 夯土机械必须装设防溅型漏电保护器。其额定漏电动作电流小于 15mA，额定漏电动作时间小于 0.1s；

　④ 夯土机械的负荷线应采用橡皮护套铜芯电缆。其电缆长度应小于 50m。

　焊接机械安全技术交底：

　① 电焊机应放置在防雨和通风良好的地方，严禁在有易燃、

易爆物品周围施焊;

② 电焊机一次线长度应小于 5m,一、二次侧防护罩齐全;

③ 焊机机械二次线应选用 YHS 型橡皮护套铜芯多股软电缆;

④ 手柄和电缆线的绝缘应良好;

⑤ 电焊变压器的空载电压应控制在 80V 以内;

⑥ 操作人员必须持证上岗,施焊人员要有动火证并配监护人,必须穿戴绝缘鞋和手套,使用护目镜。

(2) 手持电动工具安全技术交底:

1) 手持电动工具依据安全防护的要求分为Ⅰ、Ⅱ、Ⅲ类。

① Ⅰ类手持电动工具的额定电压超过 50V,属于非安全电压,所以必须作接地或接零保护,同时还必须接漏电保护器以保证安全;

② Ⅱ类手持电动工具的额定电压超过 50V,但它采用了双重绝缘或加强绝缘的附加安全措施。双重绝缘是指除了工作绝缘以外,还有一层独立的保护绝缘,当工作绝缘损坏时,操作人员仍与带电体隔离,所以不会触电。Ⅱ类手持电动工具可以不必做接地或接零保护。Ⅱ类手持电动工具的铭牌上有一个"回"字;

③ Ⅲ类手持电动工具是采用安全电压的工具,它需要有一个隔离良好的双绕组变压器供电,变压器副边额定电压不超过 50V。所以Ⅲ类手持电动工具也是不需要保护接地或接零的,但一定要安装漏电保护器。

2) 手持电动工具安全技术交底。

① 手持电动工具的开关箱内必须安装隔离开关、短路保护、过负荷保护和漏电保护器;

② 手持电动工具的负荷线,必须选择无接头的多股铜芯橡皮护套软电缆。其中绿/黄双色线在任何情况下只能用作保护线;

③ 施工现场优先选用Ⅱ类手持电动工具,并应装设额定动作电流不大于 15mA,额定漏电动作时间小于 0.1s 的漏电保护器。

(3) 特殊潮湿环境场所作业安全技术交底:

1）开关箱内必须装设隔离开关；

2）在露天或潮湿环境的场所必须使用Ⅱ类手持电动工具；

3）特殊潮湿环境场所电气设备开关箱内的漏电保护器应选用防溅型的,其额定漏电动作电流应小于15mA,额定漏电动作时间不大于0.1s;

4）在狭窄场所施工,优先使用带隔离变压器的Ⅲ类手持电动工具。如果选用Ⅱ类手持电动工具,必须装设防溅型的漏电保护器,把隔离变压器或漏电保护器装在狭窄场所外边并应设专人看护；

5）手持电动工具的负荷线应采用耐气候型的橡皮护套铜芯软电缆并不得有接头；

6）手持式电动工具的外壳、手柄、负荷线、插头、开关等必须完好无损,使用前要做空载检查,运转正常方可使用。

3. 临时用电检查验收记录

临时用电工程安装完毕后,由建筑公司基层安全部门组织检查验收。参加人员有主管临时用电安全的领导人和技术人员,施工现场主管,编制临电设计者,电工班长及安全员。检查内容应包括:配电线路、各种配电箱、开关箱、电气设备安装、设备调试、接地电阻测试记录等,并做好记录,参加人员签字。

临时用电检查验收主要内容:

（1）架空线路。

1）导线型号、截面应符合图纸要求；

2）导线接头符合工艺标准；

3）电杆材质、规格应符合设计要求；

4）进户线高度、导线弧垂距地高度。

（2）电缆线路。

1）电缆敷设方式符合JGJ 46—88中规定且与图纸相符；

2）电缆穿过建筑物、道路,易损部位是否加套管保护；

3）架空电缆绑扎、最大弧垂距地面高度；

4）电缆接头要符合规范。

（3）室内配线。

1）导线型号及规格、距地高度；

2）室内敷设导线是否采用瓷瓶、瓷夹；

3）导线截面应满足规范最低标准。

（4）设备安装。

1）配电箱、开关箱位置，距地高度；

2）动力、照明系统是否分开设置；

3）箱内开关、电器固定，箱内接线；

4）保护零线与工作零线的端子分开设置；

5）检查漏电保护器工作是否有效，尤其是特别潮湿场所。

（5）接地接零。

1）保护接地、重复接地、防雷接地的接地装置是否符合要求；

2）各种接地电阻的电阻值；

3）机械设备的接地螺栓是否紧固；

4）高大井架、防雷接地的引下线与接地装置的做法。

（6）电气防护。

1）高低压线下方有无生活设施、架具材料及其他杂物；

2）架子与架空线路的距离；

3）塔吊旋转部位或被吊物边缘与架空线路的距离。

（7）照明装置。

1）照明箱内有无漏电保护器，是否有效；

2）零线截面及室内导线型号、截面；

3）室内外灯具距地高度；

4）螺口灯接线、开关断线是否是相线；

5）开关灯具的安装位置。

各类接地电阻测定记录：

（1）《施工现场临时用电安全技术规范》（JGJ 46—88）中对各类接地电阻值做了如下规定：

1）电力变压器或发电机的工作接地电阻值不得大于 4Ω。

单台容量不超过 100kVA 或使用同一接地装置并联运行，且总容量不超过 100kVA 的变压器或发电机工作接地电阻值不得大于 10Ω。

2) 保护零线每一重复接地装置的接地电阻值应不大于 10Ω。在工作接地电阻允许达到 10Ω 的电力系统中,所有重复接地的并联等值电阻应不大于 10Ω。

3) 施工现场内所有防雷装置的冲击接地电阻值不得大于 30Ω。

(2) 接地电阻测试记录表。

工作接地、重复接地、防雷接地等各种接地装置按要求施工完工后,应进行各类接地电阻测试并做好记录。填写时应注明仪表型号、施工班组、测试日期、天气情况,并要求有关人员进行签字。测试时应由工长、安全员参加,测试人员必须如实填写数值,不得涂改。

电气接地电阻测试记录见表 3-10。

编号： 电气接地电阻测试记录 表 3-10

工程名称			施工单位		
仪表型号			测试日期	年 月 日	
计量单位	Ω(欧姆)		天气情况		气温℃
接地类型	防雷接地	保护接地	重复接地	接地	接地
组别及实测数据	1				
	2				
	3				
	4				
	5				
	6				
	7				
	8				
	9				
	10				

续表

设计要求	≤	≤	≤	≤	≤
测试结论					
参加人员签字	建设单位	设计单位	施工员	质检员	测试(二人)

注：① 本表适用于各种类型接地电阻的测试；

　　② 非重点及特殊要求的工程，设计单位可不参加签字。

4. 临时用电定期安全检查

安全检查是及时掌握电气运行情况，尽早发现隐患，确保电气设备安全运行的重要措施。《施工现场临时用电安全技术规范》(JGJ 46—88)中规定：临时用电工程的定期检查时间，施工现场每月一次；基层公司每季一次。基层公司检查时，应复查接地电阻。

(1) 临时用电定期检查制度

为了认真贯彻落实"安全第一，预防为主"的方针，保证生产的顺利进行，防止触电事故的发生，特制定临时用电定期检查制度。

1) 施工现场电工每天上班前检查一遍线路和电气设备的使用情况，发现问题及时处理。每月对所有配电箱，开关箱进行检查和维修一次，并将检查和维修情况做好记录；

2) 施工现场每星期由工长、安全员、技术员、电工对工地的用电设备、用电情况进行全面检查，并将检查和解决的情况，写成材料入档备查；

3) 公司每季对现场的临时用电情况进行全面检查，查出问题，定人、定时、定措施进行整改，对整改情况进行复查；

4) 检查内容按建设部 1988 年颁发的《施工现场临时用电安全技术规范》(JGJ 46—88)中有关内容进行。

(2) 施工现场检查记录

施工现场根据自定的定期检查记录经常检查，对于查出的不安全隐患要立即整改，采取"三不放过"的原则，决不允许设备带病运转，同时要做好检查记录。其检查的重点为：电气设备线路的绝缘有无损坏;绝缘电阻是否合格;设备裸露带电部分是否有防护;保护接零或保护接地是否可靠;接地电阻值是否在规定范围内;电气设备的安装是否正确、合格;安全间距是否符合规定;各种保护装置是否齐全,动作是否可靠;手持式电动工具是否有漏电保护装置;局部照明及在潮湿场所的灯具是否采用安全电压;安全用电变压器是否符合要求。

(3) 施工现场月检记录

施工现场的上级领导管理人员要在每个月对所属企业的施工现场进行一次大检查,特别是雨季、风季。因为这个时期由于环境气候变化大,对临时用电设施会出现不同程度的损坏,因此应该加强检查。从某种意义上说,月检是非常重要的,它对现场既是监督又是促进。检查重点为:

1) 防雷接地、重复接地(保护接地)、电阻复查记录,因为接地的电阻记录值关系到整个供电系统的安全性和可靠性。公司人员应在场监督摇测复查电阻记录,发现阻值过高应及时采取措施进行处理;

2) 架空线路及电缆敷设的距地高度,导线有无破损,接头是否松动,接头包扎是否变形,绝缘瓷瓶是否完好,绑扎是否牢固。对于穿管导线区应该摇测线间绝缘,并做好记录;

3) 机械设备处接地(零)导线有无断线,压接点是否牢固、可靠。开关箱内漏电保护器是否完好,动作是否灵敏有效;

4) 配电箱、开关箱内有无杂物,电气设备设置与系统图是否一致,箱内接线有无挂接现象,接地(零)线端子是否松动,三相瓷插保险内熔丝是否一致,且与设备容量是否相匹配。

(4) 电工维修工作记录

施工现场每时每刻都应有电工值班,对临电设施进行检查维修,有高压变电设施的要有高压电工值班,发现问题及时采取措施。所有维修人员必须持证上岗,电工级别要与工程的难易程度和技术复杂性相适应。上岗时穿戴好绝缘用品,禁止带电操作。对于损坏的设备要及时更换,不允许更换与图纸不相符的设备,同时要查明发生事故的原因,并做好电工维修工作记录,电工维修工作记录可由工长指定有经验的电工进行填写、保管,并作为安全资料一齐存入安全技术资料档案。

3.6.2.9 个体防护

1. 所有施工现场施工的个体(包括人)根据具体施工情况必须在操作前作好个体防护,为防止发生伤亡事故作好预先防范措施。

2. 施工现场所有个体必须在施工前配备相应个体防护用品。如:所有进入现场施工人员必须佩带安全帽、高处作业必须带安全带及穿防滑鞋、焊工必须带绝缘手套及带护目镜等。

3. 个体防护用品所涵盖的内容

(1)安全帽;(2)呼吸护具;(3)眼(面)护具;(4)听力护具;(5)防护鞋;(6)防护服;(7)防护手套;(8)劳动护肤用品;(9)防坠落用品;(10)其他护品。

4. 个体防护用品的用途

(1) 安全帽。

1) 安全帽的结构、材料、尺寸及防护机理。

① 安全帽由帽壳、帽衬、下颚带、后箍等组成;

② 安全帽的帽壳主要用热固性塑料(如玻璃钢)、热塑性工程塑料(如聚碳酸酯、ABS 工程塑料等)、橡胶料、纸胶料、植物料(如藤子、柳竹)等制成;帽衬主要由棉或化纤材料组成;

③ 安全帽的半球形结构能将冲击负荷分散到尽可能大的表面,以减少头顶单位面积上的压强,防止冲击力集中一点;帽壳圆且光滑的表面,能使坠落物体向外倾偏离;头顶与帽衬间 25～50mm 的空间和衬垫能吸收和消耗传递到帽壳上的部分能量,不使其全部传递到头部和颈部。

2) 安全帽采购、监督和管理。

① 采购安全帽必须确认生产企业有产品检验合格证和安全鉴定证书才可以购买,购入的产品经验收合格后,方准使用;

② 所有进入施工现场的人员必须正确佩戴符合要求的安全

帽；

③ 安全帽不应存储在酸、碱、高温、日晒、潮湿等场所，更不可和硬物放在一起；

④ 安全帽的使用日期为：塑料不超过两年半、玻璃钢不超过三年。

(2) 呼吸护具。

1) 呼吸护具的作用。

呼吸是人体重要的生命体征，防止多种危害因素通过呼吸危及人体的生命和健康的个体防护用品，统称为呼吸护具；

2) 呼吸护具防止的危害因素。

呼吸护具防止的危害因素为：①缺氧；②有害气体；③空气中的颗粒物质；④以上因素的联合作用；

3) 在进行大理石加工等制造灰尘含量超标等特殊工作条件下必须佩带呼吸护具。

(3) 眼（面）护具。

① 用于焊接工防御有害辐射线危害的眼（面）护具，叫焊接护目镜和面罩。此类眼（面）护具分为护目镜和面罩，其中护目镜又分为：普通眼镜、前挂镜、防侧光镜，面罩又分为：手持及头带式面罩、安全帽面罩、安全帽前挂眼镜面罩。

② 眼（面）护具的使用和验收。所有进行焊接作业的特殊工种必须正确佩带护目护具。生产企业必须严格按照国家标准组织生产，取得相关专业鉴定合格后才允许投入使用。

(4) 听力护具。

① 护理原理。阻止或减弱经外耳道到达内耳的空气或经骨到达内耳的骨传导的噪声的强度；

② 分类。按结构和形式的不同，可分为三大类：能插入外耳道的耳塞；能够将整个外耳廓罩住的耳罩。为了防护强烈噪声，既能预防空气传导，又能预防骨传导，有护耳罩的防噪声帽。

(5) 防护鞋。

① 胶面防砸安全靴和皮安全鞋，能起到防砸作用。有不同的

防砸强度，可根据不同施工情况选取；

② 防静电胶底鞋、导电胶底鞋。防静电胶底鞋用于防止人体带有静电而可能引起燃烧的爆炸场所。同时，它也能避免由于250V 以下电气设备所偶然引起的对人体的电击和火灾。导电胶底鞋用于防止人体带有静电而引起的火灾、爆炸的场所，但它仅适用于作业人员不会遭受电击的场所。对于维护动力设备或处理高压电气设备有危险的工作人员，禁止穿防静电胶底鞋和导电胶底鞋；

③ 绝缘皮鞋。主要为在 50Hz、1000V 及以下或直流 1500V 及以下动力设备上工作的人员穿用的劳动防护用品；

④ 低压绝缘胶鞋。低压绝缘胶鞋一般为布面胶鞋，在布面干燥条件下，作为工频电压 1000V 以下电工作业的辅助安全用具；

⑤ 防穿刺鞋。主要用于防足底刺伤的场所使用的个体防护用品；

⑥ 焊接防护鞋。主要用于气焊、气割、电焊及其他焊接作业使用的防护鞋。

(6) 防护服。

包括阻燃防护服、劳动防护雨衣、防静电工作服等。使用于施工现场特殊工作情况下和突发事件时穿用。

(7) 防护手套。

① 劳动防护手套。用于保护手和手臂时带用的手套；

② 带电作业用绝缘手套。根据不同绝缘性能可分为 A、B、C 三类，A 类主要用于交流电压小于 1kV，直流电压小于 1.5kV 的作业场所；B 类用于交流电压小于 7.5kV，直流电压小于 11.25kV 的作业场所；C 类用于交流电压小于 17kV，直流电压小于 25.55kV 的作业场所；

③ 焊工手套。主要用于焊工进行焊接作业时必须带用的防护手套。

(8) 防坠落护品。

① 安全带。用于防止高处作业工人坠落伤亡的个体防护用

品,由带子、绳子和金属配件组成;

② 安全网。用来防止人、物坠落或用来避免、减轻物击伤害的网具,一般由网体、边绳、系绳、试验绳等组成,分为平网和立网。

(9) 其他护品。

① 防砸背甲。用于防止外来物撞击伤害人体背腰部的一种甲板式个体防护用品,由防护板、缓冲衬垫和连接件组成;

② 袖套与护腿。套袖由于防护手腕和手臂,通常与手套一起使用,以便防止火焰和灼伤、冲击和刺破、溅出的液体、带电导体,以及一般的皮肤擦伤和挤压。护腿用于保护脚踝、小腿、膝关节和大腿。

3.6.2.10 施工项目安全内业管理

1. 总则:

(1) 施工现场安全内业资料必须按标准整理,做到真实准确、齐全;

(2) 文明施工资料由施工总承包方负责组织收集、整理资料;

(3) 文明施工资料应按照"文明安全工地"八个方面的要求分别进行汇总、归档;

(4) 文明施工资料作为工程文明施工考核的重要依据必须真实可靠;

(5) 文明施工检查按照"文明安全工地"的八个方面打分表进行打分,工程项目经理部每 10d 进行一次检查,公司每月进行一次检查,并有检查记录,记录包括:检查时间、参加人员、发现问题和隐患、整改负责人及期限、复查情况。

2. 现场管理资料应包括:

(1) 施工组织设计。

要求:要有审批表、编制人、审批人签字(审批部门要盖章);

(2) 施工组织设计变更手续。

要求:要经审批人审批;

(3) 季节施工方案(冬雨期施工)审批手续。

要求:要有审批手续;

（4）现场文明安全施工管理组织机构及责任划分。

要求：要有相应的现场责任区划分图和标识；

（5）施工日志（项目经理，工长）；

（6）现场管理自检记录、月检记录；

（7）重大问题整改记录；

（8）职工应知应会考核情况和样卷。

要求：有批改和分数。

3．安全防护资料包括：

（1）总包与分包的合同书、安全和现场管理的协议书及责任划分。

要求：要有安全生产的条款，双方要盖章和签字；

（2）项目部安全生产责任制（项目经理到一线生产工人的安全生产责任制度）。

要求：要有部门和个人的岗位安全生产责任制；

（3）安全措施方案（由基础、结构、装修有针对性的安全措施）。

要求：要有审批手续；

（4）高大、异型脚手架施工方案（编制、审批）。

要求：要有编制人、审批人、审批表、审批部门签字盖章；

（5）脚手架的组装、升、降验收手续。

要求：验收的项目需要量化的必须量化；

（6）各类安全防护设施的验收检查记录（安全网、临边防护、孔洞、防护棚等）；

（7）安全技术交底，安全检查记录，月检、日检，隐患通知整改记录，违章登记及奖罚记录。

要求：要分部分项进行交底，有目录；

（8）特殊工种名册及复印件；

（9）入场安全教育记录；

（10）防护用品合格证及检测资料；

（11）职工应知应会考核情况和样卷。

4．临时用电安全资料包括：

(1) 临时用电施工组织设计及变更资料。

要求：要有编制人、审批表、审批人及审批部门的签字盖章；

(2) 安全技术交底；

(3) 临时用电验收记录；

(4) 电气设备测试、调试记录；

(5) 接地电阻遥测记录；电工值班、维修记录；

(6) 月检及自检记录；

(7) 临电器材合格证；

(8) 职工应知应会考核情况和样卷。

5．机械安全资料应包括：

(1) 机械租赁合同及安全管理协议书。

要求：要有双方的签字盖章；

(2) 机械拆装合同书；

(3) 设备出租单位、起重设备安拆单位等的资质资料及复印件；

(4) 机械设备平面布置图；

(5) 总包单位与机械出租单位共同对塔机组和吊装人员的安全技术交底；

(6) 塔式起重机安装、顶升、拆除、验收记录(八张表)；

(7) 外用电梯安装验收记录(六张表)；

(8) 机械操作人员及起重吊装人员持证上岗记录及证件复印件；

(9) 自检及月检记录和设备运转履历书；

(10) 职工应知应会考核情况和样卷。

6．保卫消防管理资料应包括：

(1) 保卫消防设施平面图；

要求：消防管线、器材用红线标出；

(2) 现场保卫消防制度、方案及负责人、组织机构；

(3) 明火作业记录；

(4) 消防设施、器材维修验收记录;

(5) 保温材料验收资料;

(6) 电气焊人员持证上岗记录及证件复印件,警卫人员工作记录;

(7) 防火安全技术交底;

(8) 消防保卫自检、月检记录;

(9) 职工应知应会考核情况和样卷。

7. 料具管理资料应包括:

(1) 贵重物品、易燃、易爆材料管理制度。

要求:制度要挂在仓库的明显位置;

(2) 现场外堆料审批手续;

(3) 材料进出场检查验收制度及手续;

(4) 现场存放材料责任区划分及责任人。

要求:要有相应的布置图和责任区划分及责任人的标识;

(5) 材料管理的月检记录;

(6) 职工应知应会考核情况和样卷。

8. 环境保护管理资料应包括:

(1) 现场控制扬尘、噪声、水污染的治理措施。

要求:要有噪声测试记录;

(2) 环保自保体系、负责人;

(3) 治理现场各类技术措施检查记录及整改记录(道路硬化、强噪声设备的封闭使用等);

(4) 自检和月检记录;

(5) 职工应知应会考核情况和样卷。

9. 环卫卫生管理资料应包括:

(1) 工地卫生管理制度;

(2) 卫生责任区划分。

要求:要有卫生责任区划分和责任人的标识;

(3) 伙房及炊事人员的三证复印件(即:食品卫生许可证、炊事员身体健康证、卫生知识培训证);

（4）冬季取暖设施合格验收证；

（5）现场急救组织；

（6）月卫生检查记录；

（7）职工应知应会考核情况和样卷。

3.6.3 安装、装修阶段

3.6.3.1 设备、管道安装安全防护

从安装施工多年来发生的重大伤亡事故原因分析，不论设备、管道安装工程施工有多少不同的特点，设备、通风、管道安装工程施工中的安全防护必须按照建筑工程施工安全防护技术的原则和规定进行。安全防护要点如下：

（1）认真搞好安装前准备阶段的安全技术工作。

① 施工前，一定要编制安装工程施工组织设计或施工方案，组织设计或施工方案中要有具体针对性的安全技术措施；

② 对施工地点的周围环境，要认真进行安全检查，有针对性地提出安全预防措施。在安装施工范围内的洞口、坑边、临边、升降口等，应有固定的盖板、防护栏杆等防护措施和明显标志，不安全的隐患必须排除，否则不能进行安装作业；

③ 认真搞好安全教育和安全技术交底工作；

④ 凡土建、吊装、安装等几个单位在同一现场施工。必须加强领导，密切配合，做到统一指挥，共同拟定安全施工的措施。进行交叉作业，必须设置安全网或其他隔离措施；

⑤ 在从事腐蚀、放射性和有害作业时，施工前要认真检查防护措施、劳保用品是否齐全；

⑥ 要配备一定数量有经验的架子工搭设防护架子，制作工具式或者可移动的平台安装架。

（2）设备吊装要有吊装方案，计算好设备的重量，正确的选择机具和吊装方法。设备没有铭牌，不知其重量，一定要在吊装前计算清楚，切勿盲目选用。

（3）要搞好设备安装过程中周围孔洞的防护。要满铺跳板或加固定盖板，切勿麻痹大意。在安装设备进时，凡超过高 2m 以上

的作业,周围没有安全防护时必须戴好安全带。

(4) 在挖掘管沟土方时,必须按照土方施工安全防护技术的规定进行。凡深度超过 1.5m 时,要进行放坡或加可靠支撑。管沟土方开挖和埋管,尽量在雨季到来之前或雨季过后进行,并尽量以最快速度搞完,以保证施工的安全。

(5) 架设高空管道作业必须有可靠的安全防护。能搭脚手架的一定要搭脚手架。管道较短的应沿管线满搭。操作面要保证有 600mm 宽,满铺脚手板,并设高 1.2m 的两道护身栏。每隔 20m 应搭设人行梯道。管线较长可以分段搭设,搭设一段,施工一段,施工完后再搭设下一段,如果管道很长很多,脚手材料较缺,也可以在下面铺双层水平安全网,搭部分脚手架作为安全防护措施;在屋架下、顶棚内、墙洞边安装管道时,要有充足的照明,能搭设脚手的一定要搭。不能搭就在管道下面铺设双层水平安全网,工人作业时一定要戴安全带,水平安全网要宽于外边的管道 1m 以上,以保证管道保温时工作的安全。

(6) 在设备、管道安装工程中,对于零星的焊接、修理、检查等作业点的安全防护更不能忽视,坚持不进行安全防护就不能进行施工。

3.6.3.2 屋面工程安全防护

屋面工程的施工是装修施工中重要的一环。一般屋面施工包括隔汽层、保温层和防水层的施工等几个步骤。屋面施工的质量特别是防水层的质量将直接影响建筑物使用情况,而安全施工则是保证质量的前提。屋面工程安全防护要点如下:

(1) 屋面施工作业前,在屋面周围要设防护栏杆,屋面上的孔洞应加盖封严,或者在孔洞周边设置防护栏,并加设水平安全网,防止高处坠落事故的发生。

(2) 屋面防水层一般为铺贴油毡卷材。从事这部分作业的人员应为专业防水人员,对有皮肤病、眼病、刺激过敏等患者,不宜参加此项工作。作业过程中,如发生恶心、头晕、刺激过敏等情况时,应立即停止操作。

（3）作业人员不得赤脚、穿短袖衣服进行操作，裤脚袖口应扎紧，并应配带手套和护脚。作业过程中要遵守安全操作规程。

（4）卷材作业时，作业人员操作应注意风向，防止下风方向作业人员中毒或烫伤。

（5）存放卷材和粘结剂的仓库或现场要严禁烟火，如需用明火，必须有防火措施，且应设置一定数量的灭火器材和沙袋。

（6）高处作业人员距离不得过分集中，必要时应挂安全带。

（7）屋面施工作业时，绝对禁止从高处向下乱扔杂物，以防砸伤他人。

（8）雨、霜、雪天必须待屋面干燥后，方可断续进行工作，刮大风时应停止作业。

3.6.3.3 抹灰工程安全防护

抹灰工程是建筑装饰工程中的分部分项工程之一。抹灰的重点部位一般在墙体和顶棚，它包括一般抹灰和装饰抹灰。不管在什么部位或采取哪一种抹灰形式，保证安全，保证质量是至关重要的。高处抹灰作业时，要防止高空坠落事故的发生，同时要防止坠落物伤人。为了确保施工作业中的安全，作业人员应特别注意以下问题：

（1）墙面抹灰的高度超过 1.5m 时，要搭设马凳或操作平台，大面墙抹灰时，要搭设脚手架，高处作业人员要系挂安全带。

（2）抹灰用的各种原料要经过检验合格，砂浆要有足够的粘结力和符合强度要求，确保已抹完的灰不掉落。

（3）提拉灰斗的绳索要结实牢固，严防绳索断裂坠落伤人。

（4）施工作业中要尽可能避免交叉作业，抹灰人员不要在同一垂直面上工作。

（5）作业人员要分散开，每个人保证有足够的工作面，使用工具灰铲、刮杠等不要乱丢乱扔。

3.6.3.4 油漆涂料工程安全防护

每一座建筑物或构筑物的装饰和装修均离不开油漆涂料工程，由于各类油漆或涂料均易燃或有毒，因此作业人员在进行油漆

涂料施工时,要特别防止发生火灾和中毒。同时,作业人员还应注意以下事项:

(1) 各类油漆,因其易燃或有毒,故应存放在专用库房内,不允许与其他材料混堆。对挥发性油料必须存于密闭容器内,并设专人保管。

(2) 使用煤油、汽油、松香水、丙酮等易燃物调配油料,操作人员应配带好防护用品,不准吸烟。

(3) 墙面刷涂料当高度超过 1.5m 时,要搭设马凳或操作平台。

(4) 沾染油漆或稀释油类的棉纱、破布等物,应全部收集存放在有盖的金属箱内,待不能使用时,应集中消毁或用碱水将油污洗净,以备再用。

(5) 操作人员在涂刷红丹防锈漆及含颜料的油漆时,要注意防止铅中毒,作业时要戴上口罩。

(6) 刷涂耐酸、耐腐蚀的过氯乙烯漆时,由于气味较大,有毒性,在刷漆时应戴上防毒口罩,每隔 1h 应到室外换气一次,同时还应保持工作场所有良好的通风。

(7) 遇有上下立体交叉作业时,作业人员不得在同一垂直方向上操作。

(8) 油漆窗子时,严禁站在或骑在窗槛上操作,以防槛断人落。刷外开窗扇漆时,应将安全带挂在牢靠的地方。刷封檐板应利用外装修架或搭设挑架进行。

(9) 涂刷作业过程中,操作人员如感头痛、恶心、心闷或心悸时,应立即停止作业到户外换吸新鲜空气。

3.6.3.5 玻璃工程安全防护

玻璃是建筑工程中常用的装修材料之一。在安装施工时要重点注意以下事项:

(1) 作业人员在搬运玻璃时应戴手套,或用布、纸垫住将玻璃与手及身体裸露部分隔开,以防被玻璃划伤。

(2) 裁划玻璃要小心,并在规定的场所进行。边角余料要集中堆放,并及时处理,不得乱丢乱扔,以防扎伤他人。

(3) 安装玻璃作业人员所使用的工具要放入工具袋内,随安随取,同时严禁将铁钉含于口内。

(4) 门窗等安装好的玻璃应平整、牢固、不得有松动现象;并在安装完后,应随即将风钩挂好或插上插销,以防风吹窗扇碰碎玻璃掉落伤人。

(5) 天窗及高层安装玻璃时,施工点的下面及附近严禁行人通过,以防玻璃及工具落掉伤人。

(6) 安装窗扇玻璃时要按顺序依次进行,不得在垂直方向的上下两层同时作业,以避免玻璃破碎掉落伤人。大屏幕玻璃安装应搭设吊架或挑架从上至下逐层安装。

(7) 安装完后所剩下的残余破碎玻璃应及时清扫和集中堆放,并要尽快处理,以避免玻璃碎屑扎伤人。

3.6.3.6 吊顶工程安全防护

在建筑物或构筑物的吊顶装饰装修施工中,由于吊顶所使用的材料一般都是具有可燃性,因此,作业人员要特别防止发生火灾。同时在吊顶施工中还会发生高处坠落事故。

(1) 无论是高大工业厂房的吊顶还是普通住宅房间的吊顶均属于高处作业,因此作业人员要严格遵守高处作业的有关规定,严防发生高处坠落事故。

(2) 吊顶的房间或部位要由专业架子工搭设满堂红脚手架,脚手架的临边处设两道防护栏杆和一道挡脚板,吊顶人员站在脚手架操作面上作业,操作面必须满铺脚手板。

① 吊顶的主、副龙骨与结构面要连接牢固,防止吊顶脱落伤人;

② 作业人员使用的工具要放在工具袋内,不要乱丢乱扔,同时高空作业人员禁止从上向下投掷物体,以防砸伤他人;

③ 作业人员使用的电动工具要符合安全用电要求,如需用电焊的地方必须由专业电焊工施工;

④ 作业人员要穿防滑鞋,高大工业厂房的吊顶,搭设满堂红

脚手架,要有马道,以供作业人员行走及材料的运输,严禁从架管爬上爬下;

⑤ 吊顶下方不得有其他人员来回行走,以防掉物伤人。

3.6.3.7 外墙面砖工程安全防护

外墙贴面砖是建筑物和构筑物外墙装修中常用的一种方法,也是装修标准比较高的一种外墙饰面。目前由于多层和高层建筑的日益增多,外墙饰面均处于高空作业下,因此作业人员要严防高处坠落事故的发生。同时,在施工中还要注意以下问题:

(1) 墙贴面砖时先要由专业架子工搭设装修用外脚手架,贴面砖人员于脚手架的操作面上作业,并系挂安全带,操作面满铺脚手板,外侧搭设两道护身栏杆。

(2) 脚手架的操作面上不可过量堆积面砖和砂浆。

(3) 在脚手架上作业的人员要穿防滑鞋,患有心脏病、高血压等疾病的人员不得从事登高作业。

(4) 裁割面砖要在下面进行,无齿锯或切割机要有安全防护罩,作业人员要遵守其安全操作规程,并戴好绝缘手套和防护面罩。

(5) 用滑轮和绳索拉水泥砂浆时,滑轮一定要固定好,绳索要结实可靠,以防绳索断裂掉落伤人。

(6) 遇有大风天气要停止外墙面砖的施工,高处作业的人员禁止从上往下抛掷杂物。

3.6.4 季节施工阶段

3.6.4.1 暑期施工

夏季气候炎热,高温时间持续较长,制定防暑降温安全措施:

(1) 合理调整作息时间,避开中午高温时间工作,严格控制工人加班加点,工人的工作时间要适当缩短。保证工人有充足的休息和睡眠时间。

(2) 对容器内和高温条件下的作业场所,要采取措施,搞好通风和降温。

(3) 对露天作业集中和固定场所,应搭设歇凉棚,防止热辐射,并要经常洒水降温。高温、高处作业的工人,需经常进行健康检查,发现有作业禁忌症者应及时调离高温和高处作业岗位。

(4) 要及时供应合乎卫生要求的茶水、清凉含盐饮料、绿豆汤等。

(5) 要经常组织医护人员深入工地进行巡回医疗和预防工作。重视年老体弱、患过中暑者和血压较高的工人身体情况的变化。

(6) 及时给职工发放防暑降温的急救药品和劳动保护用品。

3.6.4.2 雨期施工

雨期施工,制定防止触电、防雷、防坍塌、防台风安全技术措施:

(1) 雨期进行作业,主要做好防触电、防雷击和防台风的工作。电源线不得使用裸导线和塑料线,也不得沿地面敷设。

(2) 配电箱必须防雨、防水,电器布置符合规定,电器元件不应破损,严禁带电明露。机电设备的金属外壳,必须采取可靠的接地或接零保护。使用手持电动工具和机械设备时必须安装合格的漏电保护器,工地临时照明灯、标志灯,其电压不超过 36V。特别潮湿的场所以及金属管道和容器内的照明灯不超过 12V。电气作业人员应穿绝缘鞋、戴绝缘手套。

(3) 高出建筑物的塔吊、井字架、龙门架、脚手架等应安装避雷装置。搞好脚手架、井字架、龙门架的排水工作,防止沉降倾斜。

(4) 坑、槽、沟两边要放足边坡,搞好排水工作,一经发现紧急情况,应马上停止土方施工。

3.6.4.3 冬期施工

冬期施工,制定防风、防火、防滑、防煤气中毒、防亚硝酸钠中毒的安全措施。

(1) 凡参加冬期施工作业的工人,都应进行冬期施工安全教育,并进行安全交底。

(2) 烧蒸汽锅炉的人员必须要经过专门培训取得司炉证后才能独立作业。烧热水锅炉的也要经过培训合格后方能上岗。

(3) 安装的取暖炉必须符合要求,验收合格后才能使用。

(4) 六级以上大风或大雪、大雨、大雾,高处作业和吊装作业应停止施工。沿海地区经常有大风,如施工,必须采取有效的安全技术措施。

(5) 搞好防滑措施。通道防滑条损坏的要及时补修。对斜道、通行道、爬梯等作业面上的霜冻、冰块、积雪要及时清除。

(6) 用热电法施工,要加强检查和维修,防止触电和火灾。

(7) 对亚硝酸钠要加强管理,严格发放制度,要按定量改革小包装并加上水泥、细砂、粉煤灰等,将其改变颜色,以防止误食中毒。

(8) 加强用火申请和管理,遵守消防规定,防止火灾发生。

(9) 现场脚手架安全网,暂设电气工程、土方、机械设备等安全防护,必须按有关规定执行。

(10) 必须正确使用个人防护用品。工程技术人员负责编制的安全技术措施,必须报经上一级技术负责人审查批准后执行。

3.7 施工项目劳动保护管理

3.7.1 个人劳动防护用品

3.7.1.1 个人劳动防护用品的发放范围及标准

个人劳动防护用品用于保护劳动者在生产过程中的安全和健康,根据国家经贸委《劳动防护用品配备标准》的规定,施工项目个人护品配备标准见表 3-11。

防护用品配备标准　　　　　　　　　　表 3-11

序号	名称 典型工种	工作服	工作帽	工作鞋	劳防手套	防寒服	雨衣	胶鞋	眼护具	防尘口罩	防毒护具	安全帽	安全带	护听器
1	电工	√	√	fzjy	jy	√	√					√		
2	电焊工	zr	zr	fz	√	√			hj			√		
3	油漆工										√			
4	带锯工	√	√	fz	fg	√	√		cj	√		√		√
5	木工	√	√	fzcc		√	√		cj	√		√		

序号	名称 \ 典型工种	工作服	工作帽	工作鞋	劳防手套	防寒服	雨衣	胶鞋	眼护具	防尘口罩	防毒护具	安全帽	安全带	护听器
6	砌筑工	√	√	fzcc	√	√	√	jf		√		√		
7	安装起重工	√	√	fz	√	√	√	jf				√	√	
8	中小型机械操作工	√	√	fz	√	√	√	jf		√		√		
9	汽车驾驶员	√	√	√	√	√	√	√	zw					

注:fz-防砸;jy-绝缘;hj-焊接护目;fg-防割;cj-防冲击;cc-防刺穿;zw-防紫外线;zr-阻燃。

3.7.1.2 个人护品发放原则

(1) 工种相同,但劳动条件发生变化,应发给不同的护品。

(2) 一人从事多个工种的作业,按其基本工种发给。如从事其他工种作业时不适用,须按实际需要补充。

(3) 同工种岗位调动,原发个人护品如未到期须继续使用。

(4)停岗人员护品按在岗使用时间累计计算。

(5)由于本人原因造成个人护品提前报废,应及时予以更新,但是费用由个人承担。

(6)个人防护用品的发放必须建立档案,严格履行签字手续。

3.7.2 重要劳动防护用品

3.7.2.1 重要护品的范围:

(1) 安全帽;

(2) 安全带;

(3) 安全网;

(4) 钢管脚手扣件;

(5) 漏电保护器;

(6) 临时供电用电缆;

(7) 电焊机二次侧保安器;

(8) 临时供电用配电箱(柜);

(9) 政府及上级规定的其他产品。

3.7.2.2 重要护品的使用与管理

（1）应按照劳动部 1996 年 4 月 23 日颁发的《劳动防护用品管理规定》执行。

（2）物资部门负责重要护品的计划、供应、保管等工作。

（3）安全部门负责重要护品的验收，并对使用和管理等实施检查、监督。

（4）使用劳动防护用品的项目应为使用者免费提供符合国家规定的劳动防护用品。

（5）使用单位不得以货币或其他物品代替应当配备的劳动防护用品。

（6）使用单位应教育本单位使用者按照劳动防护用品使用规则和防护要求正确使用防护用品。

（7）使用单位应建立健全劳动保护用品的购买、验收、保管、发放、使用、更换报废等管理制度并应按照劳动保护用品的使用要求，在使用前对其防护功能进行必要的检查。

3.7.3 特种劳动防护用品

3.7.3.1 特种护品的范围

（1）安全帽；

（2）过滤式防毒面具面罩；

（3）安全带；

（4）电焊护目镜和面罩；

（5）安全网；

（6）防静电导电安全鞋；

（7）长管面具；

（8）过滤式防微粒口罩；

（9）防冲击眼护镜；

（10）防静电工作服；

（11）防酸工作服；

（12）防静电手套；

（13）防酸手套；

(14) 防噪声护具；

(15) 防尘口罩；

(16) 炉窑护目镜和面罩；

(17) 皮安全鞋；

(18) 阻燃防护服；

(19) 防酸碱鞋；

(20) 胶面防砸安全鞋；

(21) 防穿刺鞋；

(22) 绝缘皮鞋；

(23) 低压绝缘布面胶底绝缘鞋。

3.7.3.2 特种护品的使用与管理

(1) 特种护品参照个体护品的标准,按需发放。

(2) 特种护品实行以旧换新制度。

3.7.4 劳动保健管理

劳动保健制度是对从事危害身体严重工种的一项补偿性措施,不是防止职业病和职业中毒等危害的根本途径。而防止职业病和职业中毒危害的根本途径是:通过技术改造、工艺改革和原料、产品的变换来控制、治理不良的劳动环境,最后达到消除的目的。

3.7.4.1 享受劳动保健的工种及等级划分(见表3-12)

保健工种及等级划分 表 3-12

编号	保健项目	保健等级
1	X 射线工作人员	甲
2	熬、涂、刷热沥青	乙
3	喷漆	乙
4	氩弧焊	乙
5	铝镁合金焊工	乙
6	排版捡字工	丙
7	铝焊工	丙
8	电焊工	丙

编号	保 健 项 目	保健等级
9	混凝土及配灰工	丙
10	石料粉碎工	丙
11	高压油泵工	丙
12	电镀工	丙
13	阀门打压工	丙
14	油漆工	丙
15	热处理工	丙
16	锻工(7、8、9月)	丙
17	高温作业工(38℃以上,7、8、9月)	丙
18	30m以上高攀作业	丙
19	掏污水井	丙
20	理发工(接触氨气水)	丙
21	复印机操作工(包括晒图员)	甲
22	荧光屏前操作员(计算机操作员、话务员等)	乙
23	档案员	丙

3.7.4.2　享受劳动保健的条件

(1) 每天从事甲类有害健康作业 5h 以上,并连续作业 3d 以上者;

(2) 每天从事乙类有害健康作业 5h 以上,并连续作业 6d 以上者;

(3) 从事丙类有害健康作业每月累计 15d 以上者。

3.7.4.3　保健费的发放与考核

(1) 操作人员由班组长考勤,安全员和劳资员审核,工程项目主管生产经理批准。

(2) 管理人员由工程项目劳资部门考勤,安全部门审核,工程项目经理批准。

(3) 每天从事甲或乙类有害健康作业 5h 以下,连续作业 10d 以上者,按甲类 15.0 元/月、乙类 12.0 元/月标准发给;当月从事有害作业加班累计超过 15h 者,按甲类 60.0 元/月、乙类 48.0 元/月、丙类 36.0 元/月标准发给。

（4）同时从事两项以上有害作业者,按危害等级高的标准发给保健费。

3.7.4.4 保健费发放标准:

① 甲类每天 1.0 元,按每月 30d 计算,合计 30.0 元/月;

② 乙类每天 0.8 元,按每月 30d 计算,合计 24.0 元/月;

③ 丙类每天 0.6 元,按每月 30d 计算,合计 18.0 元/月。

3.7.4.5 定期健康检查

（1）工程项目对拟从事有害作业的人员以及特种作业人员必须做就业前的身体健康状况的全面检查。

（2）工程项目对职业中毒和患有职业病的人员要建立档案,得病后要妥善安置,离职后要做追踪检查。

3.7.5 未成年人及女工的劳动保护

3.7.5.1 未成年人的保护

（1）严禁使用未成年人长期参加劳动。

（2）严禁使用未成年人在社会实践活动期间从事有害作业。

3.7.5.2 女工的劳动保护

（1）根据女工的生理特点,严禁安排其从事特别繁重的体力劳动和单一的体力工作,严禁从事有毒、粉尘、放射性、高低温作业等有害工作。

（2）女工的"五期"保护。

1）适当减轻女工经期时的工作,为女工提供处理月经的必要条件。

2）调整孕期女工做适当的工作,怀孕七月以上,给予工作休息时间,不让其值夜班,并避免其接触毒物。

3）对产期女工做到产前休假 10d,产后休 90d 产假,难产增加 15d,多胞胎每多生一个婴儿增加产假 15d;假后安排短时间恢复过渡阶段,以适应工作。

4）对哺乳期女工避免接触有毒物质作业环境,产后一年内,在班上给予两次、每次 30min 的哺乳时间,可合并使用,不安排夜班工作。

5) 对更年期女工,要加强保健措施,避免从事较重的体力劳动。

3.7.6 职业卫生与卫生防疫

由于受到 SARS 影响,施工现场职业卫生与卫生防疫也有了新的规定,这是一种进步。

3.7.6.1 工人宿舍

(1) 宿舍内应有必要的生活设施及保证必要的生活空间,宿舍内高度不得低于 2.5m,通道的宽度不得小于 1m,应有高于地面 30cm 的床铺,每个床铺占有面积不小于 $2m^2$,每间房间人员不得超过 15 人。具备通风换气、采光照明等基本卫生条件。

(2) 宿舍内应设置具有防尘、防蝇措施的壁柜,集中存放饭盒、牙具等生活用具。个人箱包集中摆放,床铺被褥干净整洁,生活用品摆放整齐。

(3) 夏季应采取消暑和灭蚊蝇措施。冬季应有采暖和防煤气中毒措施,严禁宿舍内明火取暖,未经批准,不得使用电热器具。

3.7.6.2 食堂

(1) 施工现场临时食堂必须具备食堂卫生许可证、炊事人员身体健康证、卫生知识培训证。建立食品卫生管理制度,明确卫生责任人,并责任上墙。

(2) 食堂和操作间相对固定、封闭,依照规模大小、入伙人数多少,应当有相应的食品原料处理、加工、贮存等场所及必要的上下水措施,做到防尘、防蝇,定期消毒。

(3) 食堂和操作间内墙应贴白瓷砖或者抹灰,屋顶不得吸附灰尘,地面和锅台必须水泥抹面。门窗应有纱窗或纱帘。不得使用石棉制品的建筑材料进行装修。

(4) 操作间必须有生熟分开的刀、盆、案板等炊具及存放柜橱。

(5) 库房内应有存放各种佐料和副食的密闭器皿,有距墙距地面大于 20cm 的粮食存放台。

(6) 食堂内外整洁卫生,炊具干净,无腐烂变质食品;生熟食品分开加工保管；食品有遮盖；有灭蝇、灭鼠、灭蟑螂措施。

（7）食堂、操作间和仓库不得兼做宿舍使用。

（8）食堂炊事员上岗必须穿戴洁净的工作服、工作帽，并保持个人卫生。

（9）严禁购买无证、无照商贩食品，严禁食用亚硝酸盐及变质食物。

3.7.6.3　厕所

（1）厕所应为水冲式厕所，未与市政排污管道连通时，应设置化粪池，并定期掏挖清理。

（2）厕所墙壁、屋顶要严密，门窗齐全，夏季要装设纱窗和纱帘，设专人定期灭绳、定期保洁。

（3）严禁随地大小便。

3.7.6.4　盥洗和洗浴

工人生活区应设置盥洗和洗浴设备设施。盥洗区应根据人数设置满足需求的节水龙头和洗漱设施，杜绝长流水。洗浴间应有冬季洗浴设备和设施。

3.7.6.5　其他

（1）工人生活区内必须保持整洁卫生，生活垃圾存放在密闭式容器中集中处置，定期灭蝇，及时清运。生活垃圾不得与施工垃圾混放。

（2）工人生活区应配备保健药箱、一般常用药品、夏季防暑降温药品和急救器具，教育工人掌握简单的急救知识和急救常识。

（3）工人生活区应有保证供应卫生饮水的设备和设施，并定期清洗消毒。

（4）工人生活区内要有排污、排水设施，并保证通畅和洁净。

（5）现场职工患有法定传染病或者是病源携带者，应予以及时必要的隔离治疗，直至卫生防疫部门证明不具有传染性时，方可恢复工作。当爆发传染病或公共卫生紧急灾患时，按照地方政府主管部门的要求进行隔离和防护。

4 施工项目安全检查与验收

4.1 施工项目安全检查

4.1.1 安全检查制度

为了全面提高项目安全生产管理水平,及时消除不安全隐患,落实各项安全生产制度和措施,在确保安全的情况下正常的进行施工、生产,施工项目实行逐级安全检查制度:

(1) 公司对项目实施定期检查和重点作业部位巡检制度。

(2) 项目经理部每月由现场经理组织,安全总监配合,对施工现场进行一次安全大检查。

(3) 区域责任工程师每半个月组织专业责任工程师(工长)、分包商(专业公司)、行政、技术负责人、工长对所管辖的区域进行安全大检查。

(4) 专业责任工程师(工长)实行日巡检制度。

(5) 项目安全总监对上述人员的活动情况实施监督与检查。

(6) 项目分包单位必须建立各自的安全检查制度,除参加总包组织的检查外,必须坚持自检,及时发现、纠正、整改本责任区的违章、隐患。对危险和重点部位要跟踪检查,做到预防为主。

(7) 施工(生产)班组要做好班前、班中、班后和节假日前后的安全自检工作,尤其作业前必须对作业环境进行认真检查,做到身边无隐患,班组不违章。

(8) 各级检查都必须有明确的目的,做到"四定"即定整改责任人、定整改措施、定整改完成时间、定整改验收人。并做好检查记录。

4.1.2 安全检查重点内容

1. 临时用电系统和设施

(1) 临时用电是否采用 *TN-S* 接零保护系统。

① *TN-S* 系统就是五线制,保护零线和工作零线分开。在一级配电柜设立两个端子板,即工作零线和保护零线端子板,此时入线是一根中性线,出线就是两根线,也就是工作零线和保护零线分别由各自端子板引出;②现场塔吊等设备要求电源从一级配电柜直接引入,引到塔吊专用箱,不许与其他设备共用;③现场一级配电柜要做重复接地。

(2) 施工中临时用电的负荷匹配和电箱合理配置、配设问题。

内容:负荷匹配和电箱合理配置、配设要达到"三级配电、两级保护"要求,符合《施工现场临时用电安全技术规范》(JGJ 46—88)和《建筑施工安全检查标准》(JGJ 59—99)等规范和标准。

(3) 临电器材和用电设备是否具备安全防护装置和有安全措施。

①对室外及固定的配电箱要有防雨防砸棚、围栏,如果是金属的,还要接保护零线、箱子下方砌台、箱门配锁、有警告标志和制度责任人等;②木工机械等,环境和防护设施齐全有效;③手持电动工具达标等。

(4) 生活和施工照明的特殊要求。

①灯具(碘钨灯、镝灯、探照灯、手把灯等)高度、防护、接线、材料符合规范要求;②走线要符合规范和必要的保护措施;③在需要使用安全电压场所要采用低压照明,低压变压器配置符合要求。

(5) 消防泵、大型机械的特殊用电要求。

对塔吊、消防泵、外用电梯等配置专用电箱,做好防雷接地,对塔吊、外用电梯电缆要做合适处理等。

(6) 雨期施工中,对绝缘和接地电阻的及时摇测和记录情况。

2. 施工准备阶段

(1) 如施工区域内有地下电缆、水管或防空洞等,要指令专人进行妥善处理。

(2) 现场内或施工区域附近有高压架空线时,要在施工组织设计中采取相应的技术措施,确保施工安全。

(3) 施工现场的周围如临近居民住宅或交通要道,要充分考虑施工扰民、妨碍交通、发生安全事故的各种可能因素,以确保人员安全。对有可能发生的危险隐患,要有相应的防护措施,如:搭设过街、民房防护棚,施工中作业层的全封闭措施等。

(4) 在现场内设金属加工、混凝土搅拌站时,要尽量远离居民区及交通要道,防止施工中噪声干扰居民正常生活。

3. 基础施工阶段

(1) 土方施工前,检查是否有针对性的安全技术交底并督促执行。

(2) 在雨期或地下水位较高的区域施工时,是否有排水、挡水和降水措施。

(3) 根据组织设计放坡比例是否合理,有没有支护措施或打护坡桩。

(4) 深基础施工,作业人员工作环境和通风是否良好。

(5) 工作位置距基础 2m 以下是否有基础周边防护措施。

4. 结构施工阶段

(1) 做好对外脚手架的安全检查与验收,预防高处坠落和防物体打击。

①搭设材料和安全网合格与检测;②水平 6m 支网和 3m 挑网;③出入口的护头棚;④脚手架搭设基础、间距、拉结点、扣件连接;⑤卸荷措施;⑥结构施工层和距地 2m 以上操作部位的外防护等。

(2) 做好"三宝"等安全防护用品(安全帽、安全带、安全网、绝缘手套、防护鞋等)的使用检查与验收。

(3) 做好孔、洞口(楼梯口、预留洞口、电梯井口、管道井口、首层出入口等)的安全检查与验收。

(4) 做好临边(阳台边、屋面周边、结构楼层周边、雨篷与挑檐边、水箱与水塔周边、斜道两侧边、卸料平台外侧边、梯段边)的安全检查与验收。

（5）做好机械设备人员教育和持证上岗情况，对所有设备进行检查与验收。

（6）对材料，特别是大模板存放和吊装使用。

（7）施工人员上下通道。

（8）对一些特殊结构工程，如钢结构吊装、大型梁架吊装以及特殊危险作业要对施工方案和安全措施、技术交底进行检查与验收。

5．装修施工阶段

（1）对外装修脚手架、吊篮、桥式架子的保险装置、防护措施在投入使用前进行检查与验收，日常期间要进行安全检查。

（2）室内管线洞口防护设施。

（3）室内使用的单梯、双梯、高凳等工具及使用人员的安全技术交底。

（4）内装修使用的架子搭设和防护。

（5）内装修作业所使用的各种染料、涂料和胶粘接剂是否挥发有毒气体。

（6）多工种的交叉作业。

6．竣工收尾阶段

（1）外装修脚手架的拆除。

（2）现场清理工作。

安全检查日检记录可参见"建筑施工现场安全检查日检表"（表 4-1）。

建筑施工现场安全检查日检表　　　　表 4-1

施工单位		检查日期		气象	
工程名称		检查人员		负责人	
序号	检查项目	检查内容		存在问题及处理	
1	脚手架	间距、拉结、脚手板、载重、卸荷			
2	吊篮架子	保险绳、就位固定、升降工具、吊点			

序号	检查项目	检查内容	存在问题及处理
3	插口架子(挂架)	吊钩保险、别杠	
4	桥式架子	立柱垂直、安全装置、升降工具	
5	坑槽边坡	边坡状况、放坡、支撑、边缘荷载、堆物状况	
6	临边防护	坑(槽)边和屋面、进出料口、楼梯、阳台、平台、框架结构四周防护及安全网支搭	
7	孔洞	电梯井口、预留洞口、楼梯口、通道口	
8	电气	漏电保护器、闸具、闸箱、导线、接线、照明、电动工具	
9	垂直运输机械	吊具、钢丝绳、防护设施、信号指挥	
10	中小型机械	防护装置、接地、接零保护	
11	料具存放	模板、料具、构件的安全存放	
12	电气焊	焊机间距离、焊机、中压罐、气瓶	
13	防护用品使用	安全帽、安全带、防护鞋、防护手套	
14	施工道路	交通标志、路面、安全通道	
15	特殊情况	脚手架基础、塔基、电气设备、防雨措施、交叉作业、揽风绳	
16	违章	持证上岗、违章指挥、违章作业	
17	重大隐患		
18	备注		

4.1.3　事故隐患的整改和处理

凡在检查中发现的事故隐患要按照"四定"的原则,即定整改责任人、定整改措施、定整改完成时间、定整改验收人,由检查组织者签发安全隐患整改通知单,落实整改并复查。重大隐患要在规定限期内百分之百的整改完毕;对查出或发现的重大隐患有可能导致人员伤亡或设备损坏时,安全检查人员有权责令其立即停工,待整改验收后方可恢复施工;检查出的违章、严重违章隐患及重大隐患,凡不按限期整改消项者,依据有关规定给予处罚,因此引发的事故,可依法追查责任者的有关责任。

事故隐患整改通知单参见表4-2。

安全检查隐患整改通知单 表4-2

项目名称				检查时间		年　月　日
序	查出的隐患	整改措施	整改人	整改日期	复查人	复查结果及时间

签发部门及签发人:　　　　　　　　　整改单位及签认人:

年　月　日　　　　　　　　　　年　月　日

4.2　施工项目安全验收

施工项目安全验收是安全检查的一种基本形式,对于施工项目的各项安全技术措施和施工现场新搭设的脚手架、井字架、门式架、爬架等架体、塔吊等大中小型机械设备、临电线路及电气设施等设备设施,在使用前要经过详细的安全检查,发现问题及时纠正,确认合格后进行验收签字,并由工长进行使用安全技术交底后,方准使用。

4.2.1 安全技术方案验收

(1) 施工项目的安全技术方案的实施情况由项目总工程师牵头组织验收。

(2) 交叉作业施工的安全技术措施的实施由区域责任工程师组织验收。

(3) 分部分项工程安全技术措施的实施由专业责任工程师组织验收。

(4) 一次验收严重不合格的安全技术措施应重新组织验收。

(5) 项目安全总监要参与以上验收活动,并提出自己的具体意见或见解,对需重新组织验收的项目要督促有关人员尽快整改。

4.2.2 设施与设备验收

1. 验收的项目

(1) 一般防护设施和中小型机械;

(2) 脚手架;

(3) 高大外脚手架、满堂脚手架;

(4) 吊篮架、挑架、外挂脚手架、卸料平台;

(5) 整体式提升架;

(6) 高 20m 以上的物料提升架;

(7) 施工用电梯;

(8) 塔吊;

(9) 临电设施;

(10) 钢结构吊装吊索具等配套防护设施;

(11) $30m^3/h$ 以上的搅拌站;

(12) 其他大型防护设施。

2. 验收的程序

(1) 一般防护设施和中小型机械设备由项目经理部专业责任工程师会同分包有关责任人共同进行验收;

（2）整体防护设施以及重点防护设施由项目总（主任）工程师组织区域责任工程师、专业责任工程师及有关人员进行验收；

（3）区域内的单位工程防护设施及重点防护设施由区域工程师组织专业责任工程师，分包商施工、技术负责人、工长进行验收；项目经理部安全总监及相关分包安全员参加验收，其验收资料分专业归档；

（4）高度超过20m以上的高大架子等防护设施，临电设施，大型设备施工项目在自检自验基础上报请公司安全主管部门进行验收。

3．验收内容

（1）对于一般脚手架的验收。（20m及其以下井字架、门式架）按照验收表格的验收项目、内容、标准进行详细检查，确无危险隐患，达到搭设图要求和规范要求，检查组成员签字正式验收。

（2）20m以上架体（包括爬架）的验收。按照检查表所列项目、内容、标准进行详细检查。并空载运行，检查无误后，进行满载升降运行试验，检查无误，最后进行超载15%～25%和升降运行试验。实验中认真观察安全装置的灵敏状况，试验后，对揽风绳锚桩、起重绳、天滑轮、定向滑轮、转向滑轮、金属结构、卷扬机等进行全面检查，确无损坏且运行正常，检查组成员共同签字验收通过。

（3）塔吊等大中小型机械设备的验收。按照检查表所列项目、内容、标准进行详细检查。进行空载试验，验证无误，进行满负荷动载试验；再次全面检查无误，将夹轨夹牢后，进行超载15%～25%的动载运行试验。试验中，派专人观察安全装置是否灵敏可靠，对轨道机身吊杆起重绳、卡扣、滑轮，等详细检查，确无损坏，运行正常，检查组成员共同签字验收通过。

（4）对于临电线路及电气设施的验收。按照临电验收所列项目、内容、标准进行详细检查。针对施工方案中的明确设置、方式、路线等进行检查。确认无误后，由检查组成员共同签字验收通过。

4．各种检查验收表（单）

普通架子验收单（表4-3）

普 通 架 子 验 收 单 表 4-3

项目名称： 搭设部位：

验收项目	验收评定	验收项目	验收评定
地　基		拉　结	
垫　板		脚手架铺板及挡脚板	
材　质		护身栏杆	
扫地杆		剪刀撑	
立　杆		立网及兜网搭设	
大　横　杆		管理措施及交底	
小横杆			

搭设单位自检：

验收日期：　年　月　日

搭设负责人		安全员	

项目自检：

验收日期：　年　月　日

方案制定人		责任师	
安全总监		技术负责人	

高大架子验收单(表4-4)

高 大 架 子 验 收 单　　　　表 4-4

项目名称：　　　　　　　　搭设部位：

搭设单位			架子高度	
验收项目		验收评定	验收项目	验收评定
管理	施工方案		作业面防护 防护栏杆	
	施工交底		脚手板	
材质	钢　管		挡脚板	
	扣　件		立　网	
	跳　板		兜　网	
杆件间距	立　杆		架体稳固 基　础	
	大横杆		拉　结	
	小横杆		卸荷措施	
	剪刀撑			

搭设单位自检：

　　　　　　　　　　　　验收日期：　　年　　月　　日

搭设负责人		安 全 员	

项目自检：

　　　　　　　　　　　　验收日期：　　年　　月　　日

方案制定人		责 任 师	
安全总监		技术负责人	

公司验收：

验收负责人：　　　　　验收日期：　　年　　月　　日

挂架验收单(表 4-5)

挂 架 验 收 单

表 4-5

项目名称: 搭设部位:

搭设安装单位:

验收项目		验收评定	验收项目		验收评定
管理	方　案		架体	立　网	
	交　底			兜　网	
架体	材　质		防护	脚手板	
	规　格			防护栏杆	
挂件	材　质		荷载	设计荷载 N/m^2	
	规　格			荷载试验 N/m^2	
	间　距				
	防脱措施				

搭设单位自检:

验收日期: 　年　月　日

搭设负责人		安 全 员	

项目自检:

验收日期: 　年　月　日

方案制定人		责 任 师	
安 全 总 监		技术负责人	

公司验收:

验收负责人: 　　　验收日期: 　年　月　日

悬挑式脚手架验收单(表 4-6)

悬 挑 式 脚 手 架 验 收 单　　　　表 4-6

项目名称：　　　　　　　　搭设部位：

搭设安装单位：

验收项目		验收评定	验收项目		验收评定
管理	施工方案		作业面防护	防护栏杆	
	施工交底			脚手板	
材质	钢　管			挡脚板	
	扣　件			立　网	
	跳　板			兜　网	
杆件间距	外挑杆		荷载	设计荷载 N/m²	
	立　杆			荷载试验 N/m²	
	横　杆		拉　结		

搭设单位自检：

　　　　　　　　　　　　验收日期：　　年　　月　　日

搭设负责人		安 全 员	

项目自检：

　　　　　　　　　　　　验收日期：　　年　　月　　日

方案制定人		责 任 师	
安全总监		技术负责人	

公司验收：

验收负责人：　　　验收日期：　　年　　月　　日

附着式脚手架(整体爬架)验收单(表4-7)

附着式脚手架(整体爬架)验收单 表4-7

项目名称: 搭设部位:

出租单位:		搭设安装单位	
验收项目	验收评定	验收项目	验收评定
施工管理	方 案		架 体	材 质	
	交 底			架体构造	
安全装置	附着支撑		架 体	脚 手 板	
	升降装置			防护栏杆	
	防坠落装置		防 护	立 网	
	导向防倾斜装置			兜 网	
	提升保险装置		荷 载	设计荷载 N/m²	
出租及搭设资质				荷载试验 N/m²	

搭设安装单位自检:

验收日期: 年 月 日

搭设负责人		安 全 员	

项目自检:

验收日期: 年 月 日

方案制定人		责 任 师	
安全总监		技术负责人	

公司验收:

验收负责人: 验收日期: 年 月 日

吊篮架子验收单(表4-8)

吊 篮 架 子 验 收 单　　　　　　　　表 4-8

项目名称：　　　　　　　　　搭设部位：

搭设安装单位：				
验收项目		验收评定	验收项目		验收评定
管理	施工方案		钢丝绳	承重绳规格	
	施工交底			保险绳规格	
材质	挑　梁		升降葫芦	单个起重量	
	钢　管			保险卡	
	跳　板			吊钩保险	
挑梁	规　格		作业面防护	防护栏杆	
	固定措施			脚手板	
载荷	设计荷载(N/m²)			挡脚板	
	荷载试验(N/m²)			立　网	
吊 篮 规 格 长×宽×高(m)				兜　网	
			里皮与墙间距		

搭设单位自检：

　　　　　　　　　　　　　　验收日期：　　年　月　日

搭设负责人		安 全 员	

项目自检：

　　　　　　　　　　　　　　验收日期：　　年　月　日

方案制定人		责 任 师	
安全总监		技术负责人	

公司验收：

验收负责人：　　　　验收日期：　　年　月　日

提升式脚手架验收单(表4-9)

提 升 式 脚 手 架 验 收 单 表 4-9

项目名称:		架体总高(m)		
验收项目		验收评定	验收项目	验收评定
管理	施工方案		吊盘 两侧防护	
	施工交底		导靴间隙	
基础	基础做法		安全装置 吊盘停靠装置	
	水平偏差		超高限位	
架体	标准节连接		信号装置	
	垂 直 度		限重标志	
	缆风和拉结		防护门 进料门	
	自由高度		出料门	
			吊盘防护门	
卷扬机	锚 固		首层防护 护头棚	
	与地滑轮距离		周边围护	
	机 棚		其 他	
	钢丝绳过路保护			
钢丝绳	钢 丝 绳			

出租(安装)单位签字:

年 月 日

项目验收	机械主管:	
		年 月 日
	安全总监:	
		年 月 日

公司验收:

(20m以上高架)

验收负责人: 年 月 日

施工现场临电验收单(表4-10)

施工现场临电验收单　　表4-10

单位名称		工程名称	
临时供用电时间:自　年　月　日　至　年　月　日			
项　目	检查情况	项　目	检查情况
临时用电 施工组织设计		临时用电 责任师	
变配电设施		外电防护	
三相五线制 配电线路		三级配电 两级保护	
配电箱		接　地	
闸箱配电盘、 闸　具		室内外照明 线路及灯具	
项目自检: 　　　　　　　　　验收时间:　　年　月　日			
方案制定人签字		安全总监	
临时用电 责任师签字			
公司验收: 验收负责人:　　　验收日期:　　　年　月　日			

设备验收会签单(表 4-11)

设 备 验 收 会 签 单 表 4-11

项目名称		设备名称		
验收阶段		设备编号		
会签单位	会签人员	会签意见		签 字
设备出租方	技术负责人			
安 装 单 位	安装负责人			
	安全监理			
项 目 经 理 部	技术负责人			
	现 场 经 理			
	安 全 总 监			
公 司 总 部	项目管理部			
	安全监督部			
备 注				
验收日期				

注:1. 本会签表使用于塔吊、施工用电梯验收;

2. 表中验收阶段填写基础阶段、设备安装、顶升附着三个阶段;

3. 单项技术验收表验收合格后,有关各方进行会签。

中小型机械验收单(表4-12)

中 小 型 机 械 验 收 单　　　　　表 4-12

项目名称:

机械名称			使用单位		设备编号	
验收项目			验收评定	验收项目		验收评定
状　况	机架、机座			电源部分	开关箱	
	动力、传动部分				一次线长度	
	附　件				漏电保护	
防护装置	防护罩				接零保护	
	轴　盖				绝缘保护	
	刃口防护			操作场所空间、安装情况		
	挡　板					
	阀					
验 收 结 论						
验 收签 字	出租单位:			项目安全总监:		
	项目责任师:			项目临电责任师:		
验收时间:　　　年　　　月　　　日						

档案编号

北京市施工升降机拆装统一检查验收记录

拆装单位(盖章)：

施工升降机型号：

工　程　名　称：

拆　装　日　期：

北京市城乡建设委员会制订

北京市施工升降机拆装统一检查验收记录(表4-13~表4-18)

北京市施工升降机安装/拆卸任务书 表 4-13

档案编号: 年 月 日

安装/拆卸单位:			
施工地点		施工单位	
工程名称		设备编号	
设备型号		安装高度	
装/拆日期		任务下达者	

安装/拆卸说明、要求:

安装负责人签字: 年 月 日

北京市施工升降机安装/拆卸安全、技术交底　　表4-14

档案编号：　　　　　　　　　　　　　　　　　　年　　月　　日

安装/拆卸单位：			
施工地点		施工单位	
工程名称		设备编号	
设备型号		安装高度	
装/拆日期		任务下达者	

一、安全交底：

安全交底人签字：
　　　　年　　月　　日

二、技术交底：

技术交底人签字：
　　　　年　　月　　日

安装负责人签字：　　　　　　　　　　年　　月　　日

北京市施工升降机基础验收表　　　　表 4-15

档案编号：　　　　　　　　　　　　　　　　　　年　　月　　日

施工单位		施工地点		
工程名称			工地负责人	
验收项目及标准要求			实测数据	验收结论
地基的承载能力不小于　kN/m²				
土的干密度　　　　g/cm³				
基础混凝土强度　　　（并附试验报告）				
基础周围有无排水设施				
基础地下有无暗沟、孔洞(附钎探资料)				
混凝土基础尺寸(预埋件尺寸)和地脚螺栓数量、规格是否符合图纸及说明书要求				
混凝土基础表面平整情况				

验收意见：

基础施工负责人签字：　　　　安全部门签字：

　　　　　　　　　　　　　　　　　　年　　月　　日

北京市施工升降机安装/拆卸过程记录　　　　表 4-16

档案编号：　　　　　　　　　　　　　　　　　年　　月　　日

安装/拆卸单位：				
工程名称：				
施工地点		安装负责人		
设备编号		设备型号		
装/拆时间		安装高度		
姓　名	工　种	工 作 内 容		
安装/拆卸负责人签字：				
			年　　月　　日	

北京市施工升降机安装完毕验收记录　　表 4-17

档案编号：　　　　　　　　　　　　　　　　　　年　月　日

安装单位：			
施工地点		施工单位	
工程名称		设备编号	
型　号		安装高度	
最大载重量		安装负责人	
结构名称	验收内容和标准要求		结　论
金属结构	零部件是否齐全，安装是否符合产品说明书要求		
	结构有无变形、开焊、裂纹、破损等问题		
	联结螺栓和拧紧力矩是否符合产品说明书要求		
	相邻标准节的立管对接处的错位阶差不大于 0.8mm		
	对重安装是否符合产品说明书要求		
	层门(停层护栏)的设置是否符合安全技术要求		
	底座围栏进出口处是否有防护棚		
	导轨架对底座水平基准面的垂直度是多少(是否符合国家标准)		
电器及控制系统	电线、电缆有无破损、供电电压 380V±5%		
	接地是否符合技术要求，接地电阻是否小于 4Ω		
	电机及电气元件(电子元器件部分除外)的对地绝缘电阻应≥0.5MΩ，电气线路的对地绝缘电阻应≥1MΩ		
	仪表、照明、电笛是否完好有效		
	操纵装置动作是否灵敏可靠		
	是否配备专门的供电电源箱		
绳轮系统	钢丝绳的规格是否正确，是否达到报废标准		
	滑轮、滑轮组在运行中有无卡塞，润滑是否良好		
	滑轮、滑轮组的防绳脱槽装置是否有效、可靠		
	钢丝绳的固定方式是否符合国家标准		
	卷扬机传动时，应有排绳措施，润滑是否良好(对 SS 型)		

续表

导轨架附着	附着联结方式及紧固是否符合产品说明书要求	
	最上一道附着以上自由高度是多少(说明书要求 m)	
	附着架的间距是多少(说明书要求 m)	
安全装置	吊笼门的机、电联锁装置是否灵敏、可靠	
	吊笼顶部活板门安全开关是否灵敏、可靠	
	基础防护围栏门的机、电联锁装置是否灵敏、可靠	
	防坠安全器(即限速器)的上次标定时间(是否符合国家标准)	
	吊笼的安全钩是否可靠(对 SC 型)	
	上、下限位开关是否灵敏、可靠	
	上、下极限开关是否灵敏、可靠	
	急停开关是否灵敏、可靠	
	防松(断)绳保护安全装置是否灵敏、可靠	
	安全标志(限载标志、危险警示、操作标识、操作规格是否齐全)	
传动系统	各机构传动是否平稳,是否有漏油等异常现象,润滑是否良好	
	齿轮与齿条的的啮合侧隙应为 0.2～0.5mm(对 SC 型)	
	相邻两齿条的对接处沿齿高方向的阶差不大于 0.3mm(对 SC 型)	
	滚轮与导轨架立管的间隙是否符合产品说明要求	
	齿轮齿条的磨损是否符合产品说明书要求	
	靠背轮与齿条背面的间隙是否符合产品说明书要求	

试运行	空 载 荷	额定载荷	超载 25%静载	
	双笼升降机应该分别进行空载荷和额定载荷试运行。试验应符合:起、制动正常,运行平稳、无异常现象。			

续表

坠落 实验	吊笼制动停止后:结构及连接应无任何损坏及永久变形、制动距离 是多少(是否符合国家标准)
验收结论:	

年 月 日

验 收 人 员 签 字	安装负责人: 机 长: 安全部门:	技术负责人: 年 月 日

注:新安装的施工升降机及在用的施工升降机至少每三个月应进行一次额定载荷
的坠落实验;只有新安装及大修后的施工升降机才做"超25%动载"试运行。

北京市施工升降机接高安装验收记录　　**表 4-18**

档案编号:　　　　　　　　　　　　　　　　　　年　月　日

安装单位		工程名称		
设备编号		施工地点		
规格型号		原 高 度		接高后高度
项 目	检 查 内 容			结 果
接 高 前 检 查	天轮及配重是否按要求拆下			
	附着件、标准节型号及数量是否正确、齐全			
	附着件、标准节是否有开焊、变形和裂纹等问题			
	吊杆是否灵活可靠、吊具是否齐全			
	吊笼起、制动是否正常、无异常响声			
	表 4-17 所列安全装置是否灵敏、可靠			
	地线是否压接牢固丶			
	在使用控制盒操作时,其他操作装置应均不起作 用,但吊笼的安全装置仍应起保护作用			

续表

接高后检查	标准节联结是否可靠,螺栓是否齐全	
	标准节联结螺栓拧紧力矩是否符合技术要求	
	导轨架安装垂直误差是否符合技术要求	
	天轮与配重安装是否符合技术要求	
	限位开关、极限开关安装是否符合技术要求、是否灵敏、可靠	
	附着件的安装是否符合技术要求	
	附着架的安装间距是多少 m(说明书要求 m)	
验 收结 论		
验收人员签 字	安装负责人: 机 长:	技术负责人: 安全监督: 年 月 日

档案编号

北京市塔式起重机拆装统一检查验收记录

拆装单位(盖章)：

塔式起重机型号：

工　程　名　称　：

拆　装　日　期　：

北京市城乡建设委员会制订

北京市塔式起重机拆装统一检查验收记录(表4-19～表4-26)

塔式起重机安装、拆卸任务书　　　　表4-19

档案编号：　　　　　　　　　　　　　　　　　年　月　日

工程名称				施工单位			
施工地点		工地负责人			电　话		
塔式起重机	型号		设备编号		塔高　(m)	臂长	(m)
拆装期限	年　　月　　日至　年　　月　　日				任务下达者		

要求说明：

现场情况和建筑物平面示意图：

任务接受者：　　　　　　　　　　　　　年　月　日

塔式起重机路基检验记录

表 4-20

档案编号：　　　　　年　月　日

工程名称		施工单位	
施工地点		工地负责人	
检 验 项 目		实 测 数 据	结 论
路基允许承载能力　　kN/m²			
土的干密度　　　　g/cm³			
石炭：± =			
基边坡坡度　　　　(°)			
路基距基坑边距离　　m			
暗沟、防空洞、坑(有、无)			
排水沟(有、无)			
高压线(有、无)			
场地平整情况			
混凝土强度			
验收意见： 　　　　年　月　日		路基施工负责人签字： 安全部门签字：	

塔式起重机安装、拆卸安全和技术交底书 **表 4-21**

档案编号： 年 月 日

工程名称				施工单位			
施工地点							
塔式起重机	型号		设备编号		塔高 (m)	臂长	(m)
起重设备编号				运输设备配备			

<table>
<tr><td colspan="8" align="center">交 底 内 容</td></tr>
<tr><td colspan="8">一、安全交底

交底人签字：
年 月 日</td></tr>
<tr><td colspan="8">二、技术交底

交底人签字：
年 月 日</td></tr>
<tr><td colspan="8">安装负责人签字： 年 月 日</td></tr>
</table>

说明：1. 常规拆装只需写明按说明书或按照拆装工艺；
       2. 特殊情况拆装必须进行交底并附拆装方案。

塔式起重机轨道验收记录

表 4-22

档案编号： 年 月 日

工程名称			施工单位		
施工地点			轨道铺设单位		
塔机型号		钢轨型号	轨道长度	（m）	轨距 （m）
检 验 项 目 和 标 准			实测数据	结 论	
碎石粒度		20～40mm			
路基碎石厚度		大于250mm			
枕木间距		小于或等于600mm			
钢轨接头间隙		不大于4mm			
钢轨接头高度差		小于或等于2mm			
两条钢轨接头错开距离		大于或等于1.5m			
两条拉杆距离		小于或等于6m			
轨距误差		小于或等于1‰			
钢轨顶面纵、横方向倾斜度 测量点距离不大于10m		小于或等于1‰			
———————— ————————					
接地装置组数(每隔20m 1组)和质量					
接地电阻		小于或等于4Ω			
验收 意见		验收签字： 轨道铺设负责人： 塔吊安装负责人： 安全总监： 年 月 日			

塔式起重机安装、拆卸过程记录 表 4-23

档案编号： 年 月 日

工程名称		施工单位		
施工地点		安拆负责人		
塔式起重机	型 号	设备编号	塔 高 (m)	臂 长 (m)
起重设备配备		司 机		

日期/风力 人员/工种		工 作 内 容			
姓 名	工 种				

塔式起重机安装完毕检验记录   表4-24

档案编号：   年 月 日

工程名称					施工单位		
施工地点					安装负责人		
塔式起 重 机	型　号		设备编号			起升高度	m
	幅　度	m	起重力矩	t·m		最大起重量	t
项　目	内　容　和　要　求						结　果
塔吊结构	部件、附件、联结件安装是否齐全，位置是否正确						
	螺栓拧紧力矩是否达到技术要求，开口销是否完全撬开						
	结构是否有变形、开焊、疲劳裂纹						
	压重、配重重量、位置是否达到说明书要求						
绳轮钩系统	钢丝绳在卷筒上面缠绕是否整齐、润滑是否良好						
	钢丝绳规格是否正确、断丝和磨损是否达到报废标准						
	钢丝绳固定和编插是否符合国家标准						
	各部位滑轮转动是否灵活、可靠、有无卡塞现象						
	吊钩磨损是否达到报废标准、保险装置是否可靠						
传动系统	各机构转动是否平稳、有无异常响声						
	各润滑点是否润滑良好、润滑油牌号是否正确						
	制动器、离合器动作是否灵活可靠						
电气系统	电缆供电系统供电是否充分、正常工作、电压380V±5%						
	炭刷、接触器、继电器触点是否良好						
	仪表、照明、报警系统是否完好、可靠						
	控制、操纵装置动作是否灵活、可靠						
	电气各种安全保护装置是否齐全、可靠						
	电气系统对塔吊的绝缘电阻不小于 0.5mΩ						
安全限位和	保险装置	力矩限制器是否灵敏、可靠，其综合误差不大于额定值的8%					
		重量限制器是否灵敏、可靠，其误差不大于额定值的5%					
		回转限位器是否灵敏可靠					

续表

安全限位和	保险装置	行走限位器是否灵敏可靠						
		变幅限位器是否灵敏可靠						
		超高限位器是否灵敏可靠						
		吊钩保险是否灵活、可靠						
		卷筒保险是否灵活、可靠						
路基复验		复查路基资料是否齐全、准确						
		钢轨顶面纵、横方向上的倾斜度不大于 5‰						
		塔身对支承面垂直度小于或等于 4‰						
		止挡装置距钢轨两端距离　大于或等于 1m						
		行走限位装置距止挡装置距离　大于或等于 1.5m						

	空载荷	额定载荷		超载 10% 动载		超 25% 静载		
试运行		幅　度	重　量	幅　度	重　量	幅　度	重　量	
	检查各传动机构工作是否准确、平稳,有无异常声音,液压系统是否渗漏,操纵和控制系统是否灵敏可靠,钢结构是否有永久变形和开焊,制动器是否可靠。 调整安全装置并进行不少于 3 次的检测							

验收结论	
验收签字	质量检查部门: 安全部门: 拆装负责人: 技术负责人: 塔吊机长:　　　　　　　　　年　　月　　日

说明:"试运行"栏中"超载 25% 静载"只在新搭和大修后第一次安装时做。

塔式起重机顶升检验记录 表 4-25

档案编号： 年 月 日

工程名称			施工单位			
施工地点			顶升负责人			
塔式起重机	型 号	设备编号	原塔高	m	顶升后高	m
顶升之前检查	标准节数量和型号是否正确					
	标准节套架、平台等是否开焊、变形和裂纹					
	套架滚轮转动是否灵活，与塔身的间隙是否合适					
	液压系统压力是否达到要求，油路是否畅通、无泄漏					
	钢轨顶面纵横方向倾斜度是否超过 5‰					
顶升后检查	塔身连接是否可靠，螺栓和销子是否齐全					
	塔身与回转平台连接是否可靠，螺栓拧紧力矩是否达标					
	套架是否降低到规定位置，电源线是否接好					
	塔身对支承面垂直度是否小于 4‰					
检查验收结论						
验收签字	安装技术负责人： 安全总监： 项目专业责任师： 年 月 日					

塔式起重机附着锚固检验记录　　　　表 4-26

档案编号：　　　　　　年　月　日

工程名称				施工单位			
施工地点				锚固负责人			
塔式起重机	型　号		设备编号		塔高	m	锚固后高	m
	附着道数		各道附着间矩	m	与建筑物水平附着距离			m
附着锚固之前检查项目	框架、锚杆、墙板等是否开焊、变形和裂纹						
	锚杆长度和结构形式是否附合着要求						
	建筑物上附着布置和强度是否符合要求						
	基础经过加固后强度是否满足承压要求						
附着锚固之后检查项目	锚固框架安装位置是否符合规定要求						
	塔身与锚固框架是否固定牢靠						
	框架、锚杆、墙板等各处螺栓、销轴是否齐全、正确、可靠						
	垫铁、楔块等零、部件齐全可靠						
	最高附着点以下塔身轴线对支承面垂直度不得大于 4‰						
	锚固点以上塔机自由高度不得大于规定要求						
检查验收结论							
验收负责人签　字	安装技术负责人： 安全总监： 项目专业责任师：　　　　年　月　日						

5 因工伤亡事故的报告、调查和处理

5.1 伤亡事故的定义及分类

5.1.1 伤亡事故的定义

1. 伤亡事故的定义

所谓事故,是指人们在进行有目的的活动过程中,发生了违背人们意愿的不幸事件,使其有目的的行动暂时或永久地停止。事故可能造成人员的死亡、伤害、职业病、财产损失或其他损失。

伤亡事故是指职工在劳动生产过程中发生的人身伤害、急性中毒事故。工程项目所发生的伤亡事故大体可分为两类:一是因工伤亡,即在施工项目生产过程中发生的;二是非因工伤亡,即与施工生产活动无关造成的伤亡。

根据国务院 75 号令《企业职工伤亡事故报告和处理规定》及建设部建监[1994]96 号文《关于印发〈建设职工伤亡事故统计办法〉的通知》等有关规定,因工伤亡事故是指职工在本岗位劳动或虽不在本岗位劳动,但由于企业的设备和设施不安全、劳动条件和作业环境不良、管理不善以及企业领导指定到本企业外从事本企业活动,所发生的人身伤害(包括轻伤、重伤、死亡)和急性中毒事故。其中:伤亡事故主体——人员,包括两类:企业职工,指由本企业支付工资的各种用工形式的职工,包括固定职工、合同制职工、临时工(包括企业招用的临时农民工)等;非本企业职工,指代训工、实习生、民工、参加本企业生产的学生、现役军人、到企业进行参观、其他公务的人员,劳动、劳教中的人员,外来救护人员以及由于事故而造成伤亡的居民、行人等。

2．因工伤亡事故的范围

因工伤亡事故包括：

（1）企业发生火灾事故及在扑救火灾过程中造成本企业职工伤亡；

（2）企业内部食堂、幼儿园、医务室、俱乐部等部门职工或企业职工在企业的浴室、休息室、更衣室以及企业的倒班宿舍、临时休息室等场所发生的伤亡事故；

（3）职工乘坐本企业交通工具在企业外执行本企业的任务或乘坐本企业通勤车、船上下班途中，发生的交通事故，造成人员伤亡；

（4）职工乘坐本企业车辆参加企业安排的集体活动，如旅游、文娱体育活动等，因车辆失火、爆炸造成职工的伤亡；

（5）企业租赁及借用的各种运输车辆，包括司机或招聘司机，执行该企业的生产任务，发生的伤亡；

（6）职工利用业余时间，采取承包形式，完成本企业临时任务发生的伤亡事故（包括雇佣的外单位人员）；

（7）由于职工违反劳动纪律而发生的伤亡事故，其中属于在劳动过程中发生的，或者虽不在劳动过程中，但与企业设备有关的。

5.1.2 伤亡事故的分类

1．伤亡事故等级

根据国务院75号令《企业职工伤亡事故报告和处理规定》，按照事故的严重程度，伤亡事故分为：轻伤、重伤、死亡、重大死亡事故、急性中毒事故。

（1）轻伤和轻伤事故

轻伤是指造成职工肢体伤残，或某些器官功能性或器质性轻度损伤，表现为劳动能力轻度或暂时丧失的伤害。一般指受伤职工歇工在一个工作日以上、但够不上重伤者。

轻伤事故是指一次事故中只发生轻伤的事故。

（2）重伤和重伤事故

重伤是指造成职工肢体残缺或视觉、听觉等器官受到严重损伤,一般能引起人体长期存在功能障碍,或劳动能力有重大损失的伤害。

凡有下列情形之一的均作为重伤处理:

1) 经医师诊断成为残废或可能成为残废的;

2) 伤势严重,需要进行较大的手术才能挽救的;

3) 人体要害部位严重灼伤、烫伤或虽非要害部位,但灼伤、烫伤占全身面积三分之一以上的;

4) 严重骨折(胸骨、肋骨、脊椎骨、锁骨、肩1胛骨、腕骨、腿骨和脚骨等因受伤引起骨折),严重脑震荡等;

5) 眼部受伤较剧、有失明可能的;

6) 手部伤害:

① 大拇指轧断一节的;

② 食指、中指、无名指、小指任何一只轧断两节或任何两只各轧断一节的;

③ 局部肌腱受伤甚剧,引起机能障碍,有不能自由伸曲的残废可能的。

7) 脚部伤害:

① 脚趾轧断三只以上的;

② 局部肌腱受伤甚剧,引起肌能障碍,有不能行走自如的残废可能的。

8) 内部伤害:内脏损伤、内出血或伤及腹膜等;

9) 凡不在上述范围以内的伤害,经医院诊察后认为受伤较重,可根据实际情况参考上述各点,由企业行政会同基层工会作个别研究,提出初步意见,由当地劳动部门审查确定。

重伤事故是指一次事故中发生重伤(包括伴有轻伤)、无死亡的事故。

(3) 死亡事故:

指一次死亡 1~2 人的事故。

(4) 重大死亡事故

指一次死亡 3 人以上(含 3 人)的事故。

(5) 急性中毒事故

急性中毒事故指生产性毒物一次或短期内通过人的呼吸道、皮肤或消化道大量进入体内,使人体在短时间内发生病变,导致职工立即中断工作,并须进行急救或死亡的事故。

急性中毒的特点是发病快,一般不超过一个工作日,有的毒物因毒性有一定的潜伏期,可在下班后数小时发病。

关于按事故的严重程度进行分类,应注意以下三个问题:

(1) 关于事故严重程度的分类无客观技术标准,主要是能够适应行政管理的需要,在组织事故调查和在事故处理过程中便于记录和汇报。

(2) 关于轻、重的划分既有政策方面的规定,又是一个复杂的医学问题。同时为了保证事故报告不跨月,伤亡数字的真实性,多数伤害要求在事故现场、抢救过程、医疗时给予确定,少数伤害可根据病情可能导致的结果来确定。因此,允许医疗终了鉴定与实际统计报告有差别。

(3) 根据《企业职工伤亡事故分类》(GB 6441—86)规定的伤亡事故"损失工作日"(详见附表),即:轻伤,指损失 1 个工作日至不超过 105 工日的失能伤害;重伤,指损失工作日等于和超过 105 工日的失能伤害;死亡,损失工作日定为 6000 工日。"损失工作日"的概念,其目的是估价事故在劳动力方面造成的直接损失。因此,某种伤害的损失工作日数一经确定,即为标准值,与伤害者的实际休息日无关。

建设部对工程建设过程中事故伤亡和损失程度的不同,把工程建设重大事故分为四个等级:

(1) 一级重大事故,死亡 30 人以上或直接经济损失 300 万元以上的;

(2) 二级重大事故,死亡 10 人以上,29 人以下或直接经济损失 100 万元以上,不满 300 万元的;

(3) 三级重大事故,死亡 3 人以上,9 人以下,重伤 20 人以上

或直接经济损失 30 万元以上,不满 100 万元的;

(4) 四级重大事故,死亡 2 人以下;重伤 3 人以上、19 人以下或直接经济损失 10 万元以上,不满 30 万元的。

2. 伤亡事故类别

按照直接致使职工受到伤害的原因(即伤害方式)分类:

(1) 物体打击,指落物、滚石、锤击、碎裂崩块、碰伤等伤害,包括因爆炸而引起的物体打击;

(2) 提升、车辆伤害,包括挤、压、撞、倾覆等;

(3) 机械伤害,包括绞、碾、碰、割、戳等;

(4) 起重伤害,指起重设备或操作过程中所引起的伤害;

(5) 触电,包括雷击伤害;

(6) 淹溺;

(7) 灼烫;

(8) 火灾;

(9) 高处坠落,包括从架子、屋顶上坠落以及从平地坠入地坑等;

(10) 坍塌,包括建筑物、堆置物、土石方倒塌等;

(11) 冒顶串帮;

(12) 透水;

(13) 放炮;

(14) 火药爆炸,指生产、运输、储藏过程中发生的爆炸;

(15) 瓦斯煤尘爆炸,包括煤粉爆炸;

(16) 其他爆炸,包括锅炉爆炸、容器爆炸、化学爆炸,炉膛、钢水包爆炸等;

(17) 煤与瓦斯突出;

(18) 中毒和窒息,指煤气、油气、沥青、化学、一氧化碳中毒等;

(19) 其他伤害,如扭伤、跌伤、野兽咬伤等。

5.2 伤亡事故的处理程序

5.2.1 迅速抢救伤员、保护事故现场

事故发生后,现场人员要有组织、听指挥,迅速做好两件事:

1. 抢救伤员,排除险情,制止事故蔓延扩大。抢救伤员时,要采取正确的救助方法,避免二次伤害;同时遵循救助的科学性和实效性,防止抢救阻碍或事故蔓延;对于伤员救治医院的选择要迅速、准确,减少不必要的转院,贻误治疗时机。

2. 为了事故调查分析需要,保护好事故现场。由于事故现场是提供有关物证的主要场所,是调查事故原因不可缺少的客观条件,要求现场各种物件的位置、颜色、形状及其物理、化学性质等尽可能保持事故结束时的原来状态。因此,在事故排险、伤员抢救过程中,要保护好事故现场,确因抢救伤员或为防止事故继续扩大而必须移动现场设备、设施时,现场负责人应组织现场人员查清现场情况,做出标志和记明数据,绘出现场示意图,任何单位和个人不得以抢救伤员等名义故意破坏或者伪造事故现场。必须采取一切可能的措施,防止人为或自然因素的破坏。

发生事故的项目,其生产作业场所仍然存在危及人身安全的事故隐患,要立即停工,进行全面的检查和整改。

5.2.2 伤亡事故的报告

1. 伤亡事故报告程序

施工项目发生伤亡事故,负伤者或者事故现场有关人员应立即直接或逐级报告:

(1) 轻伤事故,立即报告工程项目经理,项目经理报告企业主管部门和企业负责人。

(2) 重伤事故、急性中毒事故、死亡事故,立即报告项目经理和企业主管部门、企业负责人,并由企业负责人立即以最快速的方式报告企业上级主管部门、政府安全监察部门、行业主管部门,以及工程所在地的公安部门。

(3) 重大事故由企业上级主管部门逐级上报。

涉及两个以上单位的伤亡事故,由伤亡人员所在单位报告,相关单位也应向其主管部门报告。

事故报告要以最快捷的方式立即报告,报告时限不得超过地方政府主管部门的规定时限。

2. 伤亡事故报告内容

伤亡事故的报告内容包括:

(1) 事故发生(或发现)的时间、详细地点。

(2) 发生事故的项目名称及所属单位。

(3) 事故类别、事故严重程度。

(4) 伤亡人数、伤亡人员基本情况。

(5) 事故简要经过及抢救措施。

(6) 报告人情况和联系电话。

5.2.3 伤亡事故的调查

1. 组织事故调查组

在接到事故报告后,企业主管领导,应立即赶赴现场组织抢救,并迅速组织调查组开展事故调查:

(1) 轻伤事故:由项目经理牵头,项目经理部生产、技术、安全、人事、保卫、工会等有关部门的成员组成事故调查组。

(2) 重伤事故:由企业负责人或其指定人员牵头,企业生产、技术、安全、人事、保卫、工会、监察等有关部门的成员,会同上级主管部门负责人组成事故调查组。

(3) 死亡事故:由企业负责人或其指定人员牵头,企业生产、技术、安全、人事、保卫、工会、监察等有关部门的成员,会同上级主管部门负责人、政府安全监察部门、行业主管部门、公安部门、工会组织组成事故调查组。

(4) 重大死亡事故,按照企业的隶属关系,由省、自治区、直辖市企业主管部门或者国务院有关主管部门会同同级行政安全管理部门、公安部门、监察部门、工会组成事故调查组,进行调查。重大死亡事故调查组应邀请人民检察院参加,还可邀请有关专业技术人员参加。

事故调查组成员应符合的条件：

（1）与所发生事故没有直接利害关系；

（2）具有事故调查所需要的某一方面业务的专长；

（3）满足事故调查中涉及到企业管理范围的需要。

2．现场勘察

现场勘察是技术性很强的工作，涉及广泛的科技知识和实践经验，调查组对事故的现场勘察必须做到及时、全面、准确、客观。现场勘察的主要内容有：

（1）现场笔录

1）发生事故的时间、地点、气象等；

2）现场勘察人员姓名、单位、职务；

3）现场勘察起止时间、勘察过程；

4）能量失散所造成的破坏情况、状态、程度等；

5）设备损坏或异常情况及事故前后的位置；

6）事故发生前劳动组合、现场人员的位置和行动；

7）散落情况；

8）重要物证的特征、位置及检验情况等。

（2）现场拍照

1）方位拍照，能反映事故现场在周围环境中的位置；

2）全面拍照，能反映事故现场各部分之间的联系；

3）中心拍照，反映事故现场中心情况；

4）细目拍照，提示事故直接原因的痕迹物、致害物等；

5）人体拍照，反映伤亡者主要受伤和造成死亡的伤害部位。

（3）现场绘图

据事故类别和规模以及调查工作的需要应绘出下列示意图：

1）建筑物平面图、剖面图；

2）事故时人员位置及活动图；

3）破坏物立体图或展开图；

4) 涉及范围图；

5) 设备或工具、器具构造简图等。

(4) 事故资料

1) 事故单位的营业证照及复印件；

2) 有关经营承包经济合同；

3) 安全生产管理制度；

4) 技术标准、安全操作规程、安全技术交底；

5) 安全培训材料及安全培训教育记录；

6) 项目安全施工资质和证件；

7) 伤亡人员证件(包括特种作业证、就业证、身份证)；

8) 劳务用工注册手续；

9) 事故调查的初步情况(包括：伤亡人员的自然情况、事故的初步原因分析等)；

10) 事故现场示意图。

5.2.4 伤亡事故的分析

1. 事故性质

(1) 责任事故。是指由于人的过失造成的事故。

(2) 非责任事故。即由于人们不能预见或不可抗力的自然条件变化所造成的事故，或是在技术改造、发明创造、科学试验活动中，由于科学技术条件的限制而发生的无法预料的事故。但是，对于能够预见并可以采取措施加以避免的伤亡事故，或没有经过认真研究解决技术问题而造成的事故，不能包括在内。

(3) 破坏性事故。即为达到既定目的而故意制造的事故。对已确定为破坏性事故的，由公安机关认真追查破案，依法处理。

2. 事故原因

(1) 直接原因。根据《企业职工伤亡事故分类标准》(GB 6441—86)附录 A，直接导致伤亡事故发生的机械、物质和环境的不安全状态，以及人的不安全行为，是事故的直接原因。

(2) 间接原因。事故中属于技术和设计上的缺陷，教育培训不够、未经培训、缺乏或不懂安全操作技术知识，劳动组织不合理，对现场工作缺乏检查或指导错误,没有安全操作规程或不健全,没有或不认真实施事故防范措施,对事故隐患整改不利等原因,是事故的间接原因。

(3) 主要原因。导致事故发生的主要因素,是事故的主要原因。

3．事故分析的步骤

(1) 整理和阅读调查材料。

(2) 根据《企业职工伤亡事故分类标准》(GB 6441—86)附录A,按以下7项内容进行分析:

1) 受伤部位;

2) 受伤性质;

3) 起因物;

4) 致害物;

5) 伤害方法;

6) 不安全状态;

7) 不安全行为。

(3) 确定事故的直接原因。

(4) 确定事故的间接原因。

(5) 确定事故的责任者。

在分析事故原因时,应根据调查所确认的事实,从直接原因入手,逐步深入到间接原因,从而掌握事故的全部原因。通过对直接原因和间接原因的分析,确定事故中的直接责任者和领导责任者,再根据其在事故发生过程中的作用,确定主要责任者。

5.2.5 制定事故预防措施

根据对事故原因的分析,制定防止类似事故再次发生的预防措施,在防范措施中,应把改善劳动生产条件、作业环境和提高安全技术措施水平放在首位,力求从根本上消除危险因素。本文列举了预防"五大伤害"事故的案例及预防措施,详见5.3节。

5.2.6 事故责任分析及结案处理

1．事故责任分析

在查清伤亡事故原因后,必须对事故进行责任分析,目的在于使事故责任者、单位领导人和广大职工群众吸取教训,接受教育,改进工作。

责任分析可以通过事故调查所确认的事实,根据事故发生的直接和间接原因,按有关人员的职责、分工、工作态度和在具体事故中所起的作用,追究其所应负的责任;按照有关组织管理人员及生产技术因素,追究最初造成不安全状态的责任;按照有关技术规定的性质、明确程度、技术难度,追究属于明显违反技术规定的责任;不追究属于未知领域的责任。根据事故性质、事故后果、情节轻重、认识态度等,提出对事故责任者的处理意见。

确定责任者的原则为:因设计上的错误和缺陷而发生的事故,由设计者负责;因施工、制造、安装和检修上的错误或缺陷而发生的事故,分别由施工、制造、安装、检修及检验者负责;因缺少安全规章制度而发生的事故,由生产组织者负责;已发生事故未及时采取有效措施,致使类似事故重复发生的,由有关领导负责。

根据对事故应负责任的程度不同,事故责任者分为直接责任者、主要责任者、重要责任者和领导责任者。对事故责任者的处理,在以教育为主的同时,还必须按责任大小、情节轻重等,根据有关规定,分别给予经济处罚、行政处分,直至追究刑事责任。对事故责任者的处理意见形成之后,企业有关部门必须按照人事管理的权限尽快办理报批手续。

2. 事故报告书

事故调查组在查清事实、分析原因的基础上,组织召开事故分析会,按照"四不放过"的原则,对事故原因进行全面调查分析,制定出切实可行的防范措施,提出对事故有关责任人员的处理意见,填写《企业职工因工伤亡事故调查报告书》,经调查组全体人员签字后报批。如调查组内部意见有分歧,应在弄清事实的基础上,对照法律法规进行研究,统一认识。对个别仍持有不同意见的允许保留,并在签字时写明意见。报告书的基本格式如下:

企业职工因工伤亡事故调查报告书

一、企业详细名称

地址：

电话：

二、经济类型

国民经济类型：

隶属关系：

直接主管部门：

三、事故发生时间

四、事故发生地点

五、事故类别

六、事故原因

其中直接原因：

七、事故严重级别

八、伤亡人员情况

姓名	性别	年龄	文化程度	用工形式	工种及级别	本工种工龄	安全教育情况	伤害部位	伤害程度	损失工作日

九、本次事故损失工作日总数

十、本次事故经济损失　　　　　　　　　其中直接经济损失：

十一、事故详细经过

十二、事故原因分析

1．直接原因：

2．间接原因：

3．主要原因：

十三、预防事故重复发生的措施

十四、事故责任分析和对事故责任者的处理

十五、事故调查的有关资料

十六、事故调查组成员名单

在报批《企业职工因工伤亡事故调查报告书》时,应将下列资料作为附件,一同上报:

(1) 企业营业执照复印件;

(2) 事故现场示意图;

(3) 反映事故情况的相关照片;

(4) 事故伤亡人员的相关医疗诊断书;

(5) 负责本事故调查处理的政府主管部门要求提供的与本事故有关的其他材料。

3. 事故结案

(1) 事故调查处理结论,应经有关机关审批后,方可结案。伤亡事故处理工作一般应当在 90d 内结案,特殊情况不得超过 180d。

(2) 事故案件的审批权限,同企业的隶属关系及人事管理权限一致。

(3) 对事故责任者的处理,应根据其情节轻重和损失大小,谁有责任,主要责任,次要责任,重要责任,一般责任,还是领导责任等,按规定给予处分。

(4) 企业接到政府机关的结案批复后,进行事故建档,并接受政府主管部门的行政处罚。事故档案登记应包括:

1) 员工重伤、死亡事故调查报告书,现场勘察资料(记录、图纸、照片);

2) 技术鉴定和试验报告;

3) 物证、人证调查材料;

4) 医疗部门对伤亡者的诊断结论及影印件;

5) 事故调查组人员的姓名、职务,并签字;

6) 企业或其主管部门对该事故所作的结案报告;

7) 受处理人员的检查材料;

8) 有关部门对事故的结案批复等。

5.3 事故案例及预防措施

5.3.1 高处坠落事故

1. 高处坠落事故案例

(1) 事故时间:1996 年 8 月 11 日

(2) 事故类别:高处坠落

(3) 伤亡人员情况:8 人死亡,11 人受伤

(4) 直接经济损失:200 余万元

(5) 事故简况:

1996 年 8 月 11 日,某单位在承接的国家经贸委二期工程施工中,外檐装修采用的是可分段式整体提升脚手架。由于该脚手架设计获有专利权,且使用情况特殊,升降难度较大,故将其脚手架的全部安装升降作业,以工程分包的形式交给了该脚手架的设计单位进行。当日,在进行降架作业时,突然两个机位的承重螺栓断裂,造成连续五个机位上的十条承重螺栓相继被剪切,楼南侧 51m 长的架体与支撑架脱离,自 44.3m 高度坠落至地面,致使在架体上和地面上作业的 20 名工人,除一人从架体上跳入室内幸免外,其余 19 人中有 8 人死亡,11 人受伤。在此事故处理中,对 3 名直接责任者追究了刑事责任,判处有期徒刑 3～4 年,对另外涉及到的 5 名有关责任人分别给予了撤职、记过等行政处分。

事故原因分析:

(1) 承重螺栓安装不合理,造成螺栓实际承受的载荷远远超过材料能够承受的载荷;脚手架整体超重,实际载荷是原设计载荷的 2.7 倍,这是事故发生的直接原因。

(2) 施工管理混乱,规章制度不落实,在事故调查中,发现该设计施工方案与现场实际情况不符;盲目和擅自变更施工方案;发现事故隐患不及时整改;提升机承力架未与工程结构固定;施工队伍管理松弛是造成事故发生的主要原因。

(3) 可分段式整体提升脚手架这一专项技术本身存在重大缺

陷。该脚手架没有完整的防下坠安全装置;架体承重螺栓强度的安全裕度不足,也是造成事故的一个重要因素。

综合多年高处坠落案例,其原因统计排列图见 5-1。

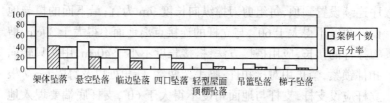

图 5-1 高处坠落事故点分布排列图

2．预防高处坠落事故的措施

(1) 预防架体上坠落的措施。

1) 各种类型的脚手架必须由架子工进行搭设及拆除,架子工高处作业必须系挂安全带;

2) 脚手架的搭设和拆除必须认真把好九道关口:

① 安全交底关。搭设和拆除脚手架之前,工长必须向架子工进行详细安全技术交底,明确架子类型、用途及搭拆标准和安全作业要求;

② 材质检查关。严格按照规范规定的质量和规格选择架材;

③ 搭设尺寸关。严格按照规范规定的间距尺寸搭设脚手架的立杆、大横杆、小横杆、剪刀撑等;

④ 铺板关。脚手架作业层脚手板必须铺满、铺稳,离开墙面120～150mm;板与板之间不得有空隙和探头板、飞跳板;脚手板搭接长度不得小于 200mm,脚手板对接时应架设双排小横杆,间距不大于 300mm;在架子转弯处的脚手板应交叉搭接,脚手板应用木块垫平并要钉牢,不得用砖垫板;上料斜道的铺设宽度不得小于 1.5m,坡度不得大于 1:3,防滑条的间距不得大于 30cm,并要经常清除架板上的杂物、冰雪,保持清洁、平整、畅通;

⑤ 护栏关。脚手架外侧、斜道(跑道)两侧、卸料台周边设 1m高的防护栏杆和挡脚板,或者设防护栏杆,立挂安全网,下口封严;

⑥ 连接关。脚手架自身连结牢固和脚手架与构筑物连结牢固程度,直接关系到架子的稳定性,必须达到架子不摇晃;脚手架两端、转角处以及每隔 6～7 根立杆应设一组剪刀撑,自下而上循序连续设置到顶,每组剪刀撑纵向长度 9m 为宜;最下面的撑与地面的角度不得大于 60°,与立杆的连接点离地面不得大于 30cm,剪刀撑杆的接长,应用搭接方法,搭接长度不小于 40cm,用两只转向扣件锁紧,禁止用对接扣件;脚手架两端、转角处以及每隔 6～7 根立杆应设支杆,支杆与地面角度不得大于 60°,支杆底端要埋入地下不小于 30cm,架子高度在 7m 以上或无法设支杆时,每高 4m,水平每隔 7m,脚手架必须同建筑物连结牢固,拆除脚手架时从上至下随拆架同时拆除连结点;

⑦ 承重关。脚手架的均布荷载,不得超过 $270kg/m^2$ 时,在脚手架中堆砖,只允许堆放单行侧摆三层,用于装修工程的脚手架均布荷载不得超过 $200kg/m^2$,如必须超载,应按施工方案采取加固措施,以保证安全;

⑧ 上下关。搭设各类脚手架,均必须为施工人员上下架子搭设斜道(跑道)或阶梯,严禁施工人员从架子爬上爬下;

⑨ 保险关。吊篮架子和桥式架子是一种工具式脚手架,设计、制造、安装质量直接关系到能否保证安全使用,因此必须对吊篮架子和桥式架子的设计图纸、制造工艺及安装质量进行严格的检查、试验。使用期间,必须经常检查吊篮的防护措施、挑梁、手扳葫芦、倒链、吊索、钢丝绳,发现问题立即解决,严禁工人在有隐患的吊篮内作业。除此之外,在使用中一定要装好、用好吊篮安全保险绳,每次放绳不得超过 1m 长并卡牢所有卡子,吊篮上的吊钩必须设保险措施,防止吊索脱钩,升降吊篮的手扳葫芦,最好采用带保险装置的手扳葫芦。在使用期间,要对桥式架立柱与构筑物的联结、升降倒链、钢丝绳吊索、联结卡具等进行经常性检查,发现隐患立即解决,严禁使用有隐患的桥式架。

(2) 预防悬空坠落的防范措施。

1) 从事悬空作业人员,每年要定期进行一次身体检查。凡患有高血压、心脏病、低血压、贫血病、癫痫病、神经衰弱及四肢有残缺的人员,饮酒以后及年龄不满 18 周岁人员,均不得从事悬空作业;

2) 6 级以上的大风及雷暴雨天,禁止在露天进行悬空作业;

3) 夜间施工,照明光线不足,不得从事悬空作业;

4) 悬空作业人员,必须佩戴符合国家标准并具有检验合格证的安全帽,系牢帽带,以保护头部;

5) 凡从事 2m 以上悬空作业人员,必须佩带符合国家标准并有检验机关检验合格证的安全带。每次使用安全带之前,必须对安全带进行详细检查,确无损坏,方准使用。上下高处时,应把安全带的系绳盘绕在身上,防止碰挂。悬空作业前必须把安全带的系绳挂在牢固的结构物、吊环或安全拉绳上,且应认真复查,严防发生虚挂、脱钩等现象;

6) 使用安全带系绳长度需要 3m 以上时,应购买加有缓冲器装置的专用安全带;

7) 使用安全带应高挂低用,减少坠落时的冲击高度;

8) 安全带使用两年后,应按批量购入情况抽验一次。悬空安全带以 80kg 重量做自由坠落试验,若不破断,该批安全带可继续使用。对抽试过的样品,必须更换悬挂的安全系绳后才能继续使用;

9) 安全带的使用期为 3～5 年,使用期中如发现异常现象,应提前报废;

10) 悬空作业上方,凡无处挂安全带时,工长或施工负责人应为工人专设挂安全带的安全拉绳、安全栏杆等。如:施工厂房的行车梁上部、吊装屋架的上部均系悬空,工人行走或作业,安全带无处挂,因此,必须在其上方设置安全拉绳或栏杆,以保证工人行走和作业时的安全。

(3) 预防临边坠落的防护措施

1) 外架防护措施。

在高层建筑施工中,往往采用双排外脚手架,操作层满铺脚手板,操作面外侧设两道护身栏杆和一道挡脚板或设一道护身栏杆、立挂安全网。下口封严,防护高度应为1.2m。

2) 外护架防护措施。

外护架,是根据构筑物楼层,每一层楼搭设一层保护层,平铺、立设脚手板,护架外侧设立网密封。这种外护架在工程上主体时不作为操作架,主要是防止施工楼面作业人员从周边向外侧坠落。当装饰工程开始时,可在两步架板之间,再搭一步架板,供外装修工人操作使用。

3) 插口架防护措施。

有些高层建筑,采用外挂内浇或现浇钢筋混凝土剪力墙的施工方法。为了保护施工层临边作业人员的安全,起到结构施工的立体防护作用,并作为施工人员在高层外围的人行通道,采用了工具式插口架。即把事先预制好的插口架,用起重机械吊起插入作业层下一层的窗口处,在墙内用木方垫好、钢管扣件卡牢,并用钢丝绳将插口架与室内地面临时拉结牢固,插口架别杠应用10cm×10cm的木方,别杠每端应长于所别实墙20cm,插口架子上端的钢管应用双扣件锁牢。由于插口架保护高度超过一个楼层,防止施工层周边作业人员向外侧坠落效果比较好。

4) 外挂架防护措施。

利用外挂架临边防护并提供临边作业面时,外挂架必须用有防脱钩装置的穿墙螺栓,里侧加垫板并用双螺母紧固。

5) 楼面斜挑架防护措施。

有的混凝土框架高层建筑,由于起重设备不足,不便安装楼面护架,就利用施工楼层钢模板支撑,在构筑物施工楼面周边,搭设斜挑梁,垂直高度与施工楼层高度相同,挑杆上搭设大横杆,斜向满拉安全网。

6) 附着升降脚手架防护措施。

在高层、超高层建筑工程结构中常使用由不同形式的架体、附着支撑结构、升降设备和升降方式组成的附着升降脚手架。该脚手架必须按照《建筑施工附着升降脚手架管理暂行规定》进行设

计、加工制作,其构造和防倾覆、防坠落装置必须符合规范要求,其安全防护措施必须满足:

① 架体外侧必须用密目安全网围档;密目安全网必须可靠固定在架体上;

② 架体底层的脚手板必须铺设严密,且应用平网及密目安全网兜底。应设置架体升降时底层脚手板可折起的翻板构造,保持架体底层脚手板与建筑物表面在升降和正常使用中的间隙,防止物料坠落;

③ 在每一作业层架体外侧必须设置上、下两道防护栏杆(上杆高度 1.2m,下杆高度 0.6m)和挡脚板(高度 180mm);

④ 单片式和中间断开的整体式附着升降脚手架,在使用工况下,其断开处必须封闭并加设栏杆;在升降工况下,架体开口处必须有可靠的防止人员及物料坠落的措施。

同时,在安装、使用和拆卸过程中,必须符合规定。

7) 临边作业防护措施。

① 阳台栏板应随层安装。不能随层安装的,必须设两道防护栏杆或立挂安全网封闭;

② 建筑物楼层临边四周,无维护结构时,必须设两道防护栏杆或立挂安全网加一道防护栏杆;

③ 井字架、龙门架每层卸料平台应有防护门,两侧应绑两道护身栏杆,并设挡脚板。

(4)"四口"防护措施。

1) 楼梯口的防护措施。

楼梯踏步及休息平台处,要设两道牢固防护栏杆或用立挂安全网做防护。回转式楼梯间应支设首层水平安全网。每隔四层设一道水平安全网。

2) 电梯井口的防护。

电梯井口必须设高度不低于 1.2m 的金属防护门。电梯井内首层和首层以上每隔四层设一道水平安全网,安全网应封闭严密。未经上级主管技术部门批准,电梯井内不得做垂直运输通道和垃圾通道。

3）预留洞口的防护。

1.5m×1.5m 以下的孔洞，预埋通长钢筋网或加固定盖板。1.5m×1.5m 以上的孔洞，四周设两道护身栏杆，中间支挂水平安全网。

4）通道口的防护。

建筑物的出入口搭设长 3～6m，宽于出入通道两侧各 1m 的防护棚，棚顶应满铺不小于 5cm 厚的脚手板，非出入口和通道两侧必须封严。

（5）使用梯子的防护措施。

1）梯上作业，是建筑施工行业中较低的高处作业。坠落事故普遍发生在 1～5m 之间，造成死亡事故主要是坠落时伤害了人的要害部位——头部。因此，必须克服作业点不高，不会发生事故的麻痹思想和不愿意戴安全帽的错误行为。

必须坚持上梯作业前，把安全帽戴好，帽带系牢，万一架上人员向下坠落时，帽子不会滑落，可以保护坠落者的头部；

2）各种梯子的制作，必须分别按国标（GB 7059.1—86）《移动式木直梯安全标准》、（GB 7059.2—86）《移动式木折梯安全标准》、（GB 7059.3—86）《移动式轻金属折梯安全标准》中的技术要求进行选材、制作和试验检查，防止因梯子不符合安全要求，使用时折断、造成坠落伤亡事故；

3）凡是购买的梯子，必须严格按国标的技术要求，进行检查验收，不符合国标要求的，不准发给工人使用；

4）梯子长度不应超过 5m，宽度不应小于 30cm，踏板间距为 27.5～30cm，最下一个踏板与两梯梁底端的距离均为 27.5cm；

5）每部木直梯两端踏板的下面和木折梯底端踏板下面，必须用直径不小于 5mm 钢杆加固，其螺母与梯梁接触面应加金属垫圈；

6）所有梯子的梯踏板面应采用通用的合成橡胶（丁苯橡胶）制作防滑措施；

7) 各种梯子在使用前,使用者必须对梯子的梯梁、踏板、钢拉杆螺母、梯角防滑措施等进行认真检查,凡有损坏、松动等,必须进行加固后方准使用。

8) 各种梯子使用的工作角度为(75±5)°角度太大容易倾倒,角度太小容易滑落;

9) 每部梯子上,只允许一个人在梯上作业,不准两人同时在一个梯子上操作;

10) 不准用梯子搭设临时操作架,也不准在脚手架上搭设小楞杆代替爬梯;

11) 上折梯前,必须将固定梯子工作角度的撑杆装牢;

12) 凡在梯上进行用力较大的操作,作业前应将梯子上端绑扎在构筑物上。在通道处使用梯子,应设专人在地面扶梯监护;

13) 在梯上作业人员应配带工具袋,上下梯前,应将工具装入工具袋内,双手抓住梯梁进行攀登,以防失手坠落。

5.3.2 物体打击事故

1. 物体打击事故案例

(1) 事故时间:1988 年 12 月 17 日

(2) 事故类别:物体打击

(3) 伤亡人员情况:死亡 1 人

(4) 直接经济损失:6000 元

(5) 事故简况:

1988 年 12 月 17 日 15 时 42 分左右,在四川成都市热电厂扩建工程主厂房工地,担任分包工程的成都市金牛区××乡建筑队架子工龚×、张××(都是农建工)两人在搭设主厂房锅炉架 $25.77mk_2 \sim k_35$ 轴线安装钢梁的架子时,因钢架管不够,龚×走到 k_2 柱子边时,看见靠钢筋混凝土柱子立着 8 根钢架管,于是就走去搬动,由于钢管紧靠钢筋混凝土柱子,并被周围支架卡得较紧,龚在搬动时,把靠钢筋混凝土柱子边与钢筋混凝土平台边缘立着的长 5.1m 的钢架管松动,龚当时未察觉,继续用力搬动其他几根立着的架管。靠柱子和平台边缘处的长 5.1m 的那根钢架管顺着平台边缘凹槽向下滑出,等龚回过头来时,钢管已飞速下坠到$k_2b19.6m$处被两根柱子夹住并支出约1m的钢管碰撞发出声响后,龚才发现有钢管掉下去。下坠的钢管在19.6m处碰撞支出的架管后,斜飞至锅炉炉架9.97m层钢筋混凝土板底层土地上,一端触地,另一端同时将正在回填土方的民工付××头部左侧太阳穴击中,付当即倒地,安全帽左侧边缘被击碎,安全帽帽壳被弹飞出3.2m处,付××经送医院抢救无效死亡。

(6)事故原因分析:

1)直接原因:交叉施工无安全防护措施。

2)间接原因:锅炉架9.96~25.77m层卷扬机井字架拆除后,没有完全彻底把所拆除的支架管清除干净;37.17m层支架虽未拆除,但木工在拆模过程中对拆下的架管没有采取必要的措施,将钢管平放或固定;安全水平网不足5m,对拆除架后的空隙带,没有及时加密加宽安全网防护。

3)主要原因:施工队长徐××于当日上午被通知"因锅炉架多处拆除、拆模,炉底回填土方不安全,暂停回填土方"后,没有认真贯彻通知班组,致使班组继续安排人员回填土方。

2.预防物体打击事故的措施

根据统计,物体打击事故点排列图见图5-2。

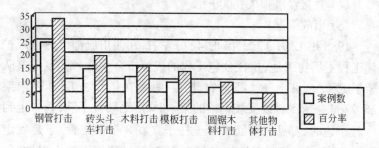

图5-2 物体打击事故点排列图

1)认真贯彻文明施工,材料堆放整齐、平稳,作业场地及时清扫,每天做到工完场清。

2) 多层建筑施工,在计划安排上要尽量避免立体交叉作业,确需进行立体交叉作业时,应事先采取隔离防护措施。

3) 施工工程靠近必须通行的道路时,应在道路上方搭设坚固、密封的防护棚,防止落物伤害行人。

4) 临街建筑面或高层建筑施工周边,应用竹笆、小眼立网与竹席密封,防止砖碴、石块、螺钉等较小物体坠物伤人。

5) 为了防止坠物伤害头部,安全规程明确规定进入施工现场的所有人员,必须戴好符合安全标准、具有检验合格证的安全帽,并系牢帽带,否则,不得进入施工现场。

6) 高处作业人员应配带工具袋,使用的小型工具及小型材料、配件等,必须装入工具袋内,防止坠落伤人。高处作业使用的较大工具,应放入楼层的工具箱内。

7) 清理的各楼层杂物,应集中放入垃圾桶或斗车内,并及时吊运到地面,严禁从窗内往外乱投掷物料。

8) 在深坑内砌筑或浇筑混凝土等,所用材料均应用溜槽向下投料,不准采用传砖和其他乱投的方法。

9) 深坑(槽)或地下室周边沿 1m 内,不准堆放配件、模板、钢管、钢筋、砖石等材料,防止落物伤人或土方坍塌。

10) 搭设或拆除脚手架时,必须在作业区域设置警戒区,并由专人负责警戒,严禁无关人员穿越警戒区。拆除的架料、扣件,必须堆码整齐,统一吊运地面,严禁从高处向下投掷架管、架板、扣件等。翻架板时应事先清扫板上杂物。

11) 建筑物开始拆除前,应在建筑物周围设置警戒的安全围栏和悬挂警告标志,禁止非拆除人员进入拆除场地。拆下的材料要及时清理运走,散碎材料应用溜放槽顺槽溜下。

12) 施工工程的出入口,必须搭设坚固的防护板棚,棚的宽度要大于出入口,棚的长度应根据建筑物高度分别设置,一般以 5～10m 为宜。

13) 楼层中堆放各种材料,配件等,距边沿的距离应大于1.5m。靠进伸缩缝旁,不宜堆材料。

14) 上下传送材料,特别是易滑的钢材,绳结必须系牢,防止材料散落伤人。

15) 钢模板比较光滑,在临边外安装和拆除钢模板时,其下方应设危险警戒区,作业人员应站立在平稳的架板上,不得站在钢管上作业。在拆除顶模板时,应留一定数量的支撑,防止顶板脱落砸伤拆模工人。拆下的模板、杆件、扣件、U 形卡等应及时用绳索或溜槽运至地面。

16) 参照预防起重伤害的措施,所有井字架、门式架的吊篮,必须设置 1m 高的钢筋网护栏、护门,防止砖头等小型材料或斗车在垂直升降中坠落伤人。

17) 吊运大模板必须用卡环卡牢,防止模板坠落。大模板在校正固定之前,应用钢丝绳临时固定在楼板吊环或墙壁立筋上,以防止校正时大模板倾倒伤人。大模板应按施工组织设计规定的地方堆放,场地必须平整夯实。大模板存放时,必须将地脚螺栓提上去,使自稳角成为 $70°\sim80°$,没有支撑或自稳角不足的大模板,要放在专用的堆放架内或卧倒平放,不应靠在其他模板或构件上。

18) 在平台上起吊大模板时,平台上禁止堆放其他任何材料、配件、工具等物件,以防止滑落伤人。

19) 圆盘锯上必须设置分割刀和防护罩,防止锯下木料被锯齿弹飞伤人。

20) 在现场或车间进行钢筋张拉时,必须在张拉周围设置危险警戒区,任何人不得进入,张拉作业人员亦应在防护墙外进行张拉,防止钢筋断裂飞出伤人。

5.3.3 触电事故

1. 触电事故案例

(1) 事故时间:1997 年 10 月 3 日

(2) 事故类别:触电

(3) 伤亡人员情况:1 人死亡,1 人受伤

(4) 直接经济损失:20 余万元

(5) 事故简况:

1997 年 10 月 3 日,某公司汽车队在海淀区学院路口清运工程废料作业中,违反起重吊装作业安全规程,在未达到吊装的安全距离时,盲目进行吊装作业,致使汽车吊大臂触及上方 10kV 高压线,造成 2 名配合吊装作业的工人被电流击倒。经抢救,1 人死亡,1 人受伤。在此事故处理中,对严重违反安全操作规程的责任人员,给予了行政处理。

(6) 事故原因分析:

1) 吊车司机与信号指挥人员在吊装作业中,违反安全操作规程,在未满足吊装作业安全距离的前提下,贸然进行作业,加之吊装上方树叶遮挡,视线不清,判断失误是造成事故发生的直接原因;

2) 指挥人员思想麻痹,安全意识不强,对危险作业的行为不但没有予以制止,反而草率地发出指挥信号进行吊装作业,最终造成事故的发生。

2. 预防触电事故的措施

根据统计,触电事故点排列图见图 5-3。

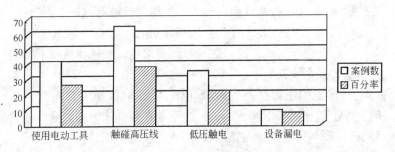

图 5-3 触电事故点排列图

(1) 预防手持式电动工具触电措施

1) 根据工作场所的危险程度选用相应类别的手持式电动工具,并按规范要求,严格采取防触电措施;

2) 建筑施工现场内一般场所应选用 II 类手持式电动工具,并应配置额定漏电动作电流不大于 15mA、额定漏电动作时间小于

0.1s 的漏电保护器;若采用Ⅰ类工具,除上述措施外,工具本身还须作保护接零;

3) 在露天、潮湿场所或金属构架上(如轻钢龙骨顶棚)操作时,必须选用Ⅱ类手持式电动工具,并配置防漏电保护器;额定漏电动作电流和时间要求同前。在这类场所中,严禁使用Ⅰ类电动工具。

4) 在高度危险场所(如金属容器内,狭窄的地沟内等),宜选用Ⅲ类的手持电动工具,由低压隔离变压器供电;若选用Ⅱ类工具,必须按前述要求配置漏电保护器。变压器和漏电保护器设在工作场所外,工作时应有人监护;

5) 手持式电动工具使用前,应对电源线、开关、外壳进行检查,不得有绝缘开裂破损现象,接头要牢固,开关要灵活。通电后要做空载检查,运转正常后方可正式作业;

6) 工具所用的电源插头、插座必须完好无损,内部接线不能松动,严禁不用插头接入电源,防止零线断线;

7) 插头、插座必须匹配,以保证插头插入时松紧适度,与插座接触紧密,不允许将两极插头插入四极插座接通电源;

8) 手持式电动工具的电源线必须符合国标要求(GB 3787—83),不得任意接长或更换,其中的绿/黄双色线在任何情况下都只能作保护接零线;

9) 工具的电源插座安装要牢固,以便取拔插头时不致被带动。为了防止插头损坏、接头松动,不要在拔插头时扯电源线。转移工作场所时,电源线应整理收齐,不能在地上拖拉;

10) 工具配电必须采用"一机一闸一漏电",禁止一闸多用。闸刀的漏电保护器应设在有门有盖的电箱内;

11) 检修应由专人进行。在检修时,应先将电源插头取下,断电后再进行作业。检修结束,工具原有的绝缘件不得拆除和漏装;

12) 工具存入库房后,由保管人员进行日常检查,专职人员进行定期检查,检查的项目和内容按(GB 3787—83)国标规定执行。

(2) 防止高压触电的措施

1) 防止人员触及电力线路的措施。

① 对外侧有电力线路的建筑工程,在施工前应按规范要求进行现场勘察,电力线路与建筑物外侧的水平距离不得小于表 5-1 规定,否则应采取隔离防护措施;

电力线路与建筑物水平安全距离表　　　表 5-1

电力线路电压(kV)	1 以下	1~10	35~110	154~220	330~500
最小安全操作距离(m)	4	6	8	10	15

② 隔离防护措施可以是隔离棚架、屏障、遮栏、围栏或保护网,并应悬挂醒目的警告标志牌。

③ 隔离防护架的结构要求,可参照相应的脚手架搭设规定执行。所用材料必须是竹、木等绝缘材料,绑扎材料也须采用竹蔑、棕绳等绝缘物,防护架应采用竹笆片等材料密封;

④ 防护架搭设应牢固,与建筑物拉结,其高度和宽度应能保证保护整个操作面。工程竣工,最后拆除防护架;

⑤ 不能按前述要求进行防护时,必须与有关部门协商,采取停电、迁移线路或变更工程地址等措施,否则不得施工;

⑥ 在高压线路和设备上进行检修工作,必须完成停电、验电、放电、悬挂接地线和装设遮栏标志牌等措施;

⑦ 高压线路和设备检修工作,其停送电必须严格执行工作票制度,工作终结后恢复送电制度;不得采用传口信、打手势、灯光联络等方法停送电,这样容易发生误送电错误。即使停电检修、搭接高压线路作业前,也必须在线路两端做好临时接地线(也叫封地线)后,方准上杆作业;

⑧ 严禁在高压线下搭设建筑物或堆放材料。

2) 防止吊车触及高压线的措施。

① 施工现场机动车道与外电线路交叉时的垂直距离不得小于表 5-2 规定:

车道与高压线路交叉时垂直距离表   表 5-2

外电线路电压(kV)	1 以下	1~10	35
最小垂直距离(m)	6	7	7

机动车辆在高压线下方通过时,应有防止车上设备、材料意外触及或接近高压线的措施;

② 塔吊、汽车吊等进行吊运作业时,其臂杆、吊物、钢丝绳等与 1kV 高压线的最小安全距离不得小于 2m;

③ 必须在高压线下吊运作业,应设置牢固的隔离防护措施或改变作业方式,否则不能施工;

④ 当吊车已发生高压触电事故时,应立即停止吊车动作,作业人员撤离事故点,并通知有关部门立即采取停电措施;

⑤ 当发生高压线断线落地后,非检修人员在室内要远离断落地点 4m 以外,在室外要远离断落地点 8m 以外,以防跨步电压危害。

(3) 预防低压线路和设施的触电措施

1) 预防线路触电措施。

① 建筑施工现场内,建筑物外侧距 1kV 以下线路的最小水平安全距离不小于 4m,距道路垂直距离不小于 6m,应采取防护隔离措施;

② 线路架设,必须用绝缘子固定在电杆上,严禁利用脚手架、树干和其他构架作支持点,电缆线路可沿围墙敷设,高度不低于7.5m;

③ 线路所用导线不得有绝缘破裂和老化现象。每一架空线路,在一个档距内不得有两个接头;同一档距内接头数,不应超过导线数的 50%;

④ 施工用临时线路穿墙过洞,应加绝缘导管保护,线路导线或电缆不能随地拖拉,以防意外事故发生。断线后应及时修复,不能徒手拾起线头;

⑤ 室内线路采用绝缘导线敷设,应设绝缘物固定,高度不低

于 2.5m;采用电缆敷设,高度不低于 1.8m。线路绑扎固定不能采用金属裸线;

⑥ 线路检修应严格遵守停送电制度和停电检修制度,在电源断开点应悬挂醒目的警告标志牌;

⑦ 施工现场供电线路,必须采用工作零线和保护零线分设的方式架设。

2) 预防配电设施触电措施。

① 配电箱内熔断器、开关等电器应完好无损,开关灵活,接触紧密;

② 箱内各电器绝缘外壳,不能因高温而变色、裂纹、缺损,且无带电体外露,必须设有专用工作和保护接零端子;

③ 箱内接线,必须排列整齐,不得有松动;各电源支路应有标志铭牌,以便保证在紧急情况下,准确切断电源。

3) 照明线路及灯具防触电措施。

① 非电工人员不得私自乱接、乱拉灯头线路,在灯头损坏时,应通知电工及时更换;

② 在地下室等危险场所施工,应使用安全电压照明普通照明灯具不能代替工作行灯使用;

③ 金属照明灯具外壳应作保护接零,室内灯具高度不低于 2.5m,室外不低于 3m;

④ 现场内施工和生活照明均应设漏电保护器;

⑤ 螺旋灯头中心舌片应接相线,照明灯开关应控制相线。开关不能设在床头,搬把开关不能与插座装在同一处,以防失误触电。

4) 预防电动设备触电事故。

① 电工要熟悉所管辖范围内的用电设备及其配电设备的电气性能,坚持巡回检查制度,发现隐患及时处理;

② 进入设备的电源线应穿管保护;管口密封,防止油污或水滴入管内。严禁任何带电线路通过设备。防止导线绝缘损坏时设备漏电;

③ 设备的一、二次回路各接线头应接牢固,不得有散股、松动;对有振动的设备,其接线端子要配备弹簧垫圈;

④ 当设备需带电进行试车或检修时,必须由持证电工担任,并严格执行带电作业安全制度,采取有效的安全保护措施。移动设备,必须断电;

⑤ 对设备的一、二次回路各种绝缘套管、垫片、接线盒盖等附件,如有损坏遗失,应立即更换配齐,出现电气故障,应及时维修,严禁带病运转;

⑥ 设备的过载、短路、漏电等电器保护装置必须齐全有效灵敏。在运行中,不能随意调整保护装置的额定值,保护装置动作后,应查明原因,排出故障,不得将保护装置短路,强行运行;

⑦ 设备的保护接零(地)要连接牢固,引线截面要符合要求,不得采用 $2.5mm^2$ 以下单芯铝线,接线端头应用螺帽,配以弹簧垫圈;当设备安装漏电保护器时,保护接零(地)必须保留;

⑧ 设备的保护接零由专用保护接零线提供,不得将设备的工作零线代替保护零线,更不允许利用设备本身代替工作零线。

5.3.4 起重伤害事故

1. 起重伤害事故案例

(1) 事故时间:1998 年 10 月 7 日

(2) 事故类别:起重伤害

(3) 伤亡人员情况:2 人死亡,1 人受伤

(4) 直接经济损失:50 余万元

(5) 事故简况:

1998 年 10 月 7 日,某单位在朝阳区十里堡壁板厂小区 A-7 号楼工程施工中,用 FO/23B 型塔式起重机(自由高度 61.6m,幅度为 50m)进行该楼八层结构承重大模板吊装作业时,由于违反起重吊装作业的安全规定,严重超载,造成变幅小车失控,塔身整体失稳倾斜倒塌,将在八层作业面两名农民工砸死,塔式起重机司机受重伤。在此事故处理中,对有关责任人进行了责任追究,分别给予了行政处理。

（6）事故原因分析：

1）负责起重吊装作业的专职人员，违反安全生产的有关规定，是造成事故的直接原因。事故调查结果表明：在此幅度时，塔吊的额定起重量为 3.852t，而实际起重量为 4.786t，超载 25.1%。

2）该塔抗过载能力低，是造成事故的重要原因。即：经专业部门在技术方面的确定，塔吊主弦杆含碳量偏低，金相组织较粗大，其材质硬度及机械性能偏低，导致其抗过载能力差。

2. 预防起重伤害事故的措施

根据统计，起重伤害事故点排列图见图 5-4。

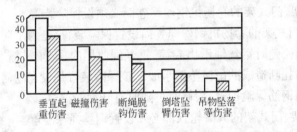

图 5-4　起重伤害事故点排列图

（1）预防垂直起重伤害的措施。

1）吊篮制作防护。

① 必须针对起重量的要求，依据《钢结构设计及验收规范》的规定，设计井字架、门式架的吊篮，按照审定的设计图纸进行加工制作，特别要把好原材料和焊接质量关；

② 吊篮底板下部中段应设置坚固的横担。防止使用过程中底板脱落；

③ 吊篮两侧应设置不低于 1m 高的金属防护网。防止作业人员和材料从侧向发生坠落事故；

④ 吊篮外向进出料口应设置自动升降防护门栏，防止推车、材料及高处卸料人员坠落事故的发生；

⑤ 吊篮内向进出料口应设置手推式双层滑动防护门。

2）进出料口边的防护。

井字架、门式架、外用电梯与楼层跑道平台接口处——进出料口边,应根据跑道宽度设置1m高的自动防护门,用蝴蝶弹簧铰链将自动防护门与跑道平台钢管用扁铁连接,在门中部铁皮上,向建筑一面标明"口边危险",向井字架、门式架、电梯一面写上楼层数字。

3)井字架及门式架的制作和防护。

井字架、门式架底层外围应设置围栏或栏网和自动升降门,进出料口设架外安全门栏,进出料口架外安全门滑杆,固定在井字架的框架上。当吊篮下降到底层时,吊篮压下外安全门。

4)井字架、门式架的卷扬机钢丝绳卷筒必须设保险装置。

井字架、门式架的卷扬机钢丝绳卷筒设置保险装置,是为了防止卷筒钢丝绳松弛时钢丝绳滑出卷筒、钢丝绳收紧时(起重吊篮)把钢丝绳扎伤扎断造成的吊篮坠落事故。该保险装置是设在卷筒壁上方的活动钢筋保险护罩,检修时可随时打开钢筋护栏罩。

5)井字架、门式架的天滑轮顶部必须设置钢丝绳保险罩。

井字架、门式架的天滑轮顶部必须设置钢丝绳保险罩,是为了防止钢丝绳松弛时滑出滑轮槽、钢丝绳收紧时扎断钢丝绳,造成的吊篮坠落、人员伤亡的重大事故。

6)井字架和门式架吊篮不准人员乘坐。

井字架、门式架吊篮是一种简易的垂直运输设备,结构设计和钢丝绳选择安全系数均小于专用电梯,特别是缺乏自控安全装置。因此,井字架、门式架吊篮只能运输材料,不准任何施工人员乘坐。

7)起重过高应设置分层联络信号。

井字架、门式架垂直起重高度越来越高,人工难以达到起重高度。因此,30m以上高度,应设置分层联系的音响、灯光装置或无线报话装置,统一升降联络信号,保证垂直运输安全。

8)卷扬机司机和指挥人员必须经过培训。

卷扬机司机和起重指挥人员必须经特殊安全技术培训、考核、发证,持证上岗,无证人员不得开卷扬机或指挥起重作业。

9)卷扬机不得带病运行。

经常对起重钢丝绳、滑轮、卷扬机系统进行检查、保养,发现隐患必须及时消除,不得带病运转。

10) 必须保护好电气设备。

井字架、门式架卷扬机要设置专用的标准金属电闸箱,按照卷扬机的电动机用电负荷设置标准电闸箱和漏电保护器。电闸箱必须随着卷扬机配套转移,配套使用。电闸箱要加锁,卷扬机司机离开时必须锁好电闸箱,以防止其他人员随意开动卷扬机而造成意外事故。

11) 井字架、门式架的卷扬机宜采用点动式按钮。

这样,一旦司机手指松开按钮,卷扬机就立即停止转动自保式按钮启动后,司机手离开了按钮,卷扬机仍在运行,容易产生失误,造成意外事故。

12) 吊篮在运行中人不得爬上爬下。

井字架、门式架的吊篮在运行中,任何人不得从架内外爬上爬下,更不得进行检修。

13) 吊篮起重钢丝绳的安全系数不得小于 6。

井字架、门式架吊篮升降比较频繁,吊篮的起重钢丝绳的安全系数 k 不得小于 6。因此,要根据井字架、门式架吊篮的不同起重量要求,乘以安全系数,运用符合设计要求的钢丝绳。严禁用尼龙绳、棕绳等代替起重钢丝绳。

(2) 起重安全技术措施。

随着科学技术的发展,施工工艺不断更新,施工机械化程度不断提高,建筑机械日益增多,由于建筑产品生产的不固定性和作业环境经常变化,建筑机械常常随着工程发展不停地流动、转移,经常拆、装、运输,而且多为露天作业,日晒雨淋,灰尘大,易磨损,不安全的因素较多。如安装和使用不合理,检查保养不及时,安全装置不灵敏可靠,就更会增多不安全因素。因此必须加强对机械设备的选择、安装、使用、保养等环节的管理。随着高层和多层建筑的日益增多,起重设备特别是塔式起重机的使用范围日益广泛,因而,如何合理地对起重机械设备进行安全管理就更为突出。应做好下述几件事：

1) 作业地点确定。

在施工平面图中明确定出塔式起重机架设位置、行走路线、与建筑物的安全距离等，以便搭设安全网，又不影响机械的行驶；如果是长臂式的塔式起重机，还要考虑与建筑物架设支撑固定点的位置。

2) 几台起重机在同一范围内同时作业。除满足使用说明书规定的条件、架设地点外，还应注意以下几点：

① 两台起重机塔身之间的最小距离为低位起重机的起重臂长加 2m，以防两机相碰。一台起重机中最低的部件（吊钩在最高位置或被提升物品的最高位置）和另一台起重机中最高部件之间的垂直距离不能小于 2m；

② 如两台起重机平行移动时，两机相距不能小于 2m，并应采取适当装置，防止其中一台靠近另一台起重机；

③ 当一台起重机在另一台顶部工作时，处于高位的一台应有一定的装置，能防止起升钢丝绳进入低位起重饥的起重臂和平衡重扫过的范围内。它们之间的距离最小应保持 2m；

④ 所有起重机应装风向标；

⑤ 采用二台吊车抬吊，应选用同类型的起重机，二台吊车的动作必须互相配合，二台吊车吊钩滑轮组不能有较大的倾斜，以防一台吊车失重而使另一台吊车超载。各台吊车的安全载荷不许超过起重量的 80%。

3) 各类起重机对地基的要求。

履带式起重机的履带对地面的压强较大，行走时需要有较好的道路；轮胎式和汽车式起重机不适合在松软或泥泞的地面工作。起吊时，为了稳定，必须放妥撑脚以增加稳定性和减轻轮胎受载，不能用履带吊吊物行走。轨道行走的塔式起重机应按规定铺设轨道，以防造成倒塔事故；建筑师 I 型（6~8t 上旋式塔式起重机）塔式起重机在安装过程中要注意地锚的埋设，要有专人严格检查。

4) 卷扬机应采用不同的锚固方法予以固定，防止横向移动或向前倾覆。

安装卷扬机时,在卷扬机的前方要装导向滑轮,使钢丝绳从卷筒下绕入,并与卷筒轴线成垂直方向,使钢丝绳尽量成水平,整齐地排列在卷筒上;导向滑轮至卷扬机的距离,不得小于卷筒长度的15倍,使钢丝绳偏离角不超过 $1.5° \sim 2°$,使钢丝绳不致与导向滑轮的轮槽产生过分的磨损。

5)经常对各种起重设备进行安全检查。

对起重机械,除检查各部位的润滑情况及所有装备的安全装置等的日常保养维护外,还必须检查行走轨道,要求刹车装置的灵敏、可靠。对起重司机,还要求他们对所操作机械的结构、性能,特别是对各种安全装置的特点、作用、使用方法有较深的了解和具有全面的维护、调整技能,要熟悉安全操作规程,有熟练的操作技能。

6)钢丝绳是起重吊装工作中专用捆绑、提升物件的料具,应保证在起重、搬运中安全可靠。

通穿法是将绳从一侧的滑轮引出;"四四"以上的滑轮组宜采用花穿法。

(3)起重作业中应注意的事项。

1)要充分考虑物件的运输、堆放。

运输道路要平整坚实,并有足够的路宽和转弯半径,堆放的场地要平整坚实,排水良好,要按吊运先后顺序堆放。

2)应根据重心位置选择系结点和吊点

盲目的系结和吊挂,会造成物件翻转、游摆,甚至发生事故。还应根据吊点的多少选择适用的吊具。

3)捆绑物件时应符合下述要求:

① 用于捆绑的绳索,必须良好,安全系数应达到 $8 \sim 10$。较重的物件用钢丝绳;较轻的可用麻绳。但每 $1mm^2$ 截面积承受的载荷不得大于 $0.5kg$。

② 要掌握物件的重心位置。对有棱角或特别光滑的物件,应在绑扎处加垫麻布、木板或废橡皮,对用钢丝绳绑扎的尤应如此,以防止钢丝绳受硬弯损伤或滑脱;

③ 用钢丝绳多圈绕扎物件时,要按顺序捆绕,不要有压叠、打结和扭持等现象;

④ 起吊庞大物件时,一定要在物件上系扎溜绳,以防止物件在空中旋转,失去控制而造成事故;

⑤ 绳结在受力后不能松动。而应是受力愈大收缩得越紧,但解结要方便、容易。钢丝绳应尽量避免打结,特别是不能在绳的中部打结。如确实必要,可在端部进行。

4) 选用履带式、轮胎式、汽车式等自行式起重机作业时,一定要保证稳定。

这类起重机失事 60% 以上是由于稳定性被破坏。因此如有超载荷工作或接长起重臂,一定要进行稳定性的验算,以保证在作业中不发生倾覆事故。当考虑吊装载荷及附加载荷时,稳定性安全系数:

履带式 $k_1 = M_稳/M_倾 \geqslant 1.15$

汽车式、轮胎式打支腿时 $k_1 \geqslant 1.333$

汽车式、轮胎式不打支腿时 $k_1 \geqslant 1.5$

当仅考虑吊装载荷时,稳定性安全系数:

履带式 $k_2 = M_稳/M_倾 \geqslant 1.4$

汽车式、轮胎式不打支腿时 $k_2 \geqslant 1.5$

5) 起重机在坑沟、边坡工作时,应保持必要的安全距离(一般为坑沟边坡深度的 1.1～1.2 倍)

在架空输电线路一侧工作时,起重臂、钢丝绳或重物与架空电线的最近距离应按劳动部颁布的《起重机械安全管理规定》第九条执行。

6) 自行式起重机应停在水平位置上工作:起重机停妥后,允许斜度不得大于 30°。

7) 指挥起重作业人员与起重机司机之间的配合默契是做到安全生产的关键。

指挥人员与司机必须熟悉和掌握国家标准《起重吊运指挥信号》的各种手势信号、音响信号、旗语信号。指挥人员应根据标准规定的信号与司机联系,司机应根据指挥人员的信号进行操作,如信号不明确或不清楚时,可发出重复信号询问,明确指挥意图后,方可操作。司机在开车前一定要鸣铃示警,在吊运过程中也要鸣铃,通知能受到吊运物件威胁的人员离开。

某些大型工程、高层建筑等只用手势或旗语指挥起重吊运工作满足不了工作需要,必须采用无线电对讲机。为此,指挥人员和司机应加强学习,熟悉对讲机的结构、性能和使用方法,克服通常极容易混淆的术语。

8) 在起重吊运区域应有明确的标志,禁止无关人员进出,在物件吊运范围内和起重臂下严禁站人。

5.3.5 坍塌事故

1. 坍塌事故案例

(1) 事故时间:2000 年 8 月 29 日

(2) 事故类别:坍塌

(3) 伤亡人员情况:2 人死亡

(4) 直接经济损失:25 余万元

(5) 事故简况:

2000 年 8 月 29 日,某公司在海淀区曙光小区工地进行基础回填作业时,由于回填的土方集中,致使该工程南侧的防水墙受侧压力的作用,呈一字形倒塌(倒塌墙的长度为 35m,高 2.3m、厚 0.24m),将在防水墙前负责清理工作的 2 名农工,砸伤致死。在此事故处理中,对有关责任者给予了行政处分,并对该工地进行了停工整顿的处理。

(6) 事故原因分析:

1) 施工人员违反施工技术交底的有关规定,墙体未达到一定强度就进行回填,且一次回填的高度又超过了规定的要求,加之回填的土方又相对集中,墙体受侧压力的作用,向内呈一字形倒塌是事故发生的直接原因;

2) 有关技术人员在制定施工方案时,未结合现场的实际情况,制定切实可行的施工方案,未针对实际制定在墙体砌筑宽度较

小的部位进行稳固的技术措施,在施工技术方面有疏漏,这是造成事故发生的一个重要原因;

3) 负责施工生产的管理人员,对安全生产工作没有给予足够的重视,对施工现场的安全状况失察,颠倒施工程序,这是事故发生的主要原因。

2. 预防坍塌事故的措施

根据统计,坍塌事故点排列图见图 5-5。

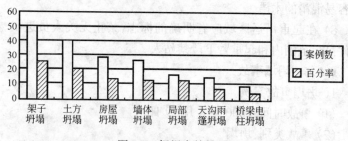

图 5-5　坍塌事故排列图

(1) 预防井字架、门式架倒塌的措施

1) 把好设计制作关。

井字架、门式架倒塌的重要原因之一,是设计不按规范,相互仿制时也不进行复算,制作时没有质量检验标准。因此,井字架、门式架均必须按《钢结构设计规范》进行设计,并经公司总工程师、机动科、安全科、技术科审查批准后,按设计图纸制作。制作井字架、门式架的金属材料,必须有出厂证明,按设计要求对号加工,焊接工作必须由经过考试合格并持证的焊工进行。

2) 做好基础。

井字架、门式架倒塌的重要原因之二是基础不牢。在安装井字架、门式架之前,首先应对土质进行夯实,然后可用条石、砂夹卵石分层夯实或用 C10~C20 级混凝土现浇简易基础,预埋地脚螺栓。其面积要比架体四周大 50cm,高出地面 20~30cm,并做好排水沟,保证排水良好,使基础不受水淹,防止基础沉陷,架体倾斜。再将井字架、门式架底座放在基础上,与基础预埋螺栓扭紧。凡装有起重臂杆的井字架底部应设压重物,总压重不得小于井字架总重量的 1.9~2 倍。井字架竖立高于 6m 时,应先加 6t 压重,以利架设作业中安全。

3) 钢管井字架的搭设。

用钢管搭设井字架,相邻的两根立杆接头错开长度不得少于 50cm,横杆和剪刀撑(十字撑)必须同时安装。滑轨必须垂直,两滑轨间距误差不得超过 10mm。

4) 钢制门式架的搭设。

钢制门式架整体竖立时,底部须用拉索与地锚固定,防止滑移,上部应绑好缆风绳,对角拉牢,就位后收紧并固定缆风绳。

5) 要设置牢固的缆风绳。

较多的井字架、门式架倒塌事故的主要原因是缆风绳不牢所致。如有的井架已安装 25m 高尚不拉缆风,造成安装中井字架倒塌。也有的井字架、门式架使用报废的钢丝绳作缆风绳,导致绳断而倒塌;还有的用钢筋或 8 号钢丝作缆风绳因拉断而倒塌。因此,设置牢固的缆风绳,是预防井字架、门式架倒塌事故的重要措施。

① 井字架、门式架的缆风绳,必须根据最大起重量和架设的高度,通过计算,选用最大拉力 6 倍安全系数的钢丝绳,设置四角缆风。如井字架增设双扒杆,每层应设置 6 根缆风绳为宜。

② 安装高度达到 10~15m 的井字架、门式架,必须设一组 4 根固定缆风绳,每增高 10m 再加设一组(一层)固定缆风绳。搭设井字架、门式架高度达到 10m 时,应先设一组 4 根临时缆风绳,待固定缆风绳安装稳妥后,再拆除临时缆风绳,以确保井架搭设时的安全;

③ 缆风绳与地面的角度应为 45°~60°。每根缆风绳底端,必须设置一个花篮螺栓(又称松紧器),以便随时调整缆风绳的松紧度。花篮螺栓与缆风绳和锚桩连接必须用同一规格的钢丝绳。缆风绳的顶端,不得直接拴在井字架角钢上,应在连接处设置套管或活动环等,把缆风绳拴在套管或活动环上,以减少磨损。禁止用 8 号钢丝或钢筋作缆风绳。

6）要设置牢固的地龙、锚桩。

井字架、门式架的地龙、锚桩，必须严格要求，按规定设置。

① 地龙坑的深度，应根据地龙受力大小和土质坚硬程度而定。一般坑深 1.5～3.5m，将横梁卧放在坑底，在梁中部绑上钢丝绳，从坑的前槽引出与花篮螺栓连结，坑内放一些石头等压重物，然后回填土夯实。起重量较大或井字架、门式架较高，设地龙为宜；

② 锚桩由 2m 长的 $\phi48\sim\phi51$ 的钢管或 $\llcorner$ 75mm×60mm 的角钢制作，与缆风绳相反方向倾斜打入地下 1.5m 深；

③ 如要利用建筑物或构筑物代替锚桩，必须事先经过验算，证明确实安全可靠，方可使用；

④ 严禁把缆风绳拴在树上、电杆上、门窗上等危险作法；

⑤ 为了确保使用安全，安装后要由工长会同有关人员检查验收，必要时要试拉。使用中要明确专人定期检查，发现变形应立即采取补救措施，防止事故发生。

7）采用附着式井字架、门式架。

随着高层建筑增多，高井架、高门架的缆风成为施工现场的一大难题，很多施工现场场地窄小，根本无法拉缆风绳。因此，附着式井字架、门式架出现了，井字架架设高度可达 100m，门式架架设高度可达 65m，实际的架设高度，应根据使用要求，进行计算后确定。

8）要设置避雷装置。

井字架、门式架高出周围避雷设施，均必须设置避雷装置，其避雷针必须高出两架最高点 3m，引下线和接地极必须连接紧密，接地电阻不得大于 4Ω。

9）要设置升高限位装置。

有的井字架、门式架倒塌，是由于卷扬机司机操作失误，又没装升高限位装置，以致把井字架、门式架拉翻。所以，井字架、门式架均必须设置升高限位装置。目前井字架、门式架的升高限位装置有三种：

① 在井字架、门式架天滑轮下方 4m 处设置升高限位装置。缺点是必须把电线顺井字架、门式架拉到高处,如果导线绝缘损坏,随时可能造成金属架导电而发生触电事故。再者,限位开关发生故障,检查维修必须爬到两架顶部,很不方便;

② 在卷扬机的卷筒上方设置一个横杆,在杆上装上可横向移动的升高限位装置,当吊篮升到最高允许位置时,卷筒上钢丝绳触碰限位开关,卷扬机断电停转。缺点是当卷筒上钢丝绳乱绳时,就会提前触碰限位开关,吊篮未能到位,卷扬机断电停转;

③ 在卷扬机卷筒轴上安装一个过卷限位开关,对吊篮起升高度进行控制。

10) 要设断绳保险装置。

11) 要设吊篮定层装置。

(2) 预防脚手架垮塌的措施

1) 高层脚手架基础要求。

① 脚手架地基与基础的施工,必须根据脚手架搭设高度、搭设场地土质情况与现行国家标准《建筑地基与基础工程施工质量验收规范》(GB 50202—2002)的有关规定进行;

② 脚手架底座底面标高宜高于自然地坪 50mn;

③ 脚手架基础经验收合格后,应按施工组织设计的要求放线定位;

④ 脚手架底座、垫板必须准确放在定位线上,垫板宜用木板或槽钢。

2) 脚手架结构加强措施。

脚手架的立杆、横杆、扣件、剪刀撑及与结构的拉结必须符合《建筑施工扣件式钢管脚手架安全技术规范》(JGJ130—2001)的具体要求。

3) 脚手架搭设前要编制搭设方案并经过审查和审批;超过 50m 的高层脚手架要经过专门设计计算。

(3) 预防土石方坍塌的措施

1) 要放足边坡。

土方边坡的稳定,主要由土体的内摩阻力和粘结力来保持平衡。一旦土体失去平衡,边坡就会塌方,造成人身伤亡,影响施工正常进行,同时还会危及附近建筑物的安全。因此,必须做到:

① 土方施工前要作好调查研究工作。土方工程施工前,应做好必要的地质、水文和地下设备(如天然气管、瓦斯管道、电缆等)的调查和勘察工作,制定出土方开挖的方案。在深坑、深井内作业时,还应采取测毒和通风换气的措施;

② 挖土方应从上而下分层进行,禁止采用挖空底脚的操作方法(即挖神仙土),挖基坑、沟槽、井坑时,应视土的性质、湿度和挖的深度,选择安全边坡或设置固壁支撑。在沟、坑边堆放泥土、材料,至少要距离沟、坑边沿 1m 以外,高度不得超过 1.5m;

③ 所放边坡要适当,边坡放得太大,增加开支;边坡放得太小,又会造成塌方事故。边坡坡度应根据挖方深度,土的物理性质和地下水位的高低,按《土方与爆破工程施工及验收规范》的规定选用;

④ 挖大孔径及扩底桩施工前,必须按规定制定防坠人落物、防坍塌、防人员窒息等安全防护措施,并指定专人实施。

2) 支好固坡支撑。

3) 做好排水等措施。

① 在平地土方工程施工前,应认真挖好地面临时排水沟或筑土堤等设施,防止施工用水和地面雨水流入坑、沟、槽,造成边坡坍塌;

② 在山坡地区施工,应尽量按设计要求先做好永久性截水沟。确因特殊情况来不及做好永久性截水沟时,也必须设置临时截水沟,阻止山坡水流入施工现场,以防止向坑、沟、槽壁、底渗漏,造成坍塌。临时截水沟至挖方边坡上缘的距离,应根据土质确定,一般不得小于 3m;

③ 开挖低于地下水位的基坑、基槽、管沟和其他挖方时,应根据开挖层的地质资料、挖方深度等实际情况,选用集水坑降水、井点降水或两种方法相结合等措施,降低地下水位,以防地基土结构

遭受破坏,造成边坡塌方或影响施工质量;

④ 土方工程尽量在雨期到来之前完成,必须在雨期前开挖坑、槽、沟等,应注意边坡稳定。必要时可适当放缓边坡坡度或设置支撑。施工时应有专人负责加强对边坡和支撑的检查;

⑤ 冬期采用蒸汽法和电热法等融化冻土时,应按开挖顺序分段进行。冬期开挖土方时,有可能引起邻近建筑物或构筑物坍塌或冻坏其他地下设施时,应事先采取防护措施;

⑥ 凡挖方的壁坡中有危石或爆破作业中有危石,必须及时处理后,方准继续施工。

(4) 防止模板及其支架系统倒塌的措施

1) 模板、支架系统必须进行设计计算,以保证其具有足够的强度、刚度和稳定性,能可靠地承受钢筋和新浇筑混凝土的重量以及在施工过程中所产生的荷载;

2) 模板和支架所用材料可选用钢材和木材。钢材应符合《碳素结构钢》中的 HPB 235 钢标准。木材应符合《木结构工程施工质量验收规范》中的承重结构选材标准,其树种可按各地区实际情况选用,材质不宜低于Ⅲ等材;

3) 模板的安装和支架的搭设必须符合设计要求和有关规范的规定;

4) 模板和支架的拆除应符合设计要求,如设计无要求时,应在与现场同条件养护的混凝土试块的强度达到设计强度后,方能拆除;

5) 模板和支架的拆除应编制可靠的拆除方案,并向工人作好安全技术交底,严格按照拆除方案的要求拆除;

6) 大模板存放必须将地脚螺栓提上去,使自稳角成为 70°～80°。长期存放的大模板,必须用拉杆连接绑牢。没有支撑或自稳角不足的大模板,要存放在专用的堆放架内。

6 施工项目安全性评价

6.1 安全评价原则

为了科学地评价施工项目安全生产情况,提高安全生产工作和文明施工的管理水平,预防伤亡事故的发生,确保职工的安全和健康,应用工程安全系统原理,结合建筑施工中伤亡事故规律,按照建设部《建筑施工安全检查标准》(JGJ59—99),对建筑施工中容易发生伤亡事故的主要环节、部位和工艺等的完成情况进行安全检查评价。此评价为定性评价,采用检查评分表的形式,分为安全管理、文明工地、脚手架、基坑支护与模板工程、"三宝""四口"防护、施工用电、物料提升机与外用电梯、塔吊、起重吊装和施工机具共十个分项检查表和一张检查评分汇总表。汇总表对十个分项内容检查结果进行汇总,利用汇总表所得分值,来确定和评价施工项目总体系统的安全生产工作情况。

6.2 安全评价指标

1. 安全管理

主要对施工中安全管理的日常工作进行考核。管理工作贯穿于整个系统的运行中,在整个工作流程中处于核心位置和起关键性的作用。在事故类别分析中虽然没有分析安全管理工作,但管理不善却是造成伤亡事故的主要原因之一。在事故分析中,引发事故的因素大多不是因技术问题解决不了造成的,都是因违章所致。所以应做好日常的安全管理工作并及时对所开展的工作进行文字性资料记录、整理和存档,以便各级检查人员能确认该项目工程安全管理工作。

2．文明施工

文明施工是展示一个建筑企业形象的窗口,体现出一个企业在整个行业管理中的水平和位置。特别是现在中国加入WTO,按照167号国际劳工公约《施工安全与卫生公约》的要求,施工现场不但应该做到遵章守纪,安全生产,同时还应做到文明施工,整齐有序,把过去建筑施工给人以"脏、乱、差"形象的工作,改变为城市建设中体现文明的"窗口"。

3．脚手架

(1)落地式脚手架。主要指从地面搭起的木质、钢管单、双排脚手架,脚手架因施工需要存在各种高度。

(2)悬挑式脚手架。主要指从地面、楼板或墙体上用立杆斜挑,上部采用拉结方式固定的脚手架,包括提供一个层高的使用高度的外挑式脚手架或高层建筑施工搭设的多层悬挑式脚手架。

(3)门式脚手架。主要指定型的门式框架为基本构件的脚手架,由门型框架、水平梁、交叉支撑组合成基本单元,这些基本单元相互连接,逐层叠高,左右伸展,构成整体门式脚手架。

(4)挂脚手架,主要指悬挂在建筑结构预埋件上的钢架,并在两片钢架之间铺设脚手板,提供作业的脚手架。

(5)吊篮脚手架。主要指是将预制组装的吊篮悬挂在挑梁上,挑梁与建筑结构固定,吊篮通过手(电)动葫芦钢丝绳带动,进行升降作业的脚手架。

(6)附着式升降脚手架。主要指是附着在建筑结构上,并能利用自身设备使架体升降,可以分段提升或整体提升的脚手架,也称整体提升式脚手架或爬架。

4．基坑支护及模板工程

坍塌事故作为施工中较常见的建筑施工伤亡事故,坍塌事故的比例较大,其中多因开挖基坑时未按土质情况设置安全边坡和做好固壁支撑;拆模时楼板混凝土未达到设计强度、模板支撑没经过设计计算造成的坍塌事故,必须认真治理。

5."三宝"、"四口"防护

"三宝"指安全帽、安全带、安全网;"四口"指楼梯口、电梯井口、预留洞口、通道口。要求在建筑施工过程中,必须针对工地易发生事故的部位,采用可靠的防护措施,以及作为防护的补充措施,要求按不同作业条件正确佩戴和使用个人防护用品。

6.施工用电

是针对施工现场在工程建设过程中的临时用电而制定的,主要强调必须按照临时用电施工组织设计施工,有明确的保护系统,符合"三级配电、两级保护"要求,做到"一机、一闸、一漏、一箱",线路架设符合规定。

7.物料提升机与外用电梯

施工现场使用的物料提升机和人货两用电梯是垂直运输的主要设备,物料提升机目前尚未定型,多由企业自己制作自己使用,存在着设计制作不符合规范规定,使用管理随意的情况;人货两用电梯虽然设备本身是由厂家生产,但也存在组装、使用及管理上的隐患,一旦发生问题将会造成重大事故。所以必须按照规范及有关规定,对这两种设备进行认真检查,严格管理,防止发生事故。

8.塔吊

塔式起重机因其高度高和幅度大的特点大量用于建筑工程施工,可以同时解决垂直及水平运输,但由于其使用环境、条件复杂和多变,在组装、拆除及使用中存在一定的危险性,使用、管理不善易发生倒塔事故造成人员伤亡。所以要求组装、拆除必须由具有资格的专业队伍承担,使用前进行试运转检查,使用中严格按规定要求进行。

9.起重吊装

主要指建筑工程中的结构吊装和设备安装工程。起重吊装是专业性强且危险性较大的工作,所以要求必须做专项施工方案,进行试吊,有专业队伍安装操作和经验收合格的起重设备。

10.施工机具

施工现场除使用大型机械设备外,也大量使用中小型机械和机具,这些机具虽然体积较小,但仍有其危险性,有必要进行规范,否则造成事故也相当严重。

建筑施工安全检查评分汇总表见附录中表6-1。

6.3 安全评价内容

6.3.1 安全管理

1. 安全生产责任制

(1) 项目部、班组应当建立健全逐级安全生产责任制,施工现场主要检查项目部制定的安全生产责任制,包括:项目负责人、工长(施工员)、班组长等生产指挥系统及技术、机械、器材、后勤等有关部门,是否都按其职责分工,确定了安全责任,并有文字记录。

(2) 项目对项目部各级、各部门安全生产责任制应按照规定制订检查和考核办法,并按规定期限进行考核,对考核结果及实施情况应有记录。检查组对现场的实地检查作为评定责任制落实情况的主要依据。

(3) 项目独立承包的工程在签订经济承包合同中必须有安全生产工作的具体指标和要求。工地由多单位施工时,总分包单位在签订分包合同的同时要签订安全生产合同(协议),签订合同前要检查分包单位的营业执照、企业资质证书、安全资格证等。分包队伍的资质应与工程要求相符,在安全合同中应明确"总包方统一管理,分包方各负其责",服从总包单位对整个施工现场的安全管理。分包单位在其分包范围内建立施工现场安全生产管理制度,并组织实施。

(4) 项目的主要工种应有相应的安全技术操作规程,一般应包括:瓦工、拌灰工、混凝土工、木工、钢筋工、机械操作工、电气焊工,起重司机、信号指挥、塔吊司机、架子工、水暖工、油漆工等工种人员,特种作业应另行补充。应将安全技术操作规程列为日常安全活动和安全教育的主要内容,并应悬挂在操作岗位正前偏上方。

（5）施工现场应按工程项目大小配备专（兼）职安全人员。可按建筑面积 1 万 m² 以下的工地至少有 1 名专（兼）职人员；1 万 m² 以上的工地设 2~3 名专职人员；5 万 m² 以上的大型工地，按不同专业组成安全管理组进行安全监督检查。

（6）对工地管理人员的责任制考核工作，可分为定期检查和随机抽查，进行口试或简单笔试。

2．目标管理

（1）施工现场对安全工作应制定工作目标。检查目标管理部分内容主要包括：

① 伤亡事故控制目标：杜绝死亡、避免重伤，一般事故应有控制指标；

② 安全达标目标：根据工程特点，按部位制定安全达标的具体目标；

③ 文明施工实现目标：根据工程特点，制定文明施工的具体方案和实现文明工地的目标。

（2）制定的安全管理目标，根据安全责任目标的要求，按专业管理将目标分解到人。

（3）对分解的责任目标及责任人的执行情况与经济挂勾，每月有考核结果并记录。

（4）安全管理目标执行的如何，有具体的责任分析和考核办法，每月随考核结果兑现。

3．施工组织设计

（1）所有施工项目在编制施工组织设计时，应当结合工程特点制定相应的安全技术措施。安全技术措施要针对工程特点、施工工艺、作业条件以及队伍素质等，按施工部位列出施工的危险点，对照各危险点制定具体的防护措施和作业注意事项，并对各种防护设施的用料计划一并纳入施工组织设计，安全技术措施必须经上级主管领导审批，并经专业部门会签。

（2）对专业性强、危险性大的工程项目，如脚手架、模板工程、基坑支护、施工用电、起重吊装作业、塔吊、物料提升机及其他垂直运输设备的安装与拆除,及基础和附着的设计,孔洞临边防护,以及爆破施工、水下施工、拆除施工、人工挖孔桩施工等项目,应当编制专项安全施工组织设计,并采取相应的安全技术措施,保证施工安全。

(3) 安全技术措施的制定必须结合工程特点和现场实际,当施工方案有变化时,安全技术措施也应重新修订并经审批。方案和措施不能与工程实际脱节,不能流于形式。

4. 分部(分项)工程安全技术交底

(1) 安全技术交底工作在正式作业前进行,不但口头讲解,同时应有书面文字材料,并履行签字手续,施工负责人、生产班组、现场安全员三方各留一份。

(2) 安全技术交底主要包括两方面的内容:一是在施工方案的基础上进行的,按照施工方案的要求,对施工方案进行细化和补充;二是要将操作者的安全注意事项讲明,保证操作者的人身安全。交底内容不能过于简单,千篇一律口号化。应按分部分项工程特点和针对作业条件的变化具体进行。

(3) 安全技术交底工作,是施工负责人向施工作业人员进行职责落实的法律要求,要严肃认真的进行,不能流于形式。

5. 安全检查

(1) 施工现场应建立定期的安全检查制度,并有文字材料和具体规定。

(2) 安全检查时,应由施工负责人组织有关专业人员和部门负责人共同进行。施工生产指挥人员每天在工地指挥生产的同时,也应检查和解决安全问题,但不能替代正式的安全检查工作。

(3) 安全检查应按照有关规范、标准进行,并对照安全技术措施提出的具体要求检查。凡不符合规定的和存在隐患的问题,均应进行登记,定人、定时间、定措施、定整改复查人解决,并对实际整改情况进行登记。

(4) 对有关上级来工地检查中下达的重大事故隐患通知书所列项目,是否如期整改和整改情况应一并进行登记。

6. 安全教育

(1) 对安全教育工作应建立定期的安全教育制度并认真执行,有专人负责监督。

(2) 新入厂工人必须经公司、项目、班组三级安全教育。三级教育的内容、时间及考核结果要有记录。按照建设部教[1997]83号文《建筑业企业职工安全培训教育暂行规定》规定:公司教育内容:国家和地方有关安全生产的方针、政策、法规、标准、规范、规程和企业的安全规章制度等。

项目教育的内容:工地安全制度、施工现场环境、工程施工特点及可能存在的不安全因素等。

班组教育内容:本工种的安全操作规程、事故案例剖析、劳动纪律和岗位讲评等。

(3) 工人变换工种,应先进行操作技能及安全操作知识的培训,考核合格后方可上岗操作。进行教育和考核应有记录资料。

(4) 对安全教育制度中规定的定期教育执行情况,应进行定期检查考核结果记录。

(5) 检查时可对现场施工管理人员及安全专(兼)职人员进行了解,并抽查工人安全操作规程的掌握情况。

(6) 企业安全人员每年培训时间应不少于 40 学时,施工管理人员也应按建设部规定每年进行安全培训,考核合格后持证上岗。

7. 班前安全活动

(1) 班前安全活动是行之有效的措施并应形成制度,按照规定坚持执行。

(2) 班前安全活动应有人负责抽查、指导、管理,应有活动内容,针对各班组专业特点和作业条件进行。不能以布置生产工作替代安全活动内容,每次活动应简单记录活动重点内容。

8. 特种作业持证上岗

(1) 按照规定特种作业范围包括:

1) 电工作业;

2) 金属焊接切割作业;

3）起重机械(含电梯)作业；

4）企业内机动车辆驾驶；

5）登高架设作业；

6）锅炉作业(含水质化验)；

7）压力容器操作；

8）制冷作业；

9）爆破作业；

10）矿山通风作业(含瓦斯检验)；

11）矿山排水作业(含尾矿坝作业)；

12）由省、自治区、直辖市安全生产综合管理部门或国务院行业主管部门提出，并经国家经济贸易委员会批准的其他作业。特种作业操作人员应按照规定参加上级有关部门进行的培训并经考核合格持证上岗。当证件超过规定的有效期限时，应进行复试，否则便视为无证上岗。

（2）特种作业人员应进行登记造册，并记录合格者的号码，有效年限，由专人管理并加强监督检查。

9．工伤事故处理

（1）施工现场凡发生轻伤、重伤、死亡及多人险肇事故均应进行登记，并按国家有关规定逐级上报。

（2）发生的各类事故均应组织调查和配合上级调查组进行工作。发生轻伤和险肇事故时，应把工地自己组织的调查情况和吸取教训及处理结果进行登记。重伤以上事故，按上级有关调查处理规定程序进行登记。

（3）建立符合要求的工伤事故档案，没有发生伤亡事故时，也应如实填写《建设系统的伤亡事故月报表》，按月向上级主管部门上报。

10．安全标志

（1）施工现场应针对作业条件悬挂符合《安全标志》(GB 2894—1996)的安全色标，并应绘制施工现场安全标志布置图。当多层建筑各层标志不一致时，可按各层表示或绘制分层布置图。

安全标志布置图应有绘制人签名,并经项目经理审批。

(2) 安全色标应有专人管理,作业条件变化或损坏时,应及时更换。安全色标应针对作业危险部位标挂,不可以全部并排挂而流于形式。

安全管理检查评分表见附录中表 6-2。

6.3.2 文明施工

1. 现场围挡

(1) 围挡的高度按当地行政区域的划分,市区主要路段的工地周围设置的围挡高度不低于 2.5m;一般路段的工地周围设置的围挡高度不低于 1.8m。

(2) 围挡材料应选用砌体,金属板材等硬质材料,禁止使用彩条布、竹笆、安全网等易变形材料,做到坚固、平稳、整洁、美观。

(3) 围挡的设置必须沿工地四周连续进行,不能有缺口或存在个别处不坚固等问题。

2. 封闭管理

(1) 为加强现场管理,施工工地应有固定的出入口。出入口应设置大门便于管理。

(2) 出入口应有专职门卫人员及门卫管理制度,切实起到门卫作用来加强人员和材料进出的管理。

(3) 为加强对出入现场人员的管理,规定进入施工现场人员都应佩戴工作卡以示证明,工作卡应佩戴整齐。

(4) 出入大门口的形式,各企业各地区可按自己的特点进行设计。

3. 施工场地

(1) 工地的地面,有条件的可做混凝土地面,无条件的可采用其他硬化地面的措施,使现场地面平整坚实。但像搅拌机棚内等处易积水的地方,应做水泥地面和有良好的排水措施。

(2) 施工场地应有循环干道,且保持经常畅通,不堆放构件、材料、道路应平整坚实,无大面积积水。

(3) 施工场地应有良好的排水设施,保证排水畅通。

（4）工程施工的废水、泥浆应经流水槽或管道流到工地集水池统一沉淀处理，不得随意排放和污染施工区域以外的河道、路面。

（5）施工现场的管道不能有跑、冒、滴、漏或大面积积水现象。

（6）施工现场应该禁止吸烟，防止发生危险。应该按照工程情况设置固定的吸烟室或吸烟处，吸烟室应远离危险区并设必要的灭火器材。

（7）工地应尽量地做到绿化，尤其在市区主要路段的工地应该首先做到。

4．材料堆放

（1）施工现场工具、构件、材料的堆放必须按照总平面图规定的位置放置。

（2）各种材料、构件堆放必须按品种、分规格堆放，并设置明显标牌。

（3）各种物料堆放必须整齐，砖成丁，砂、石等材料成方，大型工具应一头平齐，钢筋、构件、钢模板应堆放整齐用通长的木方垫起。

（4）作业区及建筑物楼层内，应工完场清。除去现浇混凝土的施工层外，上部各楼层凡达到强度的，随拆模应及时清理运走，不能马上运走的必须码放整齐。

（5）各楼层内清理的垃圾不得长期堆放在楼层内，应及时运走，施工现场的垃圾也应分别按类型集中堆放。

（6）易燃易爆物品不能混放，除现场有集中存放处外，班组使用的零散的各种易燃易爆物品，必须按有关规定存放。

5．现场住宿

（1）施工现场必须将施工作业区与生活区严格分开不能混用。在建工程内不得兼作宿舍，因为在施工区内住宿会带来各种危险，如落物伤人，触电或内洞口，临边防护不严而造成事故。如两班作业时，施工噪音影响工人的休息。

（2）施工作业区与办公区及生活区应有明显划分有隔离和安

全防护措施,防止发生事故。

(3)寒冷地区,冬季住宿应有保暖措施和防煤气中毒的措施。炉火应统一设置,有专人管理并有岗位责任。

(4)炎热季节,宿舍应有消暑和防蚊虫叮咬措施,保证施工人员有充足睡眠。

(5)宿舍内床铺及各种生活用品放置整齐,室内应限定人数,有安全通道,宿舍门向外开,被褥叠放整齐、干净、室内无异味。

(6)宿舍周围环境卫生好,不乱泼乱倒,应设污物桶、污水池。房屋周围道路平整,室内照明灯具低于 2.4m 时,采用 36V 安全电压,不准在电线电缆上晾衣服。

6.现场防火

(1)施工现场应根据施工作业条件订立消防制度或消防措施,并记录落实效果。

(2)按照不同作业条件,合理配备灭火器材。如电气设备附近应设置干粉类不导电的灭火器材;对于设置的泡沫灭火器应有换药日期和防晒措施。灭火器材设置的位置和数量等均应符合有关消防规定。

(3)当建筑施工高度超过 30m(或当地规定)时,为解决单纯依靠消防器材灭火效果不足问题,要求配备有足够的消防水源和自救的用水量,立管直径在 DN50(2 吋)以上,有足够扬程的高压水泵保证水压和每层设有消防水源接口。

(4)施工现场应建立动火审批制度。凡有明火作业的必须经主管部门审批(审批时应写明要求和注意事项),作业时,应按规定设监护人员,作业后,必须确认无火源危险时,方可离开。

7.治安综合治理

(1)施工现场应在生活区内适当设置工人业余学习和娱乐场所,以使劳动后的人员也能有合理的休息方式。

(2)施工现场应建立治安保卫制度和责任分工,并有专人负责进行检查落实情况。

(3)治安保卫工作不但是直接影响施工现场的安全与否的重

要工作,同时也是社会安定所必需,应该措施得力,效果明显。

8. 施工现场标牌

(1) 施工现场的进口处应有整齐明显的"五牌一图"。

五牌:工程概况牌

管理网络及监督电话牌

消防保卫牌

安全生产牌

文明施工牌

一图:施工现场总平面图

如果有的地区认为内容还应再增加,可按地区要求增加。五牌内容没有作具体规定,可结合本地区,本企业及本工程特点进行要求。

(2) 标牌是施工现场重要标志,所以不但内容应有针对性,同时标牌制作、标挂也应规范整齐,字体工整。

(3) 为进一步对职工做好安全宣传工作,要求施工现场在明显处,应有必要的安全内容的标语。

(4) 施工现场应该设置读报栏、黑板报等宣传园地,丰富学习内容,表扬好人好事。

9. 生活设施

(1) 施工现场应设置符合卫生要求的厕所,有条件的应设水冲式厕所,厕所应有专人负责管理。

(2) 建筑物内和施工现场应保持卫生,不准随地大小便。高层建筑施工时,可隔几层设置移动式简易厕所,切实解决施工人员的实际问题。

(3) 食堂建筑、食堂卫生必须符合有关卫生要求。炊事员必须有卫生防疫部门颁发的体检合格证,生熟食应分别存放,食堂炊事人员穿白色工作服,食堂卫生定期检查等。

(4) 食堂应在明显处张挂卫生责任制并落实到人。

(5) 施工现场作业人员应能喝到符合卫生要求的白开水。有固定的盛水器具和有专人管理。

（6）施工现场应按作业人员的数量设置足够使用的淋浴设施，淋浴室在寒冷季节应有暖气、热水，淋浴室应有管理制度和专人管理。

（7）生活垃圾应及时清理，装入容器集中运送，不能与施工垃圾混放，并设专人管理。

10．保健急救

（1）较大工地应设医务室，有专职医生值班。一般工地无条件设医务室的，应有保健药箱及一般常用药品，并有医生巡回医疗。

（2）为适应临时发生的意外伤害，现场应具有急救器材（如担架等）以便及时抢救，不扩大伤势。

（3）施工现场应有经培训合格的急救人员，懂得一般急救处理知识。

（4）为保障作业人员健康，应在流行病发生季节及平时定期开展卫生防病的宣传教育。

11．社区服务

（1）工地施工不扰民，应针对施工工艺设置防尘和防噪声设施，做到不超标（施工现场噪声规定不超过 85dB）。

（2）按当地规定，在允许的施工时间之外必须施工时，应有主管部门批准手续，并做好周围工作。

（3）现场不得焚烧有毒、有害物质，应该按照有关规定进行处理。

（4）现场应采取不扰民措施。有责任人管理和检查，或与社区定期联系听取意见，对合理意见应处理及时，工作应有记载。

文明施工检查评分表见附录中表 6-3。

6.3.3 脚手架

6.3.3.1 落地式外脚手架

1．施工方案

（1）脚手架搭设之前，应根据工程的特点和施工工艺确定搭设方案，内容应包括：基础处理、搭设要求、杆件间距及连墙杆设置位置、连接方法,并绘制施工详图及大样图。

(2) 脚手架的搭设高度超过规范规定的要进行计算。

① 连墙件及立杆地基承载力等应根据实际荷载进行设计计算并绘制施工图;

② 当搭设高度为 25～50m 时,应对脚手架整体稳定性从构造上进行加强。如纵向剪刀撑必须连续设置,增加横向剪刀撑;连墙杆的强度相应提高,间距缩小。在多风地区对搭设高度超过 40m 的脚手架,考虑风涡流的上翻力,应在设置水平连墙体的同时,还应有抗上升翻流作用的连墙措施等,以确保脚手架的使用安全;

③ 当搭设高度超过 50m 时,可采用双立杆加强或采用分段卸荷,沿脚手架全高分段将脚手架与梁板用钢丝绳吊拉,将脚手架的部分荷载传给建筑物承担;或采用分段搭设,将各段脚手架荷载传给由建筑物伸出的悬挑梁、架承担,并经设计计算;

④ 对脚手架进行的设计计算必须符合脚手架规范的有关规定,并经公司(厂院)技术负责人审批。

(3) 脚手架的施工方案应与现场搭设的脚手架类型相符,当现场因故改变脚手架类型时,必须重新修改脚手架方案并经审批后,方可施工。

2. 立杆基础

(1) 脚手架立杆基础应符合方案要求。

① 搭设高度在 25m 以下时,可素土夯实找平,上面铺 5cm 厚木板,长度为 2m 时垂直于墙面放置;长度大于 3m 时平行于墙面放置;

② 搭设高度在 25～50m 时,应根据施工项目现场地耐力情况设计。基础作法,或采用回填土分层夯实达到要求时,可用枕木支垫,或在地基上加铺 20cm 厚道碴,其上铺设混凝土板,再仰铺 [12～[16 号槽钢;

③ 搭设高度超过 50m 时,应进行计算并根据地耐力设计基础作法,或于地面下 1m 深处采用灰土基础,或浇注 50cm 厚混凝土基础,其上采用枕木支垫。

（2）扣件式钢管脚手架的底座有可锻铸铁制造与焊接底座两种。搭设时应用木垫板铺平，放好底座，再将立杆放入底座内，不准将立杆直接置于木板上，否则将改变垫板受力状态。底座下设置垫板有利于荷载传递，实验表明：标准底座下加设木垫板（板厚5cm，板长≥200cm），可将地基土的承载能力提高5倍以上。当木板长度大于2跨时，将有助于克服两立杆间的不均匀沉陷。

（3）当立杆不埋设时，离地面20cm处，设置纵向及横向扫地杆。设置扫地杆的做法与大横杆及小横杆相同，其作用是固定立杆底部，约束立杆水平位移及沉陷，从试验看，不设置扫地杆的脚手架承载能力也有下降。

（4）木脚手架的立杆埋设时，可不设置扫地杆。埋设深度30～50cm，坑底应夯实垫碎砖，坑内回填土应分层夯实。

（5）脚手架基础地势较低时，应考虑周围设有排水措施，木脚手架立杆埋设回填土后应留有土墩高出地面，防止下部积水。

3. 架体与建筑结构拉结

（1）脚手架高度在7m以下时，可采用设置抛撑方法来保持脚手架的稳定，当搭设高度超过7m，不便设置抛撑时，应与建筑物进行连接。

① 脚手架与建筑物连接不但可以防止因风荷载而发生的向内或向外倾翻事故，同时可以作为架体的中间约束，减少立杆的计算长度，提高承载能力，保证脚手架的整体稳定性；

② 连墙杆的间距，一般应保证水平6m，垂直4m。当脚手架搭设高度需要缩小连墙杆间距时，减少垂直间距比缩小水平间距更为有效，从脚手架荷载试验中看，连墙杆按二步三跨设置比三步二跨设置时，承载能力提高7%；

③ 连墙杆应从底层第一步大横杆处开始设置；

④ 连墙杆宜靠近主节点设置，距主节点不应大于300mm。

（2）连墙杆必须与建筑结构部位连接，以确保承载能力。

① 连墙杆位置应在施工方案中确定，并绘制作法详图，不得在作业中随意设置。严禁在脚手架使用期间拆除连墙杆；

② 连墙杆与建筑物连接作法可作成柔性连接或刚性连接。柔性连接可在墙体内预埋 $\phi8$ 钢筋环,用双股 8 号($\phi4$)钢丝与架体拉接的同时增加支顶措施,限制脚手架里外两侧变形。当脚手架搭设高度超过 24m 时,不准采用柔性连接;

③ 在搭设脚手架时,连墙杆应与其他杆件同步搭设;在拆除脚手架时,应在其他杆件拆到连墙杆高度时,最后拆除连墙杆。最后一道连墙杆拆除前,应先设置抛撑后,再拆连墙杆,以确保脚手架拆除过程中的稳定性。

4．杆件间距与剪刀撑

（1）立杆、大横杆、小横杆等杆件间距应符合规范规定和施工方案要求。当遇门口等处需加大间距时,应按规范规定进行加固。

（2）立杆是脚手架主要受力杆件,间距应均匀设置,不能加大间距,否则降低立杆承载能力;大横杆步距的变化也直接影响脚手架承载能力,当步距由 1.2m 增加到 1.8m 时,临界荷载下降27%。

（3）剪刀撑是防止脚手架纵向变形的重要措施,合理设置剪刀撑还可以增强脚手架的整体刚度,提高脚手架承载能力 12% 以上。

① 每组剪刀撑跨越立杆根数为 5～7 根($\geqslant$6m),斜杆与墙面夹角在 45°～60°之间;

② 高度在 24m 以下的单、双排脚手架,均必须在外侧立面的两端各设置一组剪刀撑,由底部至顶部随脚手架的搭设连续设置;中间部分可间断设置,由底部至顶部随脚手架的搭设边搭边设;中间部分间断设置的,各组剪刀撑间距不大于 15m;

③ 高度在 25 m 以上的双排脚手架,在外侧立面必须沿长度和高度连续设置;

④ 剪刀撑斜杆应与立杆和伸出的小横杆进行连接,底部斜杆的下端应置于垫板上;

⑤ 剪刀撑斜杆的接长,均采用搭接,搭接长度不小于 0.5m,设置不少于 2 个旋转扣件。

(4) 横向剪刀撑。脚手架搭设高度超过 24m 时,为增强脚手架横向平面的刚度,可在脚手架拐角处及中间沿纵向每隔 6 跨,在横向平面内加设斜杆,使之成为"之"字形或"十"字形。遇操作层时可临时拆除,转入其他层时应及时补设。

5. 脚手板与防护栏杆

(1) 脚手板是施工人员的作业平台,必须按照脚手架的宽度满铺,板与板之间紧靠。采用对接时,接头处下设两根小横杆;采用搭接时,接槎应顺重车方向;竹笆脚手板应按主竹筋垂直于大横杆方向铺设,且采用对接平铺,四角应用 $\phi1.2$ 镀锌钢丝固定在大横杆上。

(2) 脚手板可采用竹、木、钢脚手板,其材质应符合规范要求。竹脚手板应采用由毛竹或楠竹制作的竹串片板、竹笆板。竹板必须是穿钉牢固,无残缺竹片;木脚手板应是 5cm 厚,非脆性木材(如桦木等)、无腐朽、劈裂板;钢脚手板用 2mm 厚板材冲压制成,如锈蚀,裂纹超规定时,不能使用。

(3) 凡脚手板伸出小横杆以外大于 20cm 的称为探头板。由于目前铺设脚手板多不与脚手管绑扎牢固,若遇探头板有可能造成坠落事故,为此必须严禁探头板出现。当操作层不需沿脚手架长度满铺脚手板时,可在端部采用护栏及网将作业面限定,把探头板封闭在作业面以外。

(4) 脚手架外侧应按规定设置密目安全网,安全网设置在外排立杆的里面。密目网必须用合乎要求的系绳将网周边每隔 45cm(每个环扣间隔)系牢在脚手管上。

(5) 遇作业层时,还要在脚手架外侧大横杆与脚手板之间,按临边防护的要求设置防护栏杆和挡脚板,防止作业人员坠落和脚手板上物料滚落。

6. 交底与验收

(1) 脚手架搭设前,施工负责人应按照施工方案要求,结合施工现场作业条件和队伍情况,做详细的交底,并有专人指挥。

(2) 脚手架搭设完毕,应由施工负责人组织,有关人员参加,按照施工方案和规范分段进行逐项检查验收,确认符合要求后,方可投入使用。

(3)检验标准。应按照相应规范要求进行。

① 钢管立杆纵距偏差为 $\pm 50mm$;

② 钢管立杆垂直度偏差不大于 $1/100H$,且不大于 $10cm$(H为总高度);

③ 扣件紧固力矩为:$40\sim 50N\cdot m$,不大于 $65N\cdot m$。抽查安装数量的 5%,扣件不合格数量不多于抽查数量的 10%;

④ 扣件紧固程度直接影响脚手架的承载能力。试验表明,当扣件螺栓扭力矩为 $30N\cdot m$ 时,比 $40N\cdot m$ 时的脚手架承载能力下降 20%。

(4)对脚手架检查验收按规范规定进行,凡不符合规定的应立即进行整改,对检查结果及整改情况,应按实测数据进行记录,并由检测人员签字。

7. 小横杆设置

(1)规范规定应该在立杆与大横杆的交点处设置小横杆,小横杆应紧靠立杆用扣件与大横杆扣牢。设置小横杆的作用有三:一是承受脚手板传来的荷载;二是增强脚手板横向平面的刚度;三是约束双排脚手架里外两排立杆的侧向变形,与大横杆组成一个刚性平面,缩小立杆的长细比,提高立杆的承载能力。当遇作业层时,应在两立杆中间再增加一道小横杆,以缩小脚手板的跨度,当作业层转入其他层时,中间处小横杆可以随脚手板一同拆除,但交点处小横杆不应拆除。

(2)双排脚手架搭设的小横杆,必须在小横杆的两端与里外排大横杆扣牢,否则双排脚手架将变成两片脚手架,不能共同工作,失去脚手架的整体性;当使用竹笆脚手板时,双排脚手架的小横杆两端应固定在立杆上,大横杆搁置在小横杆上固定,大横杆间距≤40cm。

(3)单排脚手架小横杆的设置位置,与双排脚手架相同。不能用于半砖墙、18cm墙、轻质墙、土坯墙等稳定性差的墙体。小横杆在墙上的搁置长度不应小于 18cm,小横杆入墙过小一是影响支点强度,另外单排脚手架产生变形时,小横杆容易拔出。

8. 杆件搭接

(1) 木脚手架的立杆及大横杆的接长应采用搭接方法,搭接长度不小于 1.5m,并应大于步距和跨距,防止受力后产生转动。

(2) 钢管脚手架的立杆及大横杆的接长应采用对接方法。立杆若采用搭接,当受力时,因扣件的销轴受剪,降低承载能力,试验表明:对接扣件的承载能力比搭接大 2 倍以上;大横杆采用对接可使小横杆在同一水平面上,利于脚手架搭设;剪刀撑由于受拉(压),所以接长时应采用搭接,搭接长度不小于 50cm,接头处设置扣件不少于两个。考虑脚手架的各杆件接头处传力性能差,所以接头应交错排列不得设置在一个平面内。

9. 架体内封闭

(1) 脚手架铺设脚手板一般应至少两层,上层为作业层,下层为防护层,当作业层脚手板发生问题而落下落物时,下层起防护作用。当作业层的脚手板下无防护层时,应尽量靠近作业层处挂一层平网作防护层,平网不应离作业层过远,应防止坠落时平网与作业层之间小横杆引起的伤害。

(2) 当作业层脚手板与建筑物之间缝隙(≥15cm),已构成落物、落人危险时,也应采取防护措施,不使落物对作业层以下发生伤害。

10. 脚手架材质

(1) 木脚手架应采用质轻坚韧的剥皮杉杆或落叶松,不得使用质脆、腐朽及有枯节木材。立杆梢径不小于 7cm,横杆梢径不小于 8cm。

(2) 钢管材质一般应使用 Q235(3 号钢)钢材,外径 48mm(51mm)、壁厚 3.5mm 的焊接钢管,小横杆长度 2.1～2.3m 为宜,立杆、大横杆的长度 4～4.5m 为宜(不超过 6.5m),其重量控制在每根 25kg 以内,便于操作。锈蚀、变形超过规定的,禁止使用。

扣件由可锻铸铁制成,当扣件螺栓拧紧,扭力矩为 40～50N·m

时,扣件本身所具有的抗滑、抗旋转和抗拔能力均能满足实际使用要求。

(3) 关于取消竹脚手架。

国家制定这次检查标准(JGJ 59—99)时,取消了竹脚手架。因为原国家规程规定,作业脚手架的材质必须为4年生长期竹梢径不小于7.5cm的竹材,而目前各地搭设脚手架的材质远远达不到这一要求,直接影响了脚手架的承载能力。另外,一些地区对竹脚手架的搭设高度也未进行严格控制($H \leqslant 25m$),使搭设后的脚手架弯曲变形没有安全保障。

(4) 脚手架搭设必须选用同一种材质,当不同材质混搭时,节点的传力不合理,判定为不合格脚手架,检查表不得分。

11. 通道

(1) 各类人员上下脚手架必须在专门设置的人行通道(斜道)行走,不准攀爬脚手架,通道可附着在脚手架设置,也可靠近建筑物独立设置。

(2) 通道(斜道)构造要求:

① 人行通道宽度不小于1m,坡度宜用1∶3;运料斜道宽度不小于1.5m,坡度1∶6;

② 拐弯处应设平台,通道及平台按临边防护要求设置防护栏杆及挡脚板;

③ 脚手板横铺时,横向水平杆中间增设纵向斜杆;脚手板顺铺时,接头采用搭接,下面板压住上面板;

④ 通道应设防滑条,间距不大于30cm。

12. 卸料平台

(1) 施工现场所用各种卸料平台,必须单独专门做出设计并绘制施工图纸。

(2) 卸料平台的施工荷载一般可按砌筑脚手架施工荷载$3kN/m^2$计算,当有特殊要求时,按要求进行设计。

卸料平台应制作成定型化、工具化的结构,无论采用钢丝绳吊拉或型钢支撑式,都应能简单合理的与建筑结构连接。

（3）卸料平台应自成受力系统，禁止与脚手架连接，防止给脚手架增加不利荷载，影响脚手架的稳定和平台的安全使用。

（4）卸料平台应便于操作，脚手板铺平绑牢，周围设置防护栏杆及挡脚板并用密目网封严，平台应在明显处设置标志牌，规定使用要求和限定荷载。

落地式外脚手架检查评分表见附录中表6-4。

6.3.3.2 悬挑式脚手架

悬挑式脚手架一般有两种：一种是每层一挑，将立杆底部顶在楼板、梁或墙体等建筑部位，向外倾斜固定后，在其上部搭设横杆、铺脚手板形成施工层，施工一个层高，待转入上层后，再重新搭设脚手架，提供上一层施工；另外一种是多层悬挑，将全高的脚手架分成若干段，每段搭设高度不超过25m，利用悬挑梁或悬挑架作脚手架基础分段悬挑，分段搭脚手架，利用此种方法可以搭设总高度超过50m以上的脚手架。

1. 施工方案

（1）悬挑脚手架在搭设之前，应制定搭设方案并绘制施工图指导施工。对于多层悬挑的脚手架，必须经设计计算确定。其内容包括：悬挑梁或悬挑架的选材及搭设方法，悬挑梁的强度、刚度、抗倾覆验算，与建筑结构连接做法及要求，上部脚手架立杆与悬挑梁的连接等。悬挑架的节点应该采用焊接或螺栓连接，不得采用扣件连接作法。其计算及施工方案应经上级技术部门或总工审批。

（2）施工方案应对立杆的稳定措施、悬挑梁与建筑结构的连接等关键部位，绘制大样详图指导施工。

2. 悬挑梁及架体稳定

（1）单层悬挑的脚手架的稳定关键在斜挑立杆的稳定与否，施工中往往将斜立杆连接在支模的立柱上，这种作法不允许。必须采取措施与建筑结构连接，确保荷载传给建筑结构承担。

（2）多层悬挑可采用悬挑梁或是挑架。悬挑梁尾端固定在钢筋混凝土楼板上，另一端悬挑出楼板。悬挑梁按立杆间距(1.5m)

布置,梁上焊短管作底座,脚手架立杆插入固定,然后绑扫地杆;也可采用悬挑架结构,将一段高度的脚手架荷载全部传给底部的悬梁架承担,悬挑架本身即形成一刚性框架,可采用型钢或钢管制作,但节点必须是螺栓连接或焊接的刚性节点,不得采用扣件连接,悬挑架与建筑结构的固定方法经计算确定。

(3) 无论是单层悬挑还是多层悬挑,其立杆的底部必须支托在牢靠的地方,并有固定措施,确保底部不发生位移。

(4) 多层悬挑每段搭设的脚手架,应该按照一般落地脚手架搭设规定,垂直不大于二步,水平不大于三跨与建筑结构拉接,以保证架体的稳定。

3. 脚手板

(1) 必须按照脚手架的宽度满铺脚手板,板与板之间紧靠,脚手板平接或搭接应符合要求,板面应平稳,板与小横杆放置牢靠。

(2) 脚手板的材质及规格应符合规范要求。

(3) 不允许出现探头板、飞跳板。

4. 荷载

(1) 悬挑脚手架施工荷载一般可按装饰架 $2kN/m^2$ 计算,有特殊要求时,按施工方案规定,施工中不准超载使用。

(2) 在悬挑架上不准存放大量材料、过重的设备,施工人员作业时,尽量分散脚手架的荷载,严禁利用脚手架穿滑车做垂直运输。

5. 交底与验收

(1) 脚手架搭设之前,施工负责人必须组织作业人员进行交底;搭设后组织有关人员按照施工方案要求进行检查验收,确认符合要求方可投入使用。

(2) 交底、检查验收工作必须严肃认真进行,要对检查情况、整改结果填写记录内容,并有签字。

6. 杆件间距

(1) 立杆间距必须按施工方案规定,需要加大时,必须修改方案,立杆的倾斜角度也不准随意改变。

(2) 单层悬挑脚手架的立杆,应该按 1.5~1.8m 步距设置大横杆,并按落地式脚手架作业层的要求设置小横杆。

(3) 多层悬挑每段脚手架的搭设要求按落地式脚手架立杆、大横杆、小横杆及剪刀撑的规定进行。

7. 架体防护

(1) 悬挑脚手架的作业层外侧,应按照临边防护的规定设置防护栏杆和挡脚板,防止人、物的坠落。

(2) 架体外侧用密目网封严。

① 单层悬挑架包括防护栏杆及斜立杆部分,全部用密目网封严;

② 多层悬挑架上搭设的脚手架,仍按落地式脚手架的要求,用密目网封严。

8. 层间防护

(1) 按照规定作业层下应有一道防护层,防止作业层人及物的坠落。

① 单层悬挑搭设的脚手架,一般只搭设一层脚手板为作业层,故须在紧贴脚手板下部挂一道平网作防护层,当在脚手板下挂平网不便时,也可沿外挑斜立杆的密目网里侧斜挂一道平网。

② 多层悬挑搭设的脚手架,仍按落地式脚手架的要求,不但有作业层下部的防护,还应在作业层脚手板与建筑物墙体缝隙过大时增加防护,防止人及物的坠落。

(2) 安全网作防护层必须封挂严密牢靠,密目网用于立网防护,水平防护时必须采用平网,不准用立网代替平网。

9. 脚手架材质

脚手架材质要求同落地式脚手架,杆件、扣件、脚手板等施工用材必须符合规范规定。

悬挑梁、悬挑架的用材应符合钢结构设计规范的有关规定,应有试验报告资料。

悬挑式脚手架检查评分表见附录中表 6-5。

6.3.3.3 门形脚手架

门形脚手架也称门式钢管脚手架,门形架使用时,首先组成基本单元,其主要部件包括门形框架,交叉支撑和水平梁架等,门架立杆的竖直方向采用连接棒和锁臂接高,纵向使用交叉支撑连接门架立杆,在架顶水平面使用挂扣式脚手板或水平梁架。这些基本组合单元相互连接,逐层叠高,左右伸展,再设置水平加固件、剪刀撑及连墙杆等,便构成整体门形脚手架。

1. 施工方案

(1)门架的选型应根据建筑物的形状、高度作业条件确定,并绘制搭设构造及节点详图。

(2)脚手架搭设高度一般限定在 45m 以下。高度在 20m 以下,可同时四层作业;高度在 35m 以下可同时三层作业;高度在 45m 以下可同时两层作业;当降低施工荷载并缩小连墙杆的间距后,脚手架搭设高度可增至到 60m。

(3)当脚手架搭设高度超过 60m 时,应进行设计计算,采用分段搭设方法进行。其设计计算应经上级技术部门或总工审批。

2. 架体基础

(1)立杆基础应平整夯实。

① 搭设高度在 25m 以下时,原土夯实,其上垫 5cm 厚木板;

② 搭设高度在 25～45m 时,原土夯实,其上铺 15cm 厚道渣夯实,再铺木板或槽钢;

③ 搭设高度超过 45cm 时,应对基础进行设计计算确定。

(2)底部门架下端纵横设置扫地杆,用于调整和减少门架的不均匀沉降。

3. 架体稳定

(1)门架的内外侧均应交叉支撑,其尺寸应与门架间距相匹配,并与门架立杆锁牢。

① 连墙体的设置:架高 45m 以下时,垂直≤6m,每两层设一处,水平≤8m;架高 45～60m 时,垂直≤4m(每层设一处),水平≤6m,并应符合规范规定;

② 水平架的设置要求:架高 45m 以下时,每两步门架设置一道;架高 45～60m 时,水平架应每步门架设置一道(当采用挂扣式脚手板时,可不设置水平架)。

(2) 连墙件的设置,应按规定间距随脚手架搭设同步进行,不得漏设。连墙件应采用刚性作法,其承载力不小于 10kN,靠近门架横梁设置。脚手架转角处及一字形或非闭合的脚手架两端应增设连墙件。

(3) 剪刀撑设置要求:

① 脚手架高超过 20m 时,应在脚手架外侧每隔 4 步设置一道,并形成水平闭合圈。剪刀撑沿脚手架高度与脚手架同时搭设;

② 剪刀撑宽度为 4～8m,与地面夹角 45°～60°;

③ 剪刀撑接长采用搭接,搭接长度应≥50cm,用不少于两个扣件扣牢;

④ 脚手架搭设应与主体高度相适应,一次搭设高度不应超过最上层连墙点二步以上(或自由高度≤4m)。脚手架随搭设随校正垂直度,沿墙面纵向垂直偏差应小于 $H/600$ 及 50mm(H 为脚手架高度)。应该严格控制首层门架垂直度和水平度,使门架立杆在两个方向的垂直偏差均在 2mm 以内,顶部水平偏差控制在 5mm 以内。安装门架时,上下门架立杆对齐,对中偏差不应大于 3mm。

4. **杆件、锁件**

(1) 不同产品的门架与零配件不得混合使用。上下门架的组装必须设置连接棒及锁壁。加固件、剪刀撑及连墙件的安装必须与脚手架同步进行。

(2) 门型架内外侧均应设置交叉支撑,并与门架立杆上的锁销锁牢,由于施工需要拆除内侧交叉支撑时,应在门架单元上、下设置水平架,施工完毕后,立即恢复交叉支撑,以保证架体稳定。

(3) 门架安装应自一端向另一端延伸,不得相间进行,搭完一部架后,应检查、调整水平度及垂直度。各部件的锁壁、搭钩必须处于锁住状态。

5. 脚手板

(1) 作业层应连续满铺挂扣式脚手板,脚手板搭钩应与门架横梁扣紧,用滑动板挡锁牢。

(2) 当采用其他一般脚手板时,应将脚手板与门架横杆用钢丝绑牢,严禁出现探头板。并沿脚手架高度每步设置一道水平加固杆或设置水平架,加强脚手架的稳定。

6. 交底与验收

(1) 脚手架搭设前,施工负责人应按照施工方案的要求,结合施工现场作业条件和队伍情况,做详细交底,并确定指挥人员。

(2) 脚手架搭设完毕,应由施工负责人组织有关人员参加,按照施工方案和规范要求进行逐项检查验收,确认符合要求后,方可投入使用。

(3) 对脚手架检查验收应按规范规定进行,凡不符合规定的应立即整改,对检查结果及整改情况,应接实测数据进行记录,并由检测人员签字。

7. 架体防护

(1) 作业层外侧应按临边防护要求,设置两道防护栏杆和挡脚板,防止作业人员坠落和脚手板上物料滚落。

(2) 脚手架的外侧应按规定设置密目安全网。密目网必须使用合乎要求的系绳将网周边每隔 45cm(每个环吊间隔)系牢在脚手杆上。

8. 材质

(1) 门架及其配件的规格、质量应符合《门式钢管脚手架》JGJ 76 的规定,并应有出厂合格证书及产品标志。

(2) 门架平面外弯曲应≤4mm、可轻微锈蚀,立杆中距差±5mm,其他配件弯曲应≤3mm、无裂纹、轻微锈蚀者为合格,或按规范规定标准检验。

(3) 一般质量检查可按不同情况分为甲、乙、丙三类。

甲类:有轻微变形、损伤、锈蚀、经简单处理后,重新油漆保养可继续使用;

乙类:有一定轻度弯曲、变形和锈蚀,但经矫直、平整、更换部件、修复、除锈、油漆等,可继续使用;

丙类:主要受力杆件变形较严重,锈蚀面积达 50% 以上,有片状剥落,经修复和经性能试验不能满足要求,应做报废处理。

9. 荷载

(1)门型脚手架施工荷载:结构架 $3kN/m^2$,装饰架 $2kN/m^2$。施工中脚手架堆料数量和作业人员不应超过规定。

(2)避免集中堆料和较重设备,防止脚手架变形和脚手板断裂。

(3)脚手架上同时有两个以上作业层时,在一个架距内作业层的施工均布荷载总和不得超过 $5kN/m^2$。

10. 通道

(1)禁止在脚手架外侧任意攀登,因为攀登易发生人身事故,同时由于交叉支撑本身刚度差,产生变形后影响脚手架的正常使用。

(2)门型架有钢制梯配件,专门提供作业人员上下使用,由钢梯梁、踏板、搭钩等组成。钢梯挂扣在相邻上下两步门架的横杆上,用防滑脱挡板与横杆锁扣牢固。

门形脚手架检查评分表见附录中表 6-6。

6.3.3.4　挂脚手架

挂脚手架是采用型钢焊制成定型刚架,用挂钩等措施在建筑结构内埋设的钩环或预留洞穿设的挂钩螺栓,随结构施工往上逐层提升。挂脚手架制作简单,用料少,主要用于多层建筑的外墙粉刷、勾缝等作业,但由于稳定性差,如使用不当会发生事故。

1. 施工方案

(1)使用挂脚手架应视工程情况编制施工方案。挂脚手架设计的关键是悬挂点,对预埋钢筋环或采用穿墙螺栓方法都必须有足够强度和使用安全。由于外挂脚手架对建筑结构附加了较大的外荷载,投入使用前,应按 $2kN/m^2$ 均布荷载试压不少于 4h,对悬挂点及挂架的焊接情况进行检查确认。

（2）施工方案应详细、具有针对性,其设计计算及施工详图应经上级技术负责人审批。

2．制作组装

（1）架体选材及规格必须按施工方案要求进行,应按设计要求选用焊条、焊缝并按规范规定检验。

（2）悬挂点的具体作法及要求应有施工详图和制作要求,施工现场要对所有悬挂点逐个检验,符合设计要求时,方可使用。

（3）由于挂脚手架脚手板支承点即为挂架,所以挂脚手架间距不得大于 2m,否则脚手板跨度过大,承受荷载后,变形大,容易发生断裂事故。

3．材质

（1）使用钢材及焊条应有材质证明书。重复使用的钢架应认真检查,往往因拆除时,钢架从高处往下扔,造成局部开焊或变形,必须修复合格后再使用。

（2）钢材应经防锈处理,经检查发现锈蚀者,在确认不影响材质时,方可继续使用。

4．脚手板

（1）铺设脚手板时,首先检查挂脚手架切实挂牢后才可进行。脚手板必须使用 5cm 厚木板,不得使用竹脚手板。应该认真挑选无枯节、无腐朽、韧性好的木板,板必须长出支点 20cm 以上。

（2）脚手板要铺满铺严,沿长度方向搭接后与脚手架绑扎牢固。

（3）禁止出现探头板,当遇拐角处应将挂架子用立网封闭,把探头板封在外面;或另采用可靠措施,将脚手板通长交错铺严,避免探头板。

5．交底与验收

（1）脚手架进场搭设前,应由施工负责人确定专人按施工方案和质量要求逐步检验,对不合格的挂架进行修复,修复后仍不合格者,应报废处理。

（2）正式使用前,先按要求进行荷载试验,确认脚手架符合设计要求。

（3）对检验和试验都应有正式格式和内容要求的文字资料，并由负责人签字。

（4）正式搭设或使用前，应由施工负责人进行详细交底并进行检查，防止发生事故。

6．荷载

（1）挂脚手架属工具式脚手架，施工荷载为 $1kN/m^2$，不能超载使用。

（2）一般每跨不大于 2m，作业人员不超过 2 人，也不能有过多存料，避免荷载集中。

7．架体防护

（1）每片挂脚手架外侧应同时装有立杆，用以设置两道防护栏杆，其下部设置挡脚板。

（2）挂脚手架外侧必须用密目网封闭，脚手架下部的建筑如有门窗等洞口时，也应进行防护。

（3）脚手板底部应设置防护层，防止作业层发生坠落事故。可采用平网紧贴脚手板底部兜严或同时采用密目网与平网双层网兜严，防止落人落物。

8．安装人员

（1）挂脚手架的安装与拆除作业较危险，必须选用有经验的架子工和参加过专门培训挂脚手架作业的人员，防止工作中发生事故。

（2）在挂脚手架及铺设脚手板时，由于底部无平网防护，作业人员必须系牢安全带。

挂脚手架检查评分表见附录中表 6-7。

6.3.3.5 吊篮脚手架

吊篮主要用于高层建筑施工的装修作业，用型钢预制成吊篮架子，通过钢丝绳悬挂在建筑顶部的悬挂梁（架）上，吊篮可随作业要求进行升降，其动力有手动与电动葫芦两种。吊篮脚手架简易实用，大多根据工程特点自行设计。

1. 施工方案

(1) 使用吊篮脚手架应结合工程情况编制施工方案：

① 吊篮脚手架的设计制作应符合《高处作业吊篮》(JG/T 5032—93)及《编制建筑施工脚手架安全技术标准的统一规定》,并经企业技术负责人审核批准。

② 当使用厂家生产产品时,应有产品合格证书及安装、使用、维护说明书等有关资料。

(2) 吊篮平台的宽度 0.8~1m,长度不宜超过 6m。

(3) 吊篮脚手架的设计计算：

① 吊篮及挑梁应进行强度、刚度和稳定性验算,抗倾覆系数比值≥2；

② 吊篮平台及挑梁结构按概率极限状态法计算,其分项系数:永久荷载 γ_G 取 1.2,可变荷载 γ_Q 取 1.4,荷载变化系数 γ_2(升降工况)取 2；

③ 提升机构按容许应力法计算,其安全系数:钢丝绳 $K=10$,手板葫芦 $K≥2$(按材料屈服强度值)。

④ 施工方案中必须对阳台及建筑物转角处等特殊部位的挑梁、吊篮设置予以详细说明,并绘制施工详图。

2. 制作组装

(1) 悬挑梁挑出长度应使吊篮钢丝绳垂直地面,并在挑梁两端分别用纵向水平杆将挑梁连接成整体。挑梁必须与建筑结构连接牢靠；当采用压重时,应确认配重的质量,并有固定措施,防止配重产生位移。

(2) 吊篮平台可采用焊接或螺栓连接,不允许使用钢管扣件连接方法组装。吊篮平台组装后,应经 2 倍的均布额定荷载试压(不少于 4h)确认,并标明允许载重量。

(3) 吊篮提升机应符合《高处作业吊篮用提升机》(JG/T 5033—93)的规定。当采用老型手扳葫芦时,按照《HSS 钢丝绳手板葫芦》的规定,应将承载能力降为额定荷载的 1/3。提升机应有产品合格证及说明书,在投入使用前逐台进行动作检验,并按批做荷载试验。

3．安全装置

(1) 保险卡(闭锁装置)。

手扳葫芦应装设保险卡,防止吊篮平台在正常工作情况下发生自动下滑事故。

(2) 安全锁。

① 吊篮必须装有安全锁,并在各吊篮平台悬挂处增设一根与提升钢丝绳相同型号的保险绳(直径≥12.5mm),每根保险绳上安装安全锁;

② 安全锁应能使吊篮平台在下滑速度大于 25m/min 时动作,并在下滑距离 100mm 以内停住;

③ 安全锁的设计、制作、试验应符合《高处作业吊篮用安全锁》(JG 5043—93)的规定。并按规定时间(一年)内对安全锁进行标定,当超过标定期限时,应重新标定。

(3) 行程限位器。

当使用电动提升机时,应在吊篮平台上下两个方向装设行程限位,对其上下运行位置、距离进行限定。

(4) 制动器。

电动提升机构一般应配两套独立的制动器,每套均可使带有额定荷载 125% 的吊篮平台停住。

(5) 保险措施。

① 钢丝绳与悬挑梁连接应有防止钢丝绳受剪措施;

② 钢丝绳与吊篮平台连接应使用卡环。当使用吊钩时,应有防止钢丝绳脱出的保险装置;

③ 在吊篮内作业人员应配带安全带,不应将安全系挂在提升钢丝绳上,防止提升绳断开。

4．脚手板

(1) 吊篮属于定型工具式脚手架,脚手板也应按照吊篮的规格尺寸采用定型板,严密、平整与架子固定牢靠。

(2) 脚手板材质应按一般脚手架要求检验,木板厚度不小于

5cm,采用钢板时,应有防滑措施。

(3)不能出现探头板,当双层吊篮需设孔洞时,应增加固定措施。

5. 升降操作

(1)吊篮升降作业应由经过培训的人员专门负责,并相对固定,如有人员变动,必须重新培训,熟悉作业环境。

(2)吊篮升降作业时,非升降操作人员不得停留在吊篮内;在吊篮升降到位并固定之前,其他作业人员不准进入吊篮内。

(3)单片吊篮升降(不多于两个吊点时),可采用手动葫芦,两人协调动作控制防止倾斜;当多片吊篮同时升降(吊点在两个以上)时,必须采用电动葫芦,并有控制同步升降的装置。

6. 交底与验收

(1)吊篮脚手架安装拆除和使用之前,由施工负责人按照施工方案要求,针对队伍情况进行详细交底,分工并确定指挥人员。

(2)吊篮在现场安装后,应进行空载安全运行试验,并对安装装置的灵敏可靠性进行检验。

(3)每次吊篮提升或下降到位固定后,应进行验收,确认符合要求时,方可上人作业。

(4)升降过程中不得碰撞建筑物,临近阳台、洞口等部位,可设专人推动吊篮,升降到位后吊篮必须与建筑物拉结固定。

7. 防护

(1)吊篮脚手架外侧应按临边防护的规定,设高度1.2m以上二道防护栏杆及挡脚板。靠建筑物的里侧应设置高度不低于80cm的防护栏杆。

(2)吊篮脚手架外侧必须用密目网或钢板网封闭,建筑物如有门窗等洞口时也应进行防护。

(3)当单片吊篮提升时,吊篮的两端也应加设防护栏杆并用密目网封严。

8. 防护顶板

(1)当有多层吊篮同时作业,或建筑物中层作业有落物危险时,吊篮顶部应设置防护顶板,其材料应采用5cm厚木板或相当于5cm木板强度的其他材料。

(2)防护顶板是吊篮脚手架的一部分,应按照施工方案中的要求,同时组装,同时验收。

9.架体稳定

(1)吊篮升降到位,必须确认与建筑物固定拉牢后,方可上人操作。吊篮与建筑物水平距离(缝隙)不应大于20cm;当吊篮晃动时,应及时采取固定措施,人员不得在晃动中继续工作。

(2)无论在升降过程中还是吊篮定位状态下,提升钢丝绳必须与地面保持垂直,不准斜拉。若吊篮需重新安装移动时,应将吊篮下放到地面,放松提升钢丝绳,改变屋顶悬挑梁位置,固定后,再起升吊篮。

10.荷载

(1)吊篮脚手架属于工具式脚手架,其施工荷载为$1kN/m^2$,吊篮内堆料及人员不应超过规定。

(2)堆料及设备不得过于集中,防止超载。

吊篮脚手架检查评分表见附录中表6-8。

6.3.3.6 附着式升降脚手架(整体提升架或爬架)

附着式升降脚手架为高层建筑施工的外脚手架,可以进行升降作业,从下至上提升一层,施工一层主体,当主体施工完毕,再从上向下装修一层下降一层,直至将底层装修施工完毕。由于它具有良好的经济效益和社会效益,现今已被高层建筑施工广泛采用。目前使用的主要形式有导轨式、主套架式、悬挑式、吊拉式等。

1.使用条件

(1)附着式升降脚手架的使用具有比较大的危险性,它不单纯是一种单项施工技术,而且是形成定型化反复使用的工具或载人设备,所以应该有足够的安全保障,必须对使用和生产附着式升降脚手架的厂家和施工企业实行认证制度。

① 对生产或经营附着式升降脚手架产品的,要经建设部组织鉴定并发放生产和使用许可证。只有具备使用许可证后,方可向

全国各地提供使用此产品;

② 在持有建设部发放的使用证的同时,还需要再经使用本产品的当地安全监督管理部门审查认定,并发放当地的准用证,方可向当地使用单位提供此产品;

③ 施工单位自己设计、自己使用,产品不提供其他单位的,不需报建设部鉴定,但必须在使用前,向当地安全监督管理部门申报,并经审查认定。申报单位应提供有关的设计、生产和技术性能检验合格资料(包括防倾、防坠、同步、起升机具等装置);

④ 附着式升降脚手架处于研制阶段和在工程上试用前,应提出该阶段的各项安全措施,经使用单位的上级部门批准,并到当地安全监督管理部门备案;

⑤ 对承包附着式升降脚手架工程任务的专业施工队伍进行资格认证,合格者发给证书,不合格者不准承揽工程任务。

以上规定说明,凡未经过认证或认证不合格的,不准生产制造整体提升脚手架。使用整体提升脚手架的工程项目,必须向当地建筑安全监督管理机构登记备案,并接受监督检查。

(2) 使用附着式升降脚手架必须按规定编制专项施工组织设计。由于附着式升降脚手架是一种新型脚手架,可以整体或分段升降,依靠自身的提升设备完成。不但架体组装需要严格按照设计进行,同时整个施工过程中,在每次提升或下降之前以及上人操作前,都必须按照设计要求进行检查验收。

专项施工组织设计内容包括:附着脚手架的设计、施工及检查、维护、管理等全部内容。施工组织设计必须由项目施工负责人组织编写,经上级技术部门或总工审批。

(3) 由于此种脚手架的操作工艺的特殊性,原有的操作规程已不完全适用,应该针对此种脚手架施工的作业条件和工艺要求进行具体编写,并组织学习贯彻。

(4) 施工组织设计还应对如何加强附着式升降脚手架使用过程中的管理作出规定,建立质量安全保证体系及相关的管理制度。工程项目的总包单位对施工现场的安全工作实行统一监督管理,对具体施工的队伍进行审查;对施工过程进行监督检查,发现问题及时采取措施解决。分包单位对附着式升降脚手架的使用安全负直接责任。

2. 设计计算

(1) 确定构造模式。目前由于脚手架构造模式不统一,给设计计算造成困难,为此需首先确立构造模式。

① 附着式升降脚手架是把落地式脚手架移到了空中(升降脚手架一般搭设四个标准层加一步护身栏杆的高度为总高度)。所以要给架体建立一个承力基础——水平梁架,来承受垂直荷载,这个水平梁以竖向主框架为支座,并通过附着支撑将荷载传递给建筑物;

② 一般附着式升降脚手架由四部分组成:架体、水平梁架、竖向主框架、附着支承。脚手架沿竖向主框架上设置的导轨升降,附着于建筑物外侧,并通过附着支撑将荷载传递给建筑物,也是"附着式"名称的由来。

(2) 设计计算方法:

① 架体、水平梁架、竖向主框架和附着支撑按照概率极限状态设计法进行计算,提升设备和吊装索具按容许应力法进行计算。

② 按照规定选用计算系数:静荷载 1.2、施工荷载 1.4、冲击系数 1.5、荷载变化系数 2 以及 6 以上的索具安全系数等;

③ 施工荷标准值:砌筑架 $3kN/m^2$、装修架 $2kN/m^2$、升降状 $0.5kN/m^2$(升降时,脚手架上所有设备及材料要搬走,任何人不得停留在脚手架上)。

(3) 设计计算应包括的项目:

① 脚手架的强度、稳定性、变形、抗倾覆;

② 提升机构和附着支撑装置(包括导轨)的强度与变形;

③ 连接件包括螺栓和焊缝的计算;

④ 杆件节点连接强度计算;

⑤ 吊具索具验算;

⑥ 附着支撑部位工程结构的验算等。

(4) 按照钢结构的有关规定,为保证杆件本身的刚度,规定压杆的长细比不得大于150,拉杆的长细比不得大于300,在设计框架时,其次要杆件在满足强度的条件下,同时满足长细比要求。

(5) 脚手架与水平梁架及竖向主框架杆件相交汇的各节点轴线,应汇交于一点,构成节点受力后为零的平衡状态,否则将出现附加应力。这一规定往往在图纸上绘制与实际制作后的成品不相一致。

(6) 全部的设计计算,包括计算书、有关资料、制作与安装图纸等一同送交上级技术部门或总工审批,确认符合要求。

3. 架体构造

(1) 架体部分。即按一般落地式脚手架的要求进行搭设,双排脚手架的宽度为 $0.9 \sim 1.1m$。限定每段脚手架下部支承跨度不大于 8 m,并规定架体全高与支承跨度的乘积不大于 $110m^2$,其目的是使架体重心不偏高和利于稳定。脚手架的立杆间距可按 $1.5m$ 设置,扣件的紧固力矩 $40 \sim 50N \cdot m$,并按规定加设剪刀撑和连墙杆。

(2) 水平梁架与竖向主框架,已不属于脚手架的架体,而是架体荷载向建筑结构传力的结构架,必须是刚性的框架,不允许产生变形,以确保传力的可靠性。刚性是指两部分,一是组成框架的杆件必须有足够的强度、刚度;二是杆件的节点必须是刚性,受力过程中杆件的角度不变化。因为采用扣件连接组成的杆件节点是半刚性铰结构,荷载超过一定数值时,杆件可产生转动,所以规定支撑框架与主框架不允许采用扣件连接,必须采用焊接或螺栓连接的定型框架,以提高架体的稳定性。

(3) 在架体与支承框架的组装中,必须牢固的将立杆与水平梁架上弦连接,并使脚手架立杆与框架立杆成一垂直线,节点杆件轴线汇交于一点,使脚手架荷载直接传给水平梁架。此时还应注意将里外两榀支承框架的横向部分,按节点部位采用水平杆与斜杆,将两榀水平梁架连成一体,形成一个空间框架,此中间杆件与水平梁架的连接也必须采用焊接或螺栓连接。

（4）在架体升降过程中,由于上部结构尚未达到要求强度或高度,故不能及时设置附着支撑而使架体上部形成悬臂,为保证架体的稳定规定了悬臂部分不得大于架体高度的 2/5 和不超过6.0m,否则应采取稳定措施。

（5）为了确保架体传力的合理性,要求从构造上必须将水平梁架荷载,传给竖向主框架(支座),最后通过附着支撑将荷载传给建筑结构。由于主框架直接与工程结构连接,所以刚度很大,这样脚手架的整体稳定性得到了保障;又由于导轨直接设置在主框架上,所以脚手架沿导轨上升或下降的过程也是稳定可靠的。

4. 附着支撑

附着支撑是附着式升降脚手架的主要承载传力装置。附着式升降脚手架在升降和到位的使用过程中,都是靠附着支撑附着于工程结构上来实现其稳定的。它有三个作用:第一,传递荷载,把主框架上的荷载可靠地传给工程结构;第二,保证架体稳定性确保施工安全;第三,满足提升、防倾、防坠装置的要求,包括能承受坠落时的冲击荷载。

（1）要求附着支撑与工程结构每个楼层都必须设连接点,架体主框架沿竖向侧,在任何情况下均不得少于两处。

（2）附着支撑或钢挑梁与工程结构的连接质量必须符合设计要求。

① 做到严密、平整、牢固;

② 对预埋件或预留孔应按照节点大样图纸做法及位置逐一进行检查,并绘制分层检测平面图,记录各层各点的检查结果和加固措施;

③ 当起用附墙支撑或钢挑梁时,其设置处混凝土强度等级应有强度报告,符合设计规定,并不得小于C10。

（3）钢挑梁的选材制作与焊接质量均按设计要求。连接使用的螺栓不能使用板牙套制的三角形断面螺纹螺栓,必须使用梯形螺纹螺栓,以保证螺纹的受力性能,并由双螺母或加弹簧垫圈紧固。螺栓与混凝土之间垫板的尺寸按计算确定,并使垫板与混凝土表面接触严密。

5. 升降装置

(1) 目前脚手架的升降装置有四种:手动葫芦、电动葫芦、专用卷扬机、穿芯液压千斤顶。用量较大的是电动葫芦,由于手动葫芦是按单个使用设计的,不能群体使用,所以当三个或三个以上的葫芦群吊时,手动葫芦操作无法实现同步工作,容易导致事故的发生。故规定使用手动葫芦最多只能同时使用两个吊点的单跨脚手架的升降,因为两个吊点的同步问题相对比较容易控制。

(2) 升降必须具有同步装置控制。

① 附着升降脚手架的事故,多是因架体升降过程中不同步差过大造成的。设置防坠装置是属于保险装置,设置同步装置是主动的安全装置。当脚手架的整体安全度足够时,关键就是控制平衡升降,不发生意外超载。

② 同步升降装置应该是自动显示、自动控制。从升降差和承载力两个方面进行控制。升降时控制各吊点同步差在 3cm 以内;吊点的承载力控制在额定承载力的 80%,当实际承载力达到或超过额定承载力的 80% 时,该吊点应自动停止升降,防止发生超载。

(3) 关于索具吊具的安全系数

① 索具和吊具都是指起重机械吊运重物时,系结在重物上承受荷载的部件。刚性的称吊具,柔性的称索具(或称吊索);

② 按照《起重机械安全规程》规定,用于吊挂的钢丝绳其安全系数为 6。所以有索具、吊具的安全系数≥6 的规定。这里不包括起重机具(电动葫芦、液压千斤顶等)在内,提升机具的实际承载能力安全系数应在 3~4 之间,即当提升限量计算时,设计荷载 = 荷载分项系数(1.2~1.4)×冲击系数(1.5)×荷载变化系数(2)×标准荷载。

(4) 脚手架升降时,在同一主要框架竖向平面附着支撑必须保持不少于两处,否则架体会因不平衡发生倾覆。升降作业时,作业人员也不准站在脚手架上操作,手动葫芦当达不到此要求时,应改用电动葫芦。

6. 防坠落、防倾斜装置

(1) 为防止脚手架在升降情况下,发生断绳、折轴等故障造成的坠落事故和保障在升降情况下,脚手架不发生倾斜,晃动,所以规定必须设置防坠落和防倾斜装置。

(2) 防坠落装置必须灵敏可靠,由发生坠落到架体停住的时间不超过 3s,其坠落距离不大于 150mm。

防倾装置必须设置在主框架部位,由于主框架是架体的主要受力结构又与附着支撑相连,这样就可以把制动荷载及时传给工程结构承受。同时还规定了防坠落装置最后应通过两处以上的附着支撑向工程结构传力,主要是防止当其中有一处附着支撑有问题时,还有另一处作为传力保障。

(3) 防倾斜装置也必须具有可靠的刚度(不允许用扣件连接),可以控制架体升降过程中的倾斜度和晃动程度,在两个方向(前后、左右)均不超过 3cm。防倾斜装置的导向间隙应小于5mm,在架体升降过程中始终保持水平约束,确保升降状态的稳定和安全不倾翻。

(4) 防坠装置应能在施工现场提供动作试验,确认可靠、灵敏,符合要求。

7. 分段验收

(1) 附着式升降脚手架在使用过程中,每升降一层都要进行一次全面检查,每次升降有每次的不同作业条件,所以每次都要按照施工组织设计中要求的内容进行全面检查。

(2) 提升(下降)作业前,检查准备工作是否满足升降时的作业条件,包括:脚手架所有连墙完全脱离、各点提升机具吊索处于同步状态、每台提升机具状况良好、靠墙处脚手架已留出升降空隙、准备起用附着式支撑处或钢挑梁处的混凝土强度已达到设计要求以及分段提升的脚手架两端敞开处已用密目网封闭,防倾、防坠等安全装置处于正常等。

(3) 脚手架升降到位后,不能立即上人进行作业,必须把脚手架进行固定并达到上人作业的条件。例如把各连墙点连接牢靠、架体已处于稳固、所有脚手板已按规定铺牢铺严、四周安全网围护已无漏洞、经验收已经达到上人作业条件。

（4）每次验收应有按施工组织设计规定内容记录检查结果，并有责任人签字。

8．脚手板

（1）附着式升降脚手架为定型架体，故脚手板应按每层架体间距合理铺设，无探头板并与架体固定绑牢，有钢丝绳穿过处的脚手板，其孔洞应规定不能留有过大洞口，人员上下各作业层应设专用通道和扶梯。

（2）作业时，架体离墙空隙有翻板构造措施必须封严，防止落人落物。

（3）脚手架板材质量符合要求，应使用厚度不小于5cm的木板或专用钢制板网，不准用竹脚手板。

9．防护

（1）脚手架外侧用密目网封闭，安全网的搭接处必须严密并与脚手架绑牢。

（2）各作业层都应按临边防护的要求设置防护栏杆及挡脚板。

（3）最底部作业层下方应同时采用密目网及平网挂牢、封严、防止落人落物。

（4）升降脚手架下部、上部建筑物的门窗及孔洞，也应进行封闭。

10．操作

（1）附着式升降脚手架的安装搭设都必须按照施工组织设计的要求及施工图进行，安装后应经验收并进行荷载试验，确认符合设计要求时，方可正式使用。

（2）由于附着升降脚手架属于新工艺，有其特殊的施工要求，所以应该按照施工组织设计的规定向技术人员和工人进行全面交底，使参加作业的每人都清楚全部施工工艺及人员岗位的责任要求。

（3）按照有关规范、标准及施工组织设计中制定的安全操作规程，进行培训考核，专业工种应持证上岗并明确责任。

（4）附着式升降脚手架属高处危险作业，在安装、升降、拆除时，应划定安全警戒范围并设专人监督检查。

（5）脚手架的提升机具是按各起吊点的平均受力布置，所以架体上荷载应尽量均布平衡，防止发生局部超载。规定升降时架体上活荷载为 $0.5kN/m^2$，是指不能有人在脚手架上停留和超重材料堆放，也不准有超过 2000N 重的设备等。

附着式脚手架检查评分表见附录中表 6-9。

6.3.4 基坑支护

在城市建设中，高层建筑、超高层建筑所占比例逐年增多，高层建筑如何解决深基础施工中的安全问题也越来越突出，建设部近几年的事故统计中，坍塌事故成了继"四大伤害"（高处坠落、触电、物体打击、机械伤害）之后的第五大伤害。在坍塌事故中，基坑基槽开挖、人工扩孔桩施工占坍塌事故总数的 65%，所以坍塌事故已列入建设部专项治理内容。

在基坑开挖中造成坍塌事故的主要原因是：

（1）基坑开挖放坡不够，没按土的类别和坡度的容许值，按规定的高宽比进行放坡，造成坍塌。

（2）基坑边坡顶部超载或由于震动，破坏了土体的内聚力，引起土体结构破坏，造成的滑坡。

（3）由于施工方法不正确，开挖程序不对、超标高挖土、支撑设置或拆除不正确，或者排水措施不力以及解冻时造成的坍塌等。

6.3.4.1 施工方案

1. 基坑开挖之前，要按照土质情况、基坑深度及周边环境确定支护方案，其内容应包括：放坡要求、支护结构设计、机械选择、开挖时间、开挖顺序、分层开挖深度、坡道位置、车辆进出道路、降水措施及监测要求等。

2. 施工方案的制定必须针对施工工艺结合作业条件，对施工过程中可能造成的坍塌因素和作业面人员安全及防止周边建筑、道路等产生不均匀沉降,设计制定具体可行措施,并在施工中付诸实施。

3. 高层建筑的箱形基础,实际上形成了建筑的地下室,随上层建筑荷载的加大,要求在地面以下设置三层或四层地下室,因而基坑的开挖深度常超过 5～6m,且面积较大,给基础工程施工带来很大困难和危险,必须认真制定安全措施防止发生事故。如:

(1)工程场地狭窄,邻近建筑物多,大面积基坑的开挖,常使这些旧建筑物发生裂缝或不均匀沉降;

(2)基坑的深度不同,主楼较深,群房较浅,因而需仔细进行施工程序安排,有时先挖一部分浅坑,再加支撑或采用悬臂板桩;

(3)合理采用降水措施,以减少板桩上土压力;

(4)当采用钢板桩时,合理解决位移和弯曲;

(5)除降低地下水位外,基坑内还需设置明沟和集水井,以排除暴雨突然而来的明水;

(6)大面积基坑应考虑配两路电源,当一路电源发生故障时,可以及时采取另一路电源,防止停止降水而发生事故。

总之由于基坑加深,土侧压力再加上地下水的出现,所以必须做专项支护设计以确保施工安全。

4. 支护设计方案的合理与否,不但直接影响施工的工期、造价,更主要还对施工过程中的安全与否有直接关系,所以必须经上级审批。有的地区规定基坑开挖深度超过 6m 时,必须经建委专家组审批。经实践证明这些规定不但确保了施工安全,还对缩短工期、节约资金取得了明显效益。

6.3.4.2 临边防护

(1)当基坑施工深度达到 2m 时,对坑边作业已构成危险,按照高处作业和临边作业的规定,应搭设临边防护设施。

(2)基坑周边搭设的防护栏杆,从选材、搭设方式及牢固程度都应符合《建筑施工高处作业安全技术规范》的规定。

6.3.4.3 坑壁支护

不同深度的基坑和作业条件,所采取的支护方式也不同。

1. 原状土放坡

一般基坑深度小于 3m 时,可采用一次性放坡。当深度达到 4~5m 时,也可采用分级放坡。明挖放坡必须保证边坡的稳定,浅基坑的类别进行稳定计算确定安全系数。原状土放坡适用于较浅的基坑,对于深基坑可采用打桩、土钉墙或地下连续墙方法来确保坑坡的稳定。

2. 排桩(护坡桩)

当周边无条件放坡时,可设计成挡土墙结构。可以采用预制桩或灌注桩,预制桩有钢筋混凝土和钢桩,当采用间隔排桩时,将桩与桩之间的土体固化形成墙挡土结构。

土体的固化方法可采用高压喷浆或深层搅拌法进行。固化后的土体不但具有整体性好,同时可以阻止地下水渗入基坑形成隔渗结构。桩墙结构实际上是利用桩的入土深度形成悬臂结构,当基础较深时,可采用坑外拉锚或坑内支撑来保持护坡桩的稳定。

3. 坑外拉锚与坑内支撑

(1) 坑外拉锚:

用锚具将锚杆固定在桩的悬臂部分,将锚杆的另一端伸向基坑边坡上层内锚固,以增加桩的稳定。土锚杆由锚头、自由段和锚固段三部分组成,锚杆必须有足够长度,锚固段不能设置在土层的滑动面之内。锚杆应经设计并通过现场试验确定抗拔力。锚杆可以设计成一层或多层,采用坑外拉锚较采用坑内支撑法能有较好的机械开挖环境。

(2) 坑内支撑:

为提高桩的稳定性,也可采用在坑内加设支撑的方法。坑内支撑可采用单平面或多层支撑,支撑材料可采用型钢或钢筋混凝土。设计支撑的结构形式和节点做法,必须注意支撑安装及拆除顺序。尤其对多层支撑要加强管理,混凝土支撑必须在上道支撑强度达 80% 时才可挖下层;对钢支撑严禁在负荷状态下焊接。

4. 地下连续墙

地下连续墙就是在深层地下浇筑一道钢筋混凝土墙,既可起挡土护壁又可以起隔渗作用,还可以成为工程结构部分,也可以代替地下室墙外模板。

地下连续墙简称地连墙,地连墙施工是利用成槽机械,按照建筑平面挖出一条长槽,用膨润土泥浆护壁,在槽内放入钢筋笼,然后浇注混凝土。施工时,可以分成若干单元(5~8m 一段),最后将各段进行接头连接,形成一道地下连续墙。

5. 逆作法施工

逆作法的施工工艺与一般正常施工相反,一般基础施工先挖掘至设计深度,然后自下向上施工到正负零标高,之后再继续施工上部主体。逆作法是先施工地下一层(离地面最近的一层),在打完第一层楼板时,进行养护,在养护期间可以向上部施工主体,当第一层楼板达到强度时,可继续施工地下二层(同时向上方施工),此时的地下主体结构梁板体系,就作为挡土结构的支撑体系,地下室的墙体又是基坑的护壁。这时,梁板的施工只需在地面上挖出坑槽,放入模板钢筋,梁板施工完毕后再挖土方施工柱子。第一层楼板以下部分由于楼板的封闭,只能采用人工挖土,可利用电梯间作垂直运输通道。逆作法不但节省工料,上下同时施工缩短工期,还由于利用工程梁板结构做内支撑,可以避免由于装拆临时支撑造成的土体变形。

6.3.4.4 排水措施

基坑施工常遇地下水,尤其深基施工处理不好不但影响基坑施工,还会给周边建筑造成沉降不均的危险。对地下水的控制办法一般有:排水、降水、隔渗。

(1)排水。

开挖深度较浅时,可采用明排。沿槽底挖出两道水沟,每隔30~40m 设置一集水井,用抽水设备将水抽走。有时深基抗施工,为排除雨季突然而来的明水,也采用明排。

(2)开挖深度大于3m 时,可采用井点降水。在基坑外设置降水管,管壁有孔并有过滤网,可以防止抽水过程中将土粒带走,保持土体结构不被破坏。

井点降水每级可降低水位 4.5m,再深时,可采用多级降水,水量大时,也可采用深井降水。

当降水可能对周围建筑物引起不均匀沉降时,应在降水的同时采取回灌措施。回灌井是一个较长的穿孔井管,和井点的过滤管一样,井外填以适当级配的滤料,井口用黏土封口,防止空气进入。回灌与降水同时进行,并随时观测地下水位的变化,以保持原有的地下水位不变。

(3) 隔渗

基坑隔渗是用高压施喷、深层搅拌形成的水泥土墙和底板而形成的止水帷幕,阻止地下水渗入基坑内。隔渗的抽水井可设在坑内,也可设在坑外。

① 坑内抽水:不会造成周边建筑物、道路等沉降问题,可以坑外高水位坑内低水位干燥条件下作业。但最后封井技术上应注意防漏,止水帷幕采用落底式,向下延伸插入到不透水层以内对坑内封闭。

② 坑外抽水:含水层较厚,帷幕悬吊在透水层中。由于采用了坑外抽水,从而减轻了挡土桩的侧压力。但坑外抽水对周边建筑物有不利的沉降影响。

6.3.4.5　坑边荷载

(1) 坑边堆置土方和材料包括沿挖土方边缘移动运输工具。机械不应离槽边过近,堆置土方距坑槽上部边缘不少于 1.2m,弃土堆置高度不超过 1.5m。

(2) 大中型施工机具距坑槽边距离,应根据设备重量、基坑支护情况、土质情况经计算确定。规范规定"基坑周边严禁超堆荷载"。土方开挖如有超载和不可避免的边坡堆载,包括挖土机平台位置等,应在施工方案中进行设计计算确认。

(3) 当周边有条件时,可采用坑外降水,以减少墙体后面的水压力。

6.3.4.6　上下通道

(1) 基坑施工作业人员上下必须设置专用通道,不准攀爬模板、脚手架以确保安全。

(2) 人员专用通道应在施工组织设计中确定,其攀登设施可视条件采用梯子或专门搭设,应符合高处作业规范中攀登作业的要求。

6.3.4.7 土方开挖

(1) 所有施工机械应按规定进场,经过有关部门组织验收确认合格,并有记录。

(2) 机械挖土与人工挖土进行配合操作时,人员不得进入挖土机作业半径内,必须进入时,待挖土机作业停止后,人员方可进行坑底清理、边坡找平等作业。

(3) 挖土机作业位置的土质及支护条件,必须满足机械作业荷载标准,机械应保持水平位置和足够的工作面。

(4) 挖土机司机属特种作业人员,应经专门培训,考试合格,持有操作证。

(5) 挖土机不能超标高挖土,以免造成土体结构破坏,坑底最后留一步土方由工人完成,并且人工挖土应在打垫层之前进行,以减少亮槽时间(减少土侧压力)。

6.3.4.8 基坑支护变形监测

(1) 基坑开挖之前应作出系统的监测方案。包括:监测方法、精度要求、监测点布置、观测周期、工序管理、记录制度、信息反馈等。

(2) 基坑开挖过程中特别注意监测:

① 支护体系变形情况;

② 基坑外地面沉降或隆起变形;

③ 临近建筑物动态。

(3) 监测支护结构的开裂、位移。重点监测桩位、护壁墙面、主要支撑杆、连接点以及渗漏情况。

6.3.4.9 作业环境

建筑施工现场作业条件,往往是地下作业条件被忽视,坑槽内作业不应降低规范要求。

（1）人员作业必须有安全立足点，脚手架搭设必须符合规范规定，临边防护符合要求。

（2）交叉作业、多层作业上下设置隔离层。垂直运输作业及设备也必须按照相应规范进行检查。

（3）深基坑施工的照明问题，电箱的设置及周围环境以及各种电气设备的架设、使用，均应符合电气规范规定。

基坑支护安全检查评分表见附录中表 6-10。

6.3.5 模板工程

1．施工方案

（1）施工方案内容应该包括模板及支撑的设计、安装和拆除的施工程序、作业条件以及运输、堆放的要求等，并经审批。

（2）模板工程施工应针对混凝土工艺（如采用混凝土喷射机、混凝土泵送设备、塔吊浇注罐、小推车运送等）和季节施工特点（如冬期施工保温措施等）制定出安全、防火措施，一并纳入施工方案之中。

2．支撑系统

（1）模板的设计内容应包括：模板和支撑系统设计计算、材料规格、接头方法、构造大样及剪刀撑的设置要求等均应详细注明并绘制施工详图。

（2）支撑系统的选材及安装应按设计要求进行，基土上的支撑点应牢固平整，支撑在安装过程中应考虑必要的临时固定措施，以保证稳定性。

3．立柱稳定

（1）立柱材料可用钢管、门型架、木杆，其材质和规格应符合设计要求。

（2）立柱底部支承结构必须具有支承上层荷载的能力。由于模板立柱承受的施工荷载往往大于楼板的设计荷载，因此常需要保持两层或多层立柱（应计算确定）。为合理传递荷载，立柱底部应设置木垫板，禁止使用砖及脆性材料铺垫。当支承在基土上时，应验算地基土的承载力。

(3) 为保证立柱的整体稳定,应在安装立柱的同时,加设水平支撑和剪刀撑。立柱高度大于 2m 时,应设两道水平支撑,满堂红模板立柱的水平支撑必须纵横双向设置。其支架立柱四边及中间每隔四跨立柱设置一道纵向剪刀撑。立柱每增高 1.5~2m 时,除再增加一道水平支撑外,尚应每隔 2 步设置一道水平剪刀撑。

(4) 立柱的间距应经计算确定,按照施工方案要求进行。当使用 $\phi 48$ 钢管时,间距不应大于 1m。若采用多层支模,上下层立柱要垂直,并应在同一垂直线上。

4. 施工荷载

(1) 现浇式整体模板上的施工荷载一般按 $2.5kN/m^2$ 计算,并以 2.5kN 的集中荷载进行验算,新浇的混凝土按实际厚度计算重量。当模板上荷载有特殊要求时,按施工方案设计要求进行检查。

(2) 模板上堆料和施工设备应合理分散堆放,不应造成荷载的过多集中。尤其是滑模、爬模等模板的施工,应使每个提升设备的荷载相差不大,保持模板平稳上升。

5. 模板存放

(1) 大模板应存放在经专门设计的存放架上,应采用两块大模板面对面存放,必须保证地面的平整坚实。当存放在施工楼层上时,应满足其自稳角度,并有可靠的防倾倒措施。

(2) 各类模板应按规格分类堆放整齐,地面应平整坚实,当无专门措施时,叠放高度一般不应超过 1.6m,过高时不易稳定且操作不便。

6. 支拆模板

(1) 悬空作业处应有牢靠的立足作业面,支、拆 3m 以上高度的模板时,应搭设脚手架工作台,高度不足 3m 的可用移动式高凳,不准站在拉杆、支撑杆上操作,也不准在梁底模上行走操作。

① 安装模板应符合施工方案的程序,安装过程应有保持模板临时的稳定措施(如单片柱模吊装时,应待模板稳定后摘钩;安装墙体模板时,从内、外角开始沿两个互相垂直的方向安装等);

② 拆除模板应按方案规定程序进行,先支的后拆,先拆非承重部分;拆除大跨度梁支撑柱时,先从跨中开始向两端对称进行;大模板拆除前,要用起重机垂直吊牢,然后再进行拆除;拆除薄壳,从结构中心向四周围均匀对称进行;当立柱水平拉杆超过两层时,应先拆两层上的水平拉杆,最下一道水平杆与立柱模同时拆除,以确保柱模稳定。

(2) 拆除模板作业比较危险,防止落物伤人,应设置警戒线,有明显标志,并设专门监护人员。

(3) 模板拆除应按区域逐块进行,定型钢模拆除,不能大面积撬落。模板、支撑要随拆随运,严禁随意抛掷,拆除后分类码放。不得留有未拆净的悬空模板,要及时清除,防止伤人。

7. 模板验收

(1) 模板工程安装后,应由现场技术负责人组织,按照施工方案进行验收。

(2) 对验收结果应逐项认真填写,并记录存在问题和整改后达到合格的情况。

(3) 应建立模板拆除的审批制度,模板拆除前应有批准手续,防止随意拆除发生事故。

(4) 模板安装和拆除工作必须严格按施工方案进行,正式工作之前要进行安全技术交底,确保施工过程中安全。

8. 混凝土强度

现浇整体模板拆除之前,应对照拆除的部位查阅混凝土强度试验报告,必须达到拆模强度时方可进行;滑升模板提升时的混凝土强度必须达到施工方案的要求时方可进行。

9. 运输道路

(1) 混凝土运送小车道应垫板,不得直接在模板上运行,避免对模板重压。当须在钢筋网上通过时,必须搭设车行通道。

(2) 运输小车的通道应坚固稳定,脚手架应将荷载传递到建筑结构上,脚手板应铺平绑牢便于小车运行,通道两侧设置防护栏杆及挡脚板。

10. 作业环境

(1) 安装、拆除模板以及浇筑混凝土作业人员的作业区域内，应按高处作业的规定，设置临边防护和孔洞封严措施。

(2) 交叉作业避免在同一垂直作业面进行，否则应按规定设置隔离防护措施。

模板工程安全检查评分表见附录中表 6-11。

6.3.6 "三宝"、"四口"防护

"三宝"防护主要指安全帽、安全带、安全网的正确使用；"四口"防护指楼梯口、电梯井口、预留洞口、通道口等各种洞口的防护应符合要求。两者之间没有有机的联系，但因这两部分防护做的不好，在施工现场引起的伤亡事故却是相互交叉，既有高处坠落事故又有物体打击事故。因此，将这两部分内容放在一张检查表内，但不设保证项目。

1. 安全帽

(1) 在发生物体打击的事故分析中，由于不戴安全帽而造成伤害者占事故总数的 90%，无论工地有多少人员，只要有一人不戴安全帽，就存在着被落物打击而造成伤亡的隐患。

(2) 关于安全帽标准。

① 安全帽是防冲击的主要用品，它是采用具有一定强度的帽壳和帽衬缓冲结构组成，可以承受和分散落物的冲击力，并保护或减轻由于杂物高处坠落至头部的撞击伤害；

② 人体颈椎冲击承受能力是有一定限度的，国标规定：用 5kg 钢锤自 1m 高度落下进行冲击试验，头模受冲击力的最大值不应超过 500kg；耐穿透性能用 3kg 钢锥自 1m 高度落下进行试验，钢锥不得与头模接触。

③ 帽壳采用半球形，表面光滑，易于滑走落物。前部的帽舌尺寸为 10~55mm，其余部分的帽沿尺寸为 10~35mm。

④ 帽衬顶端至帽壳顶内面的垂直间距为 20~25mm，帽衬至帽壳内侧面的水平间距为 5~20mm。

⑤ 安全帽在保证承受冲击力的前提下，要求越轻越好，重量

不应超过 400g。

⑥ 每顶安全帽上应有：制造厂名称、商标、型号、制造年、月；许可证编号。每顶安全帽出厂,必须有检验部门批量验证和工厂检查合格证。

(3) 戴安全帽时,必须系紧下颚系带,防止安全帽坠落失去防护作用。安全帽在冬季佩戴在防寒帽外时,应随头型大小调节紧牢帽箍,保留帽衬与帽壳之间缓冲作用的空间。

2. 安全网

(1) 工程施工过程中,为防止落物和减少污染,必须采用密目式安全网对建筑物进行全封闭。

① 外脚手架施工时,在落地式单排或双排脚手架的外排杆内侧,随脚手架的升高用密目网封闭。

② 里脚手架施工时,在建筑物外侧距离 10cm 搭设单排脚手架,随建筑物升高(升高作业面 1.5m)用密目网封闭。当防护架距离建筑物尺寸较大时,应同时做好脚手架与建筑物每层之间的水平防护。

③ 当采用升降脚手架或悬挑脚手架施工时,除用密目网将升降脚手架或悬挑脚手架进行封闭外,还应对下部暴露出的建筑物的门窗等孔洞及框架柱之间的临边,按临边防护的标准进行防护。

(2) 关于密目式安全立网

① 密目式安全网用于立网,其构造为：网目密度不应低于2000 目/10cm²。

② 耐贯穿性试验。用长 6m、宽 1.8m 的密目网,紧绑在与地面倾斜 30°的试验框架上,网面绷紧。将直径 48～50mm、重 5kg 的脚手管,距框架中心 3m 高度自由落下,钢管不贯穿为合格标准。

③ 冲击试验。用长 6m、宽 1.8m 的密目网,紧绷在刚性试验水平架上。将长 100cm,底面积 2800cm²,重 100kg 的人形砂包一个,砂包方向为长边平行于密目网的长边,砂包位置为距网中心度高 1.5m 片面上落下,网绳不断裂。

④ 每批安全网出厂前,必须有国家指定的监督检验部门批量验证和工厂检验合格证。

(3) 由于目前安全网厂家多,有些厂家不能保障产品质量,以致给安全生产带来隐患。为此,强调各地建筑安全监督部门应加强管理。

3. 安全带

(1) 安全带是主要用于防止人体坠落的防护用品,它同安全帽一样是适用于个人的防护用品。无论工地内独立悬空作业有多少人员,只要有一个不按规定佩戴安全带,即存在着坠落的隐患。

(2) 使用安全带应正确悬挂。

① 架子工使用的安全带绳长限定在 1.5～2m。

② 应做垂直悬挂,高挂低用较为安全;当做水平位置悬挂使用时,要注意摆动碰撞;不宜低挂高用;不应将绳打结使用,以免绳结受力剪断,不应将钩直接挂在不牢固物体或直接挂在非金属墙上,防止绳被割断。

(3) 关于安全带标准

① 冲击力的大小主要由人体体重和坠落距离而定,坠落距离与安全挂绳长度有关。使用 3m 以上长绳应加缓冲器,单腰带式安全带冲击试验荷载不超过 9.0kN。

② 做冲击负荷载试验。对架子工安全带,抬高 1m 试验,以 100kg 重量拴挂,自由坠落不断为合格。

③ 腰带和吊绳破断力不应低于 1.5kN。

④ 安全带的带体上应缝有永久字样的商标、合格证和检验证。合格证上应注明:产品名称、生产年月、拉力试验、冲击试验、制造厂名、检验员姓名。

⑤ 安全带一般使用五年应报废。使用两年后,按批量抽验,以 80kg 重量,自由坠落试验,不破断为合格。

(4) 关于速差式自控器(可卷式安全带)。

① 速差式自控器是装有一定绳长的盒子,作业时可随意拉出绳索使用,坠落时凭速度的变化引起自控。

② 速差式自控器固定悬挂在作业点上方,操作者可将自控器内的绳索系在安全带上,自由拉出绳索使用,在一定位置上作业,工作完毕向上移动,绳索自行缩入自控器内。发生坠落时自控器受速度影响自控,对坠落者进行保护。

③ 速差式自控器在1.5m距离以内自控为合格。

4．楼梯口、电梯井口防护

(1)《建筑施工高处作业安全技术规范》规定:进行洞口作业以及因工程工序需要而产生的,使人与物有坠落危险或危及人身安全的其他洞口进行高处作业时,必须按规定设置防护设施。

(2)梯口应设置防护栏杆;电梯井口除设置固定栅门外(门栅高度不低于1.5m,网格的间距不应大于15cm),还应在电梯井内每隔两层(不大于10m)设置一道安全平网。平网内无杂物,网与井壁间隙不大于10cm。当防护高度超过一个标准层时,不得采用脚手板等硬质材料做水平防护。

(3)防护栏杆、防护栅门应符合规范规定,整齐牢固,与现场规范化管理相适应。防护设施应在施工组织设计中有设计、有图纸,并经验收形成工具化、定型化的防护用具,安全可靠、整齐美观,能周转使用。

5．预留洞口、坑、井防护

(1)按照《建筑施工高处作业安全技术规范》规定,对孔洞口(水平孔洞短边尺寸大于25cm的,竖向孔洞高度大于75cm的)都要进行防护。

(2)各类洞口的防护具体做法,应针对洞口大小及作业条件,在施工组织设计中分别进行设计规定,并在一个单位或在一个施工现场形成定型化,不允许由作业人员随意找材料盖上的临时做法,防止由于不严密不牢固而存在事故隐患。

(3)较小的洞口可临时砌死或用定型盖板盖严;较大的洞口可采用贯穿于混凝土板内的钢筋构成防护网,上面满铺竹笆或脚手板;边长在1.5m以上的洞口,张挂安全平网并在四周设防护栏杆或按作业条件设计更合理的防护措施。

6. 通道口防护

(1) 在建工程地面入口处和施工现场在施工程人员流动密集的通道上方,应设置防护棚,防止因落物产生的物体打击事故。

(2) 防护棚顶部材料可采用5cm厚木板或相当于5cm厚木板强度的其他材料,两侧应沿栏杆架用密目式安全立网封严。出入口处防护棚的长度应视建筑物的高度而定,符合坠落半径的尺寸要求。

建筑高度: $h = 2 \sim 5m$ 时,坠落半径 R 为 2m

$5 \sim 15m$ 3m

$15 \sim 30m$ 4m

$>30m$ 5m 以上

(3) 当使用竹笆等强度较低材料时,应采用双层防护棚,以使落物达到缓冲。

(4) 防护棚上部严禁堆放材料,若因场地狭小,防护棚兼作物料堆放架时,必须经计算确定,按设计图纸验收。

7. 阳台、楼板、屋面等临边防护

临边防护栏搭设要求:

(1) 防护栏杆由上、下两道横杆及栏杆柱组成,上杆离地高度为1.0~1.2m。下杆离地高度为0.5~0.6m。横杆长度大于2m时,必须加设栏杆柱。

(2) 栏杆柱的固定及其与横杆连接,其整体构造应使防护栏杆在上杆任何处,能经受任何方向的1000N外力。

(3) 防护栏杆必须自上而下用密目网封闭,或在栏杆下边设置严密固定的高度不低于18cm的挡脚板。

(4) 当临边外侧临街道时,除设置防护栏杆外,敞口立面必须采取满挂密目网作全封闭处理。

"三宝""四口"防护检查评分表见附录中表6-12。

6.3.7 施工用电

6.3.7.1 外电防护

外电线路主要指不为施工现场专用的已经存在的高压或低压

配电线路,外电线路一般为架空线路,个别现场也会遇到地下电缆。由于外电线路位置已经固定,所以施工过程中必须与外电线路保持一定安全距离,当因受现场作业条件限制达不到安全距离时,必须采取屏护措施,防止发生因碰触造成的触电事故。

1.《施工现场临时用安全技术规范》(以下简称《规范》)规定,在架空线路下方不得施工,不得建造临时建筑设施,不得堆放构件、材料等。

2.当在架空线路一侧作业时,必须保持安全操作距离。《规范》规定了最小安全操作距离。这里面主要考虑了两个因素:

(1)一是必要的安全距离。尤其是高压线路,由于周围存在的强电场的电感应所致,使附近的导体产生电感应,附近的空气也在电场中被极化,而且电压等级越高电极化就越强,所以必须保持一定安全距离,随电压等级增加,安全距离也相应增加。

(2)二是安全操作距离。考虑到施工属动态管理,不像建成后的建筑物与线路距离为静态。施工现场作业过程,特别像搭设脚手架,一般立杆、大横杆钢管长 6.5m,如果距离太小,操作中安全无法保障,所以这里的"安全距离"在施工现场就变成"安全操作距离"了,除了必要的安全距离外,还要考虑作业条件因素,所以距离又加大了。

3.当由于条件所限不能满足最小安全操作距离时,应设置防护性遮栏、栅栏并悬挂警告牌等防护措施。

(1)在施工现场一般采取搭设防护架,其材料应使用木质等绝缘性材料,当使用钢管等金属材料时,应作良好的接地。防护架距线路一般不小于1m,必须停电搭设(拆除时也要停电)。防护架距作业区较近时,应用硬质绝缘材料封严,防止脚手管、钢筋等误穿越触电。

(2)当架空线路在塔吊等起重机旋转半径范围内时,其线路的上方也应有防护措施,搭设成门形,其顶部可用 5cm 厚木板或相当 5cm 木板强度的材料盖严。为警示起重机作业,可在防护架上端间断设置小彩旗,夜间施工应有彩泡(或红色灯泡),其电源电压应为 36V。

6.3.7.2 接地与接零保护系统

为了防止意外,碰触带电体发生触电事故,根据不同情况应采取保护措施。保护接地和保护接零是防止电气设备意外带电造成触电事故的基本技术措施。

1. 保护接地及其作用

(1) 将变压器中性点直接接地叫工作接地,阻值应小于 4Ω。有了这种接地可以稳定系统的电压,防止高压侧电直接窜入低压侧,造成低压系统的电气设备被摧毁。

(2) 保护接地。将电气设备外壳与大地连接叫保护接地,阻值应小于 4Ω。有了这种接地可以保护人体接触设备漏电时的安全,防止发生触电事故。

(3) 保护接零。将电气设备外壳与电网零线连接叫保护接零。保护接零是将设备的碰壳故障改变为单相短路故障,保护接零与保护切断相配合,由于单相短路电流很大,所以能迅速切断保险或自动开关跳闸,使设备与电源脱离,达到避免发生触电事故的目的。

(4) 重复接地。所谓重复接地,就是在保护零线上再做的接地叫重复接地,其阻值应小于 10Ω。重复接地可以起到保护零线断线后的补充保护作用,也可降低漏电设备的对地电压和缩短故障持续时间,在一个施工现场中,重复接地不能少于三处(始端、中间、末端)。

在设备比较集中地方如搅拌机棚、钢筋作业区等应做一组重复接地;在高大设备处如塔吊、外用电梯、物料提升机等也要做重复接地。

2. 保护接地与保护接零比较

在低压电网已做了工作接地时,应采用保护接零,不应采用保护接地。因为用电设备发生碰壳故障时,第一,采用保护接地时,故障点电流太小,对 1.5kW 以上的动力设备不能使熔断器快速熔断,设备外壳将长时间有 110V 危险电压;而保护接零能获取大的短路电流,保证熔断器快速熔断,避免触电事故;第二,每台用电设备采用保护接地,其阻值达 4Ω,也是需要一定数量的钢材打入地下,费工费材料;而采用保护接零敷设的零线可以多次周转使用,从经济上也是比较合理的。

但是在同一个电网内,不允许一部分用电设备采用保护接地,而另外一部分设备采用保护接零,这样是相当危险的,如果采用保护接地的设备发生漏电碰壳时,将会导致采用保护接零的设备外壳同时带电。

3. 关于"*TT*"与"*TN*"符号的含义

TT——第一个字母 *T*,表示工作接地;第二个字母 *T*,表示采用保护接地。

TN——第一个字母 *T*,表示工作接地;第二个字母 *N*,表示采用保护接零。

TN-C——保护零线 *PE* 与工作零线 *N* 合一的系统,(三相四线)。

TN-S——保护零线 *PE* 与工作零线 *N* 分开的系统,(三相五线)。

TN-C-S—在同一电网内,一部分采用 *TN-C*,另一部分采用 *TN-S*。

4. 应采用 *TN-S*,不要采用 *TN-C*。

《规范》规定,在施工现场专用的中性点直接接地的电力线路中必须采用 *TN-S* 接零保护系统。

因为 *TN-C* 有缺陷:如三相负载不平衡时,零线带电;零线断线时,单相设备的工作电流会导致电气设备外壳带电;对于接装漏电保护器带来困难等。而 *TN-S* 由于有专用保护零线,正常工作时不通过工作零线,工作零线与保护零线分开,可以顺利接装漏电保护器等。由于 *TN-S* 具有的优点,克服了 *TN-C* 的缺陷,从而给施工用电提高了本质安全。

5. 工作零线与保护零线分设

工作零线与保护零线必须严格分开。在采用了 *TN-S* 系统后,如果发生工作零线与保护零线错接,将导致设备外壳带电的危险。

(1) 保护零线与由工作接地线处引出,或由配电室(或总配电箱)电源侧的零线处引出。

(2) 保护零线严禁穿过漏电保护器,工作零线必须穿过漏电保护器。

(3) 电箱中应设两块端子板(工作零线 N 与保护零线 PE),保护零线端子板与金属电箱相连,工作零线端子板与金属电箱绝缘。

(4) 保护零线必须做重复接地,工作零线禁止做重复接地。

(5) 保护零线的统一标志为绿/黄双色线,在任何情况下不准使用绿/黄双色线作负荷线。

(6) 采用 TN 系统还是采用 TT 系统,依现场的电源情况而定。《规范》规定:

"当施工现场与外电线路共同一供电系统时,电气设备应根据当地要求作保护接零,或作保护接地。不得一部分设备作保护接零,另一部分设备作保护接地。"

① 当施工现场采用电业部门高压侧供电,自己设备变压器形成独立电网的,应作工作接地,必须采用 TN-S 系统。

② 当施工现场有自备发电机组时,接地系统应独立设置,也应采用 TN-S 系统。

③ 当施工现场采用电业部门低压侧供电,与外电线路同一电网时,应按照当地供电部门的规定采用 TT 或采用 TN。例如上海、天津、浙江等地供电部门规定做接地保护,施工现场也要采用 TT 系统,不得用 TN 系统。

④ 当分包单位与总包单位共用同一供电系统时,分包单位应与总包单位的保护方式一致,不允许一个单位采用 TT 系统而另外一个单位采用 TN 系统。

6.3.7.3 配电箱、开关箱

施工现场的配电箱是电源与用电设备之间的中枢环节,而开关箱是配电系统的末端,是用电设备的直接控制装置,它们的设置和运用直接影响着施工现场的用电安全。

1. 关于"三级配电、两级保护"

(1)《规范》要求,配电箱应作分级设置,即在总配电箱下,设分配电箱,分配电箱以下设开关箱,开关箱以下就是电气设备,形成三级配电,这样配电层次清楚,即便于管理又便于查找故障。同时要求,照明配电与动力配电最好分别设置,自成独立系统,不致因动力停电影响照明。

(2)"两级保护"主要指采用漏电保护措施,除在末级开关箱内加装漏电保护器外,还要在上一级分配电箱或总配电箱中再加装一级漏电保护器,总体上形成两级保护。

2. 关于加装漏电保护器

《规范》规定:施工现场所有用电设备,除做保护接零外,必须在设备负荷线路的首端处设置漏电保护装置。

施工现场虽然改 TN-C 为 TN-S 后,提高了供电安全,但由于仍然存在着保护灵敏度有限问题,对于大容量设备的碰壳事故不能迅速切断保险,对于较小电流的漏电故障又不能切断保险,而这种漏电电流对作业人员仍然有触电的危险,所以还必须加装漏电保护器进行保护。在加装漏电保护器时,不得拆除原有的保护接零(接地)措施。

3. 漏电保护器的主要参数

(1)额定漏电动作电流。当漏电电流达到此值时,保护器动作。

(2)额定漏电动作时间。指从达到漏电动作电流时起,到电路切断为止的时间。

(3)额定漏电不动作电流。漏电电流在此值和此值以下时,保护器不动作,其值为漏电动作电流的1/2。

(4)额定电压及额定电流。与被保护线路和负载相适应。

4. 参数的选择与匹配

(1)两级漏电保护器应匹配:

《规范》规定:总配电箱和开关箱中两级漏电保护器的额定漏电动作电流和额定漏电动作时间应合理配合,使之具有分级分段保护功能。

"两级保护"是指将电网的干线与分支线路作为第一级,线路末端作为第二级。第一级漏电保护区域较大,停电后影响也大,漏电保护器灵敏度不要求太高,其漏电动作电流和动作时间应大于后面的第二级保护,这一组保护主要提供间接保护和防止漏电火灾。如果选用参数过小就会导致误动作影响正常生产。

漏电保护器的漏电不动作电流应大于供电线路和用电设备的总泄露电流值 2 倍以上,在电路末端安装漏电动作电流小于 30mA 动作型漏电保护器,这样形成分级分段保护,使线路电设备均有两级保护措施。

分级保护时,各级保护范围之间应相互配合,应在末端发生事故时,保护器不会越级动作和当下级漏电保护器发生故障时,上级漏电保护器动作以补救下级失灵的意外情况。

(2) 总分配电箱(第一级保护):

总分配电箱一般不宜采用漏电掉闸型,总电箱电源一经切断将影响整个低压电网供电,使生产和生活遭受影响,漏电保护器灵敏度不要求太高,可选用中灵敏度漏电报警和延时型保护器。漏电动作电流应按干线实测泄漏电流 2 倍选用,一般可选漏电动作电流值为 300~1000mA。

(3) 分配电箱(第二级保护):

分配电箱装设漏电保护器不但对线路和用电设备有监视作用,同时还可以对开关箱起补充保护作用。分配电箱漏电保护器主要提供间接保护作用。参数选择不能过于接近开关箱,应形成分级分段保护功能,当选择参数太大会影响保护效果,但选择参数太小会形成越级跳闸,分配电箱先于开关箱跳闸。

人体对电击有承受能力,除了和通过人体的电流大小有关外,还与电流在人体中持续的时间有关。根据这一理论,国际上把设计漏电保护器的安全限值定为 30mA·s,即使电流达到 100mA,只要漏电保护器在 0.3s 之内动作切断电源,人体尚不会引起致命的危险。这个值也是提供间接接触保护的依据。

分配电箱漏电保护器主要是提供间接保护,其参数按支线实测泄漏电流值的 2.5 倍选用,一般可选漏电动作电流值为 $100 \sim 200 \text{mA}$(不应超过 $30 \text{mA} \cdot \text{s}$ 限值)。

(4) 开关箱(第三级保护):

《规范》规定:开关箱内的漏电保护器其额定漏电动作电流应不大于 30mA,额定漏电动作时间应小于 0.1s。

使用于潮湿和有腐蚀介质场所的漏电保护器应采用防溅型产品,其额定漏电电流应不大于 15 mA,额定漏电动作应小于 0.1s。

开关箱是分级配电的末级,使用频繁危险性大,应提供间接接触防护和直接接触防护,主要用来对有致命危险的人身触电防护。

虽然设计漏电保护器的安全界限值为 $30 \text{mA} \cdot \text{s}$,但当人体和相线直接接触时,通过人体的触电电流与所选择的漏电保护器动作电流无关,它完全由人体的触电电压和人体在触电时的人体电阻所决定(人体阻抗随接触电压的变化而变化),由于这种触电的危险程度往往比间接触电的情况严重,所以临电规范及国标都规定:"用于直接接触电击防护时,应选用高灵敏度、快速动作型的漏电保护器,动作电流不超过 30mA"。所指快速动作型即动作时间小于 0.1s。由此用于直接接触防护漏电保护器的参数选择即为 $30 \text{mA} \times 0.1 \text{s} = 3 \text{mA} \cdot \text{s}$。这是在发生直接接触触电事故时,从电流值考虑应不大于摆脱电流;从通过人体电流的持续时间上,小于一个心搏周期,而不会导致心室颤动。当在潮湿条件下,由于人体电阻的降低,所以又规定了漏电动作电流不应大于 15mA。

5. 漏电保护器的测试

测试内容分两项:第一项测试联锁机构的灵敏度,其测试方法为按动漏电保护器的试验按钮三次;带负荷分、合开关三次,均不应有误动作;第二项测试特性参数,测试内容为:漏电动作电流、漏电动作电流和分断时间,其测试方法应用专用的漏电保护器测试仪进行。以上测试应该在安装后和使用前进行,漏电保护器投入运行后定期(每月)进行,雷雨季节应增加次数。

6. 隔离开关

(1) 隔离开关一般多用于高压变配电装置中。《规范》考虑了施工现场实际情况,强调电箱内设置电源隔离开关,其主要用途是在检修中保证电气设备与其他正在运行的电气设备隔离,并给工作人员有可以看见的在空气中有一定间隔的断路点,保证检修工作的安全。隔离开关没有灭弧能力,绝对不可以带负荷拉闸或合闸,否则触头间所形成的电弧,不仅会烧毁隔离开关和其他邻近的电气设备,而且也可能引起相间或对地弧光造成事故,因此必须在负荷开关切断以后,才能拉开隔离开关;只有先合上隔离开关后,再合负荷开关。

(2)《规范》规定,总配电箱、分配电箱以及开关箱中,都要装设隔离开关,满足"能在任何情况下都可以使用电设备实行电源隔离"的规定。

(3) 空气开关不能用作隔离开关。

自动空气断路器简称空气开关或自动开关,是一种自动切断线路故障用的保护电器,可用在电动机主电路上作为短路、过载和欠压保护作用,但不能用作电源隔离开关。主要由于空气开关没有明显可见的断开点、断开点距离小易击穿,难以保障可靠的绝缘以及触点有时发生粘合现象,鉴于以上情况,一般可将刀开关、刀形转换开关和熔断器用作电源隔离开关。刀开关和刀形转换开关可用于空载接通和分断电路的电源隔离开关,也可用于直接控制照明和不大于 5.5kW 的动力电路。熔断器主要用作电路保护,也可作为电源隔离开关使用。

7. "一机一闸一漏一箱"

这个规定主要是针对开关箱而言的。《规范》规定:"每台用电设备应有专用的开关箱"这就是一箱,不允许将两台用电设备的电气控制装置在一个开关箱内,避免发生误操作等事故。

《规范》规定:"必须实行'一机一闸'制,严禁同一个开关电器直接控制两台及两台以上用电设备(含插座)"。这就是一机一闸,不允许一闸多机或一闸控制多个插座的情况,主要也是防止误操作等事故发生。

《规范》规定:"开关箱中必须装设漏电保护器"即一漏。因为规范规定每台用电设备都要加装漏电保护器,所以不能用一个漏电保护器保护两台或多台用电设备的情况,否则容易发生误动作和影响保护效果。另外还应避免发生直接用漏电保护器兼作电器控制开关的现象,由于漏电保护器频繁动作,将导致损坏或影响灵敏度失去保护功能(漏电保护器与空气开关组装在一起的电器装置除外)。

8. 配电箱的安装位置

(1)《规范》规定:"总配电箱应设在靠近电源的地区。分配电箱应装设在用电设备或负荷相对集中地区,分配电箱与开关箱距离不得超过 30m。开关箱与其控制的固定式用电设备的水平距离不宜超过 3m"。主要考虑当发生电气及机械故障时,可以迅速切断电源,减少事故持续时间,另外也便于管理。

(2)《规范》规定:"配电箱、开关箱应装设在干燥、通风及常温场所";"周围应有足够二人同时工作的空间和通道";"应装设端正、牢固,移动式配电箱,开关箱应装设在坚固的支架上";"固定式配电箱、开关箱的下底与地面的垂直距离应为 1.3~1.5m;移动式分配电箱、开关箱的下底 0.6m,小于 1.5m"。

(3)《规范》规定:不允许使用木质电箱和金属外壳木质底板。"配电箱内的电器应首先安装在金属或非木质的绝缘电器安装板上,然后整体紧固在配电箱体内";"箱内的连接应采用橡皮绝缘电缆"。

9.《规范》规定:"所有配电箱均应标明其名称、用途、并作出分路标记"。

10.《规范》规定:"所有配电箱门应配锁,配电箱和开关箱应由专人负责";"施工现场停止作业 1h 以上时,应将动力开关箱断电上锁。"

6.3.7.4 现场照明

1.《规范》规定:"照明灯具的金属外壳必须做保护接零。单相回路的照明开关箱内必须装设漏电保护器"。由于施工现场的照明设备也同动力设备一样有触电危险,所以也应照此规定设置漏电保护器。

2. 照明装置一般情况下其电源电压为 220V,但在下列情况下应使用安全电压的电源:

(1) 室外灯具距地面低于 3m,室内灯具距地面低于 2.4m 时,应采用 36V;

(2) 使用行灯,其电源的电压不超过 36V;

(3) 隧道、人防工程电源电压应不大小 36V;

(4) 在潮湿和易触及带电体场所,电源电压不得大于 24V;

(5) 在特别潮湿场所和金属容器内工作,照明电源电压不得大于 12V。

3. 安全电压

为防止触电事故而采用的由特定电源供电的电压系列。安全电压额定值的等级为 42、36、24、12、6V。当采用 24V 以上的安全电压时,其电器及线路应采取绝缘措施。

安全电压的数值不是"50V"一个电压等级而是一个系列,其等级如何选用是与作业条件有关的。我国在 1983 年以前一直没有单独的安全电压标准,习惯上多引用行灯电压 36V,对于 36V 的安全是有条件的,允许触电持续时间为 3～10s,而不是长时间直接接触也不会有危险,也应遵守一般 220V 架线规定,不能乱拉乱扯,应用绝缘子沿墙布线,接头应包扎严密;第二,应按作业条件选择安全电压等级,不能一律采用 36V,在特别潮湿及金属容器内,应采用 24V 以下及 12V 电压电源。

4. 碘钨灯

碘钨灯是一种石英玻璃灯管充以碘蒸气的白炽灯,由于它体积小,使用时间长,光效高的特点,所以经常被施工现场作为照明灯具采用。碘钨灯有 220V 和 36V 两种,220V 只适用作固定式灯具,安装高度不低于 3m,倾斜不大于 4°,外壳应做保护接零,由于工作温度可达 1200℃ 以上,所以应距易燃物 30cm 以上。当作移动式照明灯具时,应采用 36V 碘钨灯,按行灯对待。用 220V 时应按照移动灯具要求,除外壳做保护接零外,应加装漏电保护器,移动人员应穿戴绝缘防护用品。

6.3.7.5　配电线路

1.《规范》规定:"架空线路必须采用绝缘铜线或绝缘铝线"。这里强调了必须采用"绝缘"导线,由于施工现场的危险性,故严禁使用裸线。导线和电缆是配电线路的主体,绝缘必须良好,是直接接触防护的必要措施,不允许有老化、破损现象,接头和包扎都必须符合规定。

2.《规范》规定:"电缆干线应采用埋地或架空敷设,严禁沿地面明敷,并应避免机械伤害和介质腐蚀。"、"穿越建筑物、构筑物、道路、易受机械损伤的场所及电缆引出地面从 2m 高度至地下 0.2m 处,必须加设防护套管",施工现场不但对电缆干线应该按规定敷设,同时也应注意对一些移动式电气设备所采用的橡皮绝缘电缆的正确使用,应采用钢索架线,不允许长期浸泡在水中和穿越道路不采取防护措施的现象。

3. 对架空线路,《规范》规定:"木电杆的梢径应不小于 130mm"、"架空线路的档距不大于 35m;线间距离不得小于 0.3m"、"横担长 1.5m,五线横担长 1.8m"、"与地面最大弧垂:施工现场 4m,机动车道 6m"。除以上规定外,还对架空线路相序排列进行规定:

(1) 五线导线相序的排列:面向负荷从左侧起为 L_1、N、L_2、L_3、PE;

(2) 动力与照明分别架设时,上层横担:L_1、L_2、L_3;下层横担:$L_1(L_2,L_3)$、N、PE。

4. 应该采用五芯电缆。

施工现场临时用电由 TN-C 改变为 TN-S 后,多增加了一根专用的保护零线,这根专用的保护零线任何时候不允许有断线情况发生,否则将失去保护。施工现场线路由四线改为五线后,电缆的型号规格也要相应改变采用五芯电缆。由于企业原有的四芯电缆仍想利用,于是就在四芯电缆外侧敷 *PE* 线替代五芯电缆。这种作法的弊病是:两种线路绝缘程度、机械强度、抗腐蚀能力以及载流量不匹配,带来使用上的不合理,容易引发事故。

当施工现场的配电方式采用了动力与照明分别设置时,三相设备线路可采用四芯电缆,单相设备和照明线路可采用三芯电缆,四芯电缆仍然可以使用。

5. 对电缆埋地规范也进行了规定。

(1) 直埋电缆必须是铠装电缆,埋地深度不小于 0.6m,并在电缆上下铺 5cm 厚细砂,防止不均匀沉降,最上部覆盖硬质保护层,防止误伤害。

(2)"橡皮电缆架空敷设时,应沿墙壁或电杆设置,并用绝缘子固定,严禁使用金属裸线作绑线,固定点间距应保证橡皮电缆能承受自重所带来的荷重。橡皮电缆最大弧垂距地不得小于 2.5m。"

(3) 对高层、多层建筑施工的室内用电,不允许由室外地面电箱用橡皮电缆从地面直接引入各楼层使用。其原因:一是电缆直接受拉易造成导线截面变细过热;二是距控制箱过远遇故障不能及时处理;三是线路乱,不好固定容易引发事故。《规范》规定:"在建高层建筑的临时配电必须采用电缆埋地引入,电缆垂直敷设的位置应充分利用在建工程的竖井、垂直孔洞等,并应靠近用电负荷中心,固定点每楼层不得小于一处。电缆水平敷设宜沿墙,可在每层或隔层设置分配电箱提供使用,固定设备可设开关箱,手持电动工具可设移动电箱。"

6.3.7.6 电器装置

《规范》规定:"配电箱、开关箱内的开关电器应按其规定的位置紧固在电器安装板上,不得歪斜和松动"、"箱内的电器必须可靠完好,不准使用破损、不合格的电器。"为便于维修和检查,"漏电保护器应装设在电源隔离开关的负荷侧"、"各种开关电器的额定值应与其控制用电设备的额定值相适应"、"容量大于 5.5kW 的动力电路应采用自动开关电器"、"熔断器的熔体更换时,严禁用不符合原规格的熔体代替。"

关于熔断器。熔断器的种类很多,结构不同,但作用是相同的,串联在电路里,是电路中受热最薄弱的一个环节,当电流超过时,它首先熔断,保护电气不受损害,起过载和短路保护作用。熔丝是低熔点合金丝,各种规格熔丝都有规定的熔断电流标准,其他金属丝没有进行熔断电流鉴定,所以不准用于熔断器上。

熔断器及熔体的选择,应视电压及电流情况,一般单台直接起动电动机熔丝可按电动机额定电流 2 倍左右选用(不能使用合股熔丝)。

当使用旧型胶盖闸时,由于无灭弧装置,应将熔丝用铜丝短接,并在电源侧另加插保险,防止弧光断路及灼伤事故。

6.3.7.7 变配电装置

1. 配电室

(1) 配电室建筑及尺寸应符合规范要求。配电屏的周围通道宽度应符合规定。

(2) 成列配电屏两端应与保护零线连接。

(3) 配电屏应装电度表,分路装电流、电压表;装短路、过负荷保护和漏电保护装置。

(4) 配电屏配电线路应编号,标明用途。维修时,应悬挂停电标志牌,停送电必须有专人负责。

2. 总配电箱

(1) 应装设电压表、总电流表、总电度表及其他仪表。

(2) 应装设总隔离开关分路隔离开关、总熔断器和分路熔断路(或总自动开关和分路自动开关),以及漏电保护器,若漏电保护器同时具备过负荷和短路保护功能,则可不装分路熔断器或分路自动开关。总开关额定值及动作整定值应与分路开关的额定值及动作整定值相适应。

6.3.7.8 用电档案

1. 临时用电施工组织设计

包括临时用电施工组织设计的全部资料和修改施工组织设计的全部资料。包括：现场勘探、所有电气装置、用电设备方面的详细统计资料、负荷计算以及电气布置图等资料。

《规范》规定："临时用电设备在 5 台及 5 台以上或设备总容量在 50kW 及 50kW 以上者，应编制临时用电施工组织设计"，"临时用电施工组织设计必须由电气工程技术人员编制，技术负责人审核，经主管部门批准后实施"。临时用电施工组织设计应按照《施工现场临时用电安全技术规范》编制人员所编写的《施工现场临时用电施工组织设计》一书中所要求的程序、方法进行。

2. 技术交底

是指临时用电施工组织设计被批准实施前，电气工程技术人员向安装、维修电工和各种用电设备人员分别贯彻交底的文字资料。包括总体意图、具体技术要求、安全用电技术措施和电气防火措施等文字资料。

3. 安全检测记录

主要内容包括：临时用电工程检查验收表、电气设备的试验、检验凭单和调试记录等。其中接地电阻测定记录应包括电源变压器投入运行前其工作接地阻值和重复接地阻值，以及定期检查、复查接地阻值测定记录。

4. 电工维修工作记录

电工维修工作记录是反映电工日常电气维修工作情况的资料，应尽可能记载详细，包括时间、地点、设备、维修内容、技术措施、处理结果等。对于事故维修还要作出分析，提出改进意见。

施工用电检查评分表见附录中表 6-13。

6.3.8 物料提升机(龙门架、井字架)

6.3.8.1 架体制作

目前载人电梯及人货两用电梯已基本由定点生产厂家制作，而物料提升机，特别是低架(高度在 30m 以下)的提升机，多数不是厂家的产品,而是企业自己制作,为杜绝结构无设计依据,制作无工艺要求,验收无检测手段,粗制、滥造,以致在使用中不能满足要求,造成事故,特规定:

(1) 架体必须按照《龙门架及物料提升机安全技术规范》(以下简称《规范》)的要求进行设计计算并经上级相关部门和总工审批。

(2)《规范》规定架体形式为门架式和井架式,并规定提升机构是以地面卷扬机为动力、沿导轨做垂直运行的提升机。

(3)《规范》不包括使用脚手钢管和扣件做材料,在施工现场临时搭设的井架,而是指采用型钢材料,预制成标准件或标准节,到施工现场按照设计图纸进行组装的架体。

6.3.8.2 限位保险装置

1. 吊篮停靠装置

物料提升机是只准运送物料不准载人的提升设备。但是当装载物料的吊篮运行到位时,仍需作业人员进入到吊篮内将物料运出。此时,由于作业人员的进入,需有一种安全装置对作业人员的安全进行保护,即当吊篮的钢丝绳突然断开时,吊篮内的作业人员不致受到伤害。

(1) 安全停靠装置。当吊篮运行到位时,停靠装置能将吊篮定位,能可靠地承担吊篮自重、额定荷载及吊篮内作业人员和运送物料时的工作荷载。此时荷载全部由停靠装置承担,提升钢丝绳只起保险作用。安全检查时应做动作试验验证。

(2) 断绳保护装置。是安全停靠的一种形式,即当吊篮运行到位,作业人员进入吊篮内作业,或当吊篮上下运行中,若发生继绳时,此装置迅速将吊篮可靠地停住并固定在架体上,确保吊篮内人员不受伤害。但是许多事故案例说明,此种装置可靠性差,必须在装有断绳保护装置的同时,还要求有安全停靠装置。

2. 安全装置应定型化

许多物料提升机虽具有安全装置,但从实际运行中和动作试验中考核,其灵敏度、可靠度都不能满足要求,从而影响生产达不到安全效果。各种安全装置从设计、使用到定型,应该是一个不断完善的过程,大家推广使用的应该是既灵敏可靠又构造简单便于管理的装置。

3. 超高限位装置

或称上升极限限位器,主要作用是限定吊篮的上升高度(吊篮上升的最高位置与天梁最低处的距离不应小于 3m),此距离是考虑到意外情况下,电源不能断开时,吊篮仍将继续上升,可能造成事故,而此过程可使司机采用紧急断电开关切断电源,防止吊篮与天梁碰撞。安全检查时,应做动作试验验收。

(1) 当动力采用可逆式卷扬机时,超高限位可采取切断提升电源方式,电机自行制动停车,再开动时电机反转使吊篮下降。

(2) 当动力采用摩擦式卷扬机时,超高限位不准采用切断提升电源方式,否则会发生因提升电源被切断,吊篮突然滑落的事故。应采用到位报警(响铃)方式,以提示司机立即分离离合器并用手刹制动,然后慢慢松开制动,使吊篮滑落。

4. 高架提升机的安全装置

《规范》规定,高架(30m 以上)提升机,除具备低架提升机的安全装置外,还应具有以下装置:

(1) 下极限限位器。当吊篮下运行至碰到缓冲器之前限位器即能动作,当吊篮达到最低限定位置时,限位器自行切断电源,吊篮停止下降。安全检查时应经动作试验验证。

(2) 缓冲器。在架体的最下部底坑内设置缓冲器,当吊篮以额定荷载和规定的速度作用到缓冲器上时,应能承受相应的冲击力。缓冲器的型式可采用弹簧或橡胶等。

(3) 超载限制器,主要考虑当使用高架提升机时,由于上下运行距离长所用时间多,运料人员往往尽量多装物料以减少运行次数而造成超载。此装置可在达到额定荷载的 90% 时,发生报警信号提示司机,荷载达到和超过额定荷载时,切断起升电源。安全检查时应做动作试验验证。

6.3.8.3　架体稳定

提升机架体稳定的措施一般有两种,当建筑主体未建造时,采用缆风绳与地锚方法;当建筑物主体已形成时,可采用连墙杆与建筑结构连接的方法来保障架体的稳定。

1. 缆风绳

(1)《规范》规定,提升机架体在确保本身强度的条件下,为保证整体稳定采用缆风绳时,高度在 20m 以下可设一组(不少于 4根),高度在 30m 以下不少于两组,超过 30m 时不应采用缆风绳方法,应采用连墙杆等刚性措施。

(2)提升机的缆风绳应根据受力情况经计算确定其材料规格,一般情况选用钢丝绳直径不小于 9.3mm。

(3)按照缆风绳的受力工况,必须采用钢丝绳(安全系数 $K =$ 3.5),不允许采用钢筋、多股铅丝等其他材料替代。

(4)缆风绳应与地面成 45°~60°夹角,与地锚拴牢,不得拴在树木、电杆、堆放的构件上。

(5)地锚的设置应视受力情况,一般应采用水平地锚进行埋设,露出地面的索扣必须采用钢丝绳,不得采用钢筋或多股钢丝。当提升机低于 20m 和坚硬的土质情况下,也可采用脚手钢管等型钢材料打入地下 1.5~1.7m,并排两根,间距 0.5~1m,顶部用横杆及扣件固定,使两根钢管同时受力,同步工作。

2. 与建筑结构连接

(1)连墙杆选用的材料应与提升机架体材料相适应,连接点紧固合理,与建筑结构的连接处应在施工方案中有预埋(预留)措施。

(2)连墙杆与建筑结构相连接并形成稳定结构架,其竖向间隔不得大于 9m,且在建筑物的顶层必须设置 1 组。架体顶部自由高度不得大于 6m。

(3)在任何情况下,连墙杆都不准与脚手架相连接。

6.3.8.4　钢丝绳

(1)钢丝绳断丝数在一个节距中超过 10%,钢丝绳锈蚀或表面磨损达 40% 以及有死弯、结构变形、绳芯挤出等情况时,应报废停止使用。断丝或磨损小于报废标准的应按比例折减承载能力。

(2) 钢丝绳用绳卡连接时,钢丝绳直径为 7~16mm 时,绳卡不少于 3 个;钢丝绳直径 19~27mm 时,绳卡不少于 4 个。绳卡紧固应将鞍座放在承受拉力的长绳一边,U 形卡环放在返回的短绳一边,不得一倒一正排列。

(3) 当钢丝绳穿越道路时,为避免碾压,应有过路保护。钢丝绳使用中不应拖地,减少磨损和污染。

6.3.8.5 楼层卸料平台防护

(1) 在建工程各层与提升机连接处可搭设卸料通道,通道两侧应按临边防护规定设置防护栏杆及档脚板。通道脚手板要铺平绑牢,保证运输作业安全进行。

(2) 各层通道口处都应设置常闭型的防护门(或防护栏杆),只有当吊篮运行到位时,楼层防护门方可开启。只有当各层防护门全部关闭时,吊篮方可上下运行。在防护门全部关闭之前,吊篮应处于停止状态。

(3) 提升机架体地面进料口处应搭设防护棚,防止物体打击事故。防护棚材质应能对落物有一定防御能力和强度(5cm 厚木板或相当于 5cm 木板强度的其他材料)。防护棚的尺寸应视架体的宽度和高度而定(可按"坠落半径"确定),防护棚两侧应挂立网,防止人员从侧面进入。

6.3.8.6 吊篮

(1) 吊篮的进料口处应设置安全门,待吊篮降落地面时打开,便于进出物料;吊篮起升时关闭,防止吊篮运行中物料滚落。当吊篮运行到位时,安全门又可作为临边防护,防止进入吊篮内作业人员发生坠落事故。吊篮的安全门应定型化,构造简单,安全可靠。

(2) 高架提升机应采用吊笼运送物料,吊笼的顶板可采用 5cm 厚木板,主要为防止作业人员进入吊笼内作业时落物打击。

(3) 物料提升机在任何情况下都不准许人员乘吊篮、吊笼上下。

（4）禁止吊篮使用单根钢丝绳提升。

6.3.8.7　安装验收

（1）物料提升机在重新安装后使用之前，必须进行整机试验，确认符合要求，方可投入运行。

（2）试验方法及内容：

① 试验前编制试验方案，并对提升机和试验场地进行全面检查，确认符合要求。

② 空载试验。在空载情况下，按照提升机正常工作时需作的各种动作，包括上升、下降、变速、制动等，在全程范围内以各种工作速度反复试验，不少于 3 次，并同时试验各安全装置的灵敏度。

③ 额定荷载试验。吊篮内按设计规定的荷载，按偏心位置 1/6 处加入，然后按空载试验动作反复进行，不少于 3 次。

④ 试验中检查动作和安全装置的可靠性，有无异常现象，金属结构不得出现永久变形、可见裂纹、油漆脱落、节点松动以及振颤、过热等现象；

⑤ 将组装后检验的结果和试验过程中检验的情况按照要求认真填写记录，最后由参加试验的人员签字，确认是否符合要求。

6.3.8.8　架体

（1）安装与拆除作业前，应根据现场工作条件及设备情况编制作业方案。对作业人员进行分工交底，确定指挥人员，划定安全警戒区域并设监护人员，排除作业障碍。

（2）提升机的基础应按图纸要求施工。高架提升机的基础应进行设计计算；低架提升机在无设计要求时，可按素土夯实后，浇注 C20 混凝土，厚 300mm。

（3）物料提升机架体安装后的垂直偏差，最大不应超过架体高度的 1.5‰，多次使用重新安装时，其偏差不应超过 3‰，并不得超过 200mm。

（4）架体与吊篮的间隙，即吊篮导靴与导轨的间隙，应控制在 5～10mm 以内。

（5）为防止落物打击，在架体外侧沿全部用立网（不要求用密目网)防护。立网防护后不应遮挡司机视线。

(6)在提升机架体上安装摇臂扒杆时,必须按原设计要求进行,并应加装保险绳,确保扒杆的作业安全。作业时,吊篮与扒杆不能同时使用。

(7)井架式提升机的架体,在与各楼层通道相接的开口处,应采取加强措施。

6.3.8.9 传动系统

(1)固定卷扬机时不得利用树木、电杆,必须采用地锚,卷扬机前方应打入两根立桩防止卷扬机受力后转动。

(2)卷筒上钢丝绳应顺序排列,不能产生乱绳。钢丝绳在卷筒上不顺序排列时,绳间容易相互挤压,破坏绳的结构,绳芯挤出不能继续使用。实践证明,钢丝绳不按顺序排列造成的损坏,远大于正常使用的钢丝绳磨损。

(3)卷扬机安装位置,按照要求应该满足"从卷筒中心线到第一个导向滑轮的距离,带槽卷筒应大于卷筒宽度的15倍,无槽卷筒应大于20倍。"的要求。以上规定的主要目的是满足钢丝绳可以自动在卷筒上按顺序排列,不致造成错叠和脱离卷筒。

(4)《规范》规定:"滑轮应选用滚动轴承支承。滑轮组与架体(或吊篮)应采用刚性连接,严禁采用钢丝绳、钢丝等柔性连接和使用开口拉板式滑轮"。物料提升机是属于固定式起重机械,不是现场临时组成的起重扒杆,其制造设计都按正式图纸制作,有工艺要求。有些单位的提升机没有经正式设计,传动机构滑轮也是临时使用拉板式,用钢丝绳捆绑在架体上,滑轮工作可靠性差。由于采用绑扎连接造成磨损和不稳定,导向滑轮不稳定造成钢丝绳运行的振颤很不安全。应该使用轴承滑轮用螺栓与架体固定,不但钢丝绳运行可靠,同时也便于保养。

滑轮应经常检查,发现翼缘磨偏应及时整修,翼缘破损及时更换。

(5)当卷扬机设置位置不能保障钢丝绳在卷筒上顺排时,应装设排绳装置和防止钢丝绳超越卷筒两端凸缘的保险装置。

(6)《规范》规定:"滑轮组的滑轮直径与钢丝绳直径比例:低架提升机不应小于25;高架提升机不应小于30。"滑轮直径与钢丝绳直径的比值是按照机构的工作级别而规定的。工作级别高,其比值就越大。由于钢丝绳工作时受拉伸、弯曲和挤压,受力情况比较复杂,而钢丝绳的弯曲直接与所采用的滑轮直径有关,滑轮直径小,钢丝绳的弯曲就大,产生的弯曲应力也就大。相反,滑轮与绳径比值越大,弯曲应力也就越小,当滑轮与钢丝绳直径的比值足够时,就可以不考虑弯曲的影响,只按受拉计算。考虑到高架提升天梁位置较高,不便日常的维护保养,故比值较高,滑轮工作更加平稳,保养周期可以更长一些。

6.3.8.10 联络信号

(1)低架提升机使用时,司机可以清楚地看到各层通道及吊篮内作业情况下,可以由各层作业人员直接与司机联系。

(2)低架提升机使用时,司机不能清楚地看到各层作业情况或交叉作业施工、各层同时使用提升机的,此时应设置专门的信号指挥人员,以确保不发生误操作。

(3)当利用室内井道做垂直运输或使用高架提升机时,司机与各层站的连系必须加装通讯装置。通讯装置应是一个闭路的双向通讯系统,司机应能听到每一层的连系,并能向每一层站讲话。

6.3.8.11 卷扬机操作棚

(1)卷扬机和司机若在露天作业应搭设坚固的操作棚。操作棚应防雨,不影响视线。当距离作业区较近时,顶棚应具有防落物打击的能力。

(2)操作棚不仅可以保护机械设备可靠运行,同时也为司机的操作不受干扰起防护使用。

6.3.8.12 避雷

临时用电规范规定:井字架与龙门架等机械设备,若在相邻建筑物、构筑物的防雷装置的保护范围以外,又在地区雷暴日规定的高度之中时,则应安装防雷装置。

(1)防雷装置的保护范围是以接闪器的高度,按60°角向地面划分保护范围的,当在保护范围之内时,设备可不加装防雷装置。

(2) 我国幅员辽阔,不同地区平均雷暴日的天数也不同,雷暴日的天数越多,危险性就大,机械设备安装防雷装置的要求高度也越低,当查阅用电规范达到规定的高度时,则应安装防雷装置。

(3) 防雷装置包括:避雷针(接闪器)引下线及接地体。避雷针可采用 $\phi 20$ 钢筋,其长度 $L = 1 \sim 2m$,置于架体最顶端。引下线不得采用铝线,防止氧化、断开。接地体可与重复接地合用,阻值不大于 10Ω。

物料提升机检查评分表见附录中表 6-14。

6.3.9 外用电梯(人货两用电梯)

1. 安全装置

(1) 制动器。由于人货电梯在施工中经常载人上下,其运行的可靠性直接关系着施工人员的生命安全。制动器是保证电梯运行安全的主要安全装置,由于电梯起动、停止频繁及作业条件的变化,制动器容易失灵,梯笼下滑导致事故,应加强维护,经常保持自动调节间隙机构的清洁,发现偏差及时修理。安全检查时应做动作试验验证。

(2) 限速器。坠落限速器是电梯的保险装置,电梯在每次安装后进行检验时,应同时进行坠落试验。将梯笼升离地面 4m 高度处,放松制动器,操纵坠落按钮,使梯笼自由降落,其制动距离不大于 $1 \sim 1.5cm$,确认制动效果良好。再上升梯笼 20cm,放松摩擦锥体离心(以上试验分别按空载及额定荷载进行)。按要求限速器每两年标定一次(去指定单位进行标定),安全检查时应检查标定日期和结果。

(3) 门联锁装置。门联锁装置是确保梯笼门关闭严密时,梯笼方可运行的安全装置。当梯笼门没按规定关闭严密时,梯笼不能投入运行,以确保梯笼内人员的安全。安全检查时应做动作试验验证。

(4) 上、下限位装置。确认梯笼运行时,上极限限位位置和下极限限位位置的正确及装置灵敏可靠。安全检查时应做动作试验验证。

2．安全防护

(1) 电梯底笼周围2.5m范围内必须设置牢固的防护栏杆,进出口处的上部搭设足够尺寸的防护棚(按坠落半径要求)。

(2) 防护棚必须具有防护物体打击的能力,可用5cm厚木板或相当5cm木板强度的其他材料。

(3) 电梯与各层站过桥和运输通道,除应在两侧设置两道护身栏及挡脚板并用立网封闭外,进出口处尚应该设置常闭型的防护门。防护门在梯笼运行时处于关闭状态,当梯笼运行到那一层站时,该层站的防护门方可开启。

(4) 防护门构造应安全可靠,必须是常闭型,平时全部处于关闭状,不能使门全部打开,形成虚设。

(5) 各层站的运行通道或平台,必须采用5cm厚木板搭设,平整、牢固,不准采用竹板及厚度不一的板材,板与板应进行固定,沿梯笼运行一侧不允许有局部板伸出的现象。

3．司机

(1) 外用电梯司机属特种作业人员,应经正式培训考核并取得合格证书。

(2) 电梯每班首次作业前,应检查试验各限位装置、梯笼门等处的联锁装置是否良好,各层站台口门是否关闭,并进行空车升降试验和测定制动器的效能。电梯在每班首次载重运行时,必须从最低层上升,严禁自上而下。当梯笼升离地面1m高处时,要停车试验制动器的可靠性。

(3) 多班作业的电梯司机应按照规定进行交接班,并认真填写交接班记录。

4．荷载

(1) 由于外用电梯一般均未装设超载限制装置,所以施工现场使用时要有明显的标志牌,对载人或载物做出明确限制规定,要求施工人员与司机共同遵守,并要求司机每次起动前先检查确认,符合规定时,方可运行。

(2) 未加对重不准载人。

5. 安装与拆卸

(1) 安装或拆卸之前,由主管部门按照说明书要求,结合施工现场的实际情况,制定详细的作业方案,并在班组作业之前向全体工作人员进行交底和指定监护人员。

(2) 按照建设部规定,安装和拆卸的作业人员,应由专业队伍并取得市级有关部门核发的资格证书的人员担任,并设专人指挥。

6. 安装验收

(1) 电梯安装后应按规定进行验收,包括:基础的制作、架体的垂直度,附墙距离、顶端的自由高度、电气及安全装置的灵敏度检查测试结果,并做空载及额定荷载的试验运行,进行验证。

(2) 如实的记录检查测试结果和对超过规定存在问题改正结果,确认电梯各项指标均符合要求。

7. 架体稳定

(1) 导轨架安装时,应用经纬仪对电梯在两个方向进行测量校准。其垂直度偏差不得超过万分之五,或按照说明书规定。

(2) 导轨架顶部自由高度、导轨架与建筑物距离、附壁架之间的垂直距离以及最低点附壁架离地面高度均不得超过说明书规定。

(3) 附壁架必须按照施工方案与建筑结构进行连接,并对建筑物规定强度要求,严禁附壁架与脚手架进行连接。

8. 联络信号

(1) 电梯作业应设信号指挥,司机按照给定的信号操作,作业前必须鸣铃示意。.

(2) 信号指挥人员与司机应密切配合,不允许各层作业人员随意敲击导轨架进行联系的混乱作法。

9. 电气安全

(1) 电梯应单独安装配电箱,并按规定做保护接零(接地)、重复接地和装设漏电保护装置。装设在阴暗处的电梯或夜班作业的电梯,必须在全行程上装设足够的照明和明显的层站编号标志灯具。

(2) 电梯的电气装置应由专人管理负责检查维护调试,并有记录。

10. 避雷

外用电梯在避雷保护范围外应设置符合要求的避雷装置。

外用电梯检查评分表见附录中表 6-15。

6.3.10　塔吊

1. 力矩限制器

(1) 分析许多倒塔事故的发生,其主要原因都是由于超载造成,之所以形成超载,一是由于重物的重量超过了规定;二是由于重物的水平距离超过了作业半径所致。安装力矩限制器后,当发生重量超重或作业半径过大,而致力矩超过该塔吊的技术性能时,即自动切断起升或变幅动力源,并发出报警信号,防止发生事故。

(2) 目前力矩限制器有两种,一种是电子型;另一种是机械型。电子型在显示上可以同时读到力矩、作业半径及质量数据,当接近塔吊的允许力矩时,有预警信号,使用方便,但是受作业条件影响大,可靠度差,易损坏,维修不便。机械型无显示装置也无预警信号,但工作可靠,比较适应现场施工作业条件,结构简单损坏率低。

(3) 塔吊在转换场地重新组装、变换倍率及改变起重臂长度时,都必须调整力矩限制器,电子型超载报警点必须以实际作业半径和实际重量试吊重新进行标定。对小车变幅的塔吊,选用机械型力矩限制器时,必须和该塔吊相适应(应选择同一种厂型)。

(4) 装有机械型力矩限制器的动臂变幅式塔吊,在每次变幅后,必须及时对超载限位的吨位,按照作业半径的允许载荷进行调整。

(5) 进行安全检查时,若无条件测试力矩限制器的可靠性,可对该机安装后进行的试运转记录进行检查,确认该机当时对力矩限制器的测试结果符合要求,和力矩限制器系统综合精度满足

±5%的规定。

(6) 超载限制器(起升载荷限制器)。按照规定,有的塔吊机型同时装有超载限制器。当荷载达到额定起重量的90%时,发出报警信号;当起重量超过额定起重量时,应切断上升方向的电源,机构可作下降方向运动。进行安全检查时,应同时进行试验确认。

2. 限位器

(1) 超高限位器。也称上升极限位置限制器,即当塔吊钩上升到极限位置时,自动切断起升机构的上升电源,机构可以作下降运动,安全检查时,应做动作试验验证。

(2) 变幅限位器。包括小车变幅和动臂变幅。安全检查时应做试验验证。

① 小车变幅。塔吊采用水平臂架,吊重悬挂在起重小车上,靠小车在臂架上水平移动实现变幅。小车变幅限位器是利用安装在起重臂头部和根部的两个行程开关及缓冲装置。对小车运行位置进行限定。

② 动臂变幅。塔吊变换作业半径(幅度),是依靠改变起重臂的仰角来实现的,通过装置触点的变化,将灯光信号传递到司机的指示盘上。并指示仰角度数,当控制起重臂的仰角分别到了上、下限位时,则分别压下限位开关切断电源,防止超过仰角造成塔吊失稳。现场做动作验证时,应由有经验的人员做监护指挥,防止发生事故。

(3) 行走限位器。对轨道式塔吊控制运行时保证不发生出轨事故。安全检查时,应进行塔吊行走动作试验,碰撞限位器验证可靠性。

3. 保险装置

(1) 吊钩保险装置。主要防止当塔吊工作时,重物下降被阻碍但吊钩仍继续下降而造成的索具脱钩事故。此装置是在吊钩开口处装设一弹簧压盖,压盖不能向上开启只能向下压开,防止索具从开口处脱出。

(2) 卷筒保险装置。主要防止当传动机构发生故障时,造成钢丝绳不能够在卷筒上顺排,以致越过卷筒端部凸缘,发生咬绳等事故。

(3) 爬梯护圈。

① 当爬梯的通道高度大于 5m 时,从平台以上 2m 处开始设置护圈。护圈应保持完好,不能出现过大变形和少圈、开焊等现象。

② 当爬梯设于结构内部时,如爬梯与结构的间距小于 1.2m时,可不设护圈。

4. 附墙装置与夹轨钳

(1) 自升塔的自由高度应按照说明书要求,当超过规定时,应与建筑物进行附着,以确保塔吊的稳定性。

(2) 附墙装置。

① 附着在建筑物时其受力强度必须满足设计要求。

② 附着时应用经纬仪检查塔身垂直度,并进行调整。每道附墙装置的撑杆布置方式、相互间隙以及附墙装置的垂直距离应按照说明书规定。

③ 当由于工程的特殊性需改变附着杆的长度、角度时,应对附着装置的强度、刚度和稳定性进行验算,确保不低于原设计的安全度。

④ 轨道式起重机作附着式使用时,必须提高轨道基础的承载能力并切断行走机构的电源。

(3) 夹轨钳。轨道式起重机露天使用时,应安装防风夹轨钳。

(4) 夹轨钳装置必须保证卡紧后的制动效果,当司机午饭、下班以及中间临时停车需要离开塔吊时,必须按规定将塔吊的夹轨钳全部卡牢后,方可离开。

5. 安装与拆卸

(1) 塔式起重机的安装和拆卸是一项既复杂又危险的工作,再加上塔吊的类型较多,作业环境不同,安装队伍的熟练程度不一,所以要求工作之前必须针对塔吊类型特点,说明书的要求,结合作业条件制定详细的施工方案,包括:作业程序、人员的数量及工作位置、配合作业的起重机械类型及工作位置,地锚的埋设、索具的准备和现场作业环境的防护等。对于自升塔的顶升工作,必须有吊臂和平衡状态的具体要求和顶升过程中的顶升步骤及禁止回转作业的可靠措施。

(2)塔吊的安装和拆卸工作必须由专业队伍并取得上级有关部门核发的资格证书的人员担任。并设专人指挥。

6. 塔吊指挥

(1)塔吊司机属特种作业人员,应经正式培训考核并取得合格证书。合格证或培训考核内容,必须与司机所驾驶吊车类型相符。

(2)塔吊的信号指挥人员应经正式培训考核并取得合格证书。其信号应符合国家标准《起重吊运指挥信号》(GB 5052—85)的规定。

(3)当现场多塔作业相互干扰,或高塔作业司机不能清晰的听到信号指挥人员的笛声和看到手势时,应结合现场实际改用旗语或对讲机进行指挥。

7. 路基与轨道

(1)塔吊的路基和轨道的铺设,必须严格按照其说明书规定进行。一般情况路基土壤承载能力:中型塔(3～15t)0.12～0.16MPa;重型塔(15t 以上)>0.2MPa。并应整修平整压实,其上铺砂、碴石,并有排水措施。

(2)枕木材料可用木材、钢筋混凝土或钢枕木,其截面尺寸按说明书规定(如 160mm×240mm、180mm×260mm 等),枕木长度应至少比轨距尺寸大 1200mm。当使用一长两短枕木排列时,应每隔 6m 左右加设一根槽钢拉杆以确保轨距。枕木间距为 600mm。当使用定型路基箱时,使用前应经检查收确认符合要求。

(3)轨道的两侧应在每根枕木上用道钉钉牢(或用压板压牢),不得缺少和扳动。轨道的接头应错开,接头处应架在轨枕上,两端高差不大于 2mm,接头夹板应与轨道配套并应将螺栓全部装满、紧固。

(4) 轨道水平偏差在纵横方向上不大于 1/1000(应使用水平仪,在两条轨道上,10m 范围内,分别测不少于三点,取其平均值)。

(5) 距轨道终端 1m 处,设置极限位置阻挡器(止挡器),其高度应大于行走轮的半径,以阻挡住断电后滑行的塔吊不出轨。

(6) 固定式塔吊的基础施工应按设计图纸进行,其设计计算和施工详图应列入塔吊的专项施工组织设计内容之一,施工后应经验收并有记录。

8. 电气安全

(1) 塔吊电缆不允许拖地行走,应装设具有张紧装置的电缆卷筒,随塔吊行走卷筒自动将电缆缠绕,防止电缆与枕木摩擦或被轨道上杂物缠绕发生事故。

(2) 施工现场架空线路与塔吊的安全距离,按照临时用电规范规定:"旋转臂架式起重机的任何部位或被吊物边缘与 10kV 以下的架空线边线最小水平距离不得小于 2m。当小于此距离时,应按要求搭设防护架,夜间施工应有 36V 灯泡(或红色灯泡),当起重机作业半径在架空线路上方经过时,其线路的上方也应有保护措施。

(3) 当现场采用 TT 系统时,塔吊应进行接地,其电阻值不大于 4Ω;当采用 TN 系统时,除作保护接零外,还应按临时用电规范规定做重复接地,其阻值不大于 10Ω。

(4) 塔吊的重复接地应在轨道的两端各设一组,对较长的轨道,每隔 30m 再加一组接地装置。两条轨道之间应用钢筋或扁铁等作环形电气连接,轨与轨的接头处应用导线跨接,形成电气连接。

(5) 塔吊的保护接零和接地线必须分开。可将电源线送至塔吊,道轨端部设分配电箱,由该箱引出 PE 线与道轨的重复接地线相连接,即相当 PE 线通过道轮与设备外壳连接。

9. 多塔作业

(1) 两台或两台以上塔吊在相靠近的轨道上或在同一条轨道

上作业时,应保持两机之间的最小距离:

① 移动塔吊。任何部位(包括吊物)之间距离不小于 5m。

② 固定塔吊。低位塔臂端部与高位塔身不小于 2m;高位塔吊钩与低位塔垂直距离不小于 2m。

(2) 当施工因场地作业条件的限制,不能满足要求时,应同时采取两种措施:

① 组织措施。对塔吊作业及作业路线进行规定,由专设的监护人员进行监督执行。

② 技术措施。应设置限位装置缩短臂杆升高(下降)塔身等措施,防止塔吊因误操作而造成的超越规定的作业范围,发生碰撞事故。

10. 安装验收

(1) 塔吊的试运转及验收分为三种情况:出厂前、大修后和重复使用安装后,这里主要指重复使用安装后试运转的作业范围。应包括下面几个部分:

① 技术检查。检查塔吊的坚固情况、滑轮与钢丝绳接触情况,电气线路、安全装置以及塔吊安装精度。在无载荷情况下,塔身与地面垂直偏差不得超过千分之三。

② 空载试验。按提升、回转、变幅、行走,分别进行动作试验,并作提升、行走、回转联合动作试验。试验过程中碰撞各限位器,检验其灵敏度。

③ 额定载荷试验。吊臂在最小工作幅度,提升额定最大起重物,重物离地 20cm,保持 10min,离地距离不变(此时力矩限制器应发出报警讯号)。试验合格后,分别在最大、最小、中间工作幅度进行提升、行走、回转动作试验及联合动作试验。

进行以上试验时,应用经纬仪在塔吊的两个方向观测塔吊变形及恢复变形情况、观察试验过程中有无异常现象,升温、漏油、油漆脱落等情况,进行记录、测定,最后确认合格后,可以投入运行。

(2) 对试运转及验收的参加人员和检测结果,应有详细如实的记录,并由有关人员签字确认符合要求。

塔吊检查评分表见附录中表 6-16。

6.3.11 起重吊装

1. 施工方案

(1) 起重吊装包括结构吊装和设备吊装,其作业属高危险作业,作业条件多变,施工技术也比较复杂,施工前应编制专项施工方案。其内容应包括:现场环境、工程概况、施工工艺、钢丝绳及索具的设计选用、起重扒杆的设计计算、地锚设计、钢丝绳及索具设计选用、地耐力及道路的要求,构件堆放就位图以及吊装过程中的各种防护措施等。

(2) 作业方案必须针对工程状况和现场实际具有指导性,并经上级技术部门审批,确认符合要求。

2. 起重机械

(1) 起重机

① 起重机械按施工方案要求选型,运到现场重新组装后,应进行试运转试验和验收,确认符合要求并有记录、签字。

② 起重机经检测后可以继续使用并持有市级有关部门定期核发的准用证。

③ 经检查确认安全装置包括超高限位器、力矩限制器、臂杆幅度指示器及吊钩保险装置均符合要求。当该机说明书中尚有其他安全装置时,应按说明书规定进行检查。

(2) 起重扒杆

① 起重扒杆的选用应符合作业工艺要求,扒杆的规格尺寸,通过设计计算确定,其设计计算应按照有关规范标准进行并经上级技术部门审批。

② 扒杆选用材料、截面以及组装形式,必须按设计图纸要求进行,组装后应经有关部门检验确认,符合要求。

③ 扒杆与钢丝绳、滑轮、卷扬机等组合后,应先经试吊确认。可按 1.2 倍额定荷载,吊离地面 200~500mm,使各缆风绳就位,起升钢丝绳逐渐绷紧,确认各部滑车及钢丝绳受力良好,轻轻晃动吊物,检查扒杆,地锚及缆风绳情况,确认符合设计要求。

3．钢丝绳与地锚

（1）钢丝绳断丝数在一个节距中超过 10％，钢丝绳锈蚀或表面磨损达 40％，以及有死弯、结构变形、绳芯挤出等情况时，应报废停止使用。断丝或磨损小于报废标准的应按比例折减承载能力。钢丝绳应按起重方式确认安全系数，人力驱动时，$K = 4.5$；机械驱动时，$K = 5 \sim 6$。

（2）扒杆滑轮及地面导向滑轮的选用，应与钢丝绳的直径相适应，其直径比值不应小于 15，各组滑轮必须用钢丝绳牢靠固定，滑轮出现翼缘破损等缺陷时应及时更换。

（3）缆风绳应使用钢丝绳，其安全系数 $K = 3.5$，规格应符合施工方案要求，缆风绳应与地锚牢固连接。

（4）地锚的埋设作法应经计算确定。地锚的位置及埋深应符合施工方案要求和扒杆作业时的实际角度。当移动扒杆时，也必须使用经过设计计算的正式地锚，不准随意拴在电杆、树木和构件上。

4．吊点

（1）根据重物的外形、重心及工艺要求选择吊点、并在方案中进行规定。

（2）吊点是在重物起吊、翻转、移位等作业中都必须使用的，吊点选择应与重物的重心在同一垂直线上，且吊点应在重心之上（吊点与重物重心的连线和重物的横截面成垂直）。使重物垂直起吊，禁止斜吊。

（3）当采用几个吊点起吊时，应使各吊点的合力作用点，在重物重心的位置之上，必须正确计算每根吊索的长度，使重物在吊装过程中始终保持稳定位置。

当构件无吊鼻需用钢丝绳捆绑时，必须对棱角处采取保护措施，防止切断钢丝绳。

钢丝绳做吊索时，其安全系数 $K = 6 \sim 8$。

5．司机、指挥

（1）起重机司机属特种作业人员，应经正式培训考核并取得合格证书。合格证书或培训内容,必须与司机所驾驶起重机类型相符。

(2) 汽车吊、轮胎吊必须由起重机司机驾驶,严禁同车的汽车司机与起重机司机相互替代(司机持有两种证件的除外)。

(3) 起重机的信号指挥人员应经正式培训考核并取得合格证书。其信号应符合国家标准《起重吊运指挥信号》(GB 5052—85)的规定。

(4) 起重机在地面,吊装作业在高处作业的条件下,必须专门设置信号传递人员,以确保司机清晰准确地看到和听到指挥信号。

6. 地耐力

(1) 起重机作业区路面的地耐力应符合该机说明书要求,并应对相应的地耐力报告结果进行审查。

(2) 作业道路平整结实,一般情况纵向坡度不大于 3‰,横向坡度不大于 1‰。行驶或停放时,应与沟渠、基坑保持 5m 以外,且不得停放在斜坡上。

(3) 当地面平整与地耐力不能满足要求时,应采用路基箱、道木等铺垫措施,以确保机车的作业条件。

7. 起重作业

(1) 起重机司机应对施工作业中所起吊重物的重量切实清楚,并有交底记录。

(2) 司机必须熟知该机车起吊高度及幅度情况下的实际起吊重量,并清楚机车中各装置正确使用,熟悉操作规程,做到不超载作业。

① 作业面平整坚实。支脚全部伸出垫牢。机车平稳不倾斜;

② 不准斜拉、斜吊。重物启动上升时,应逐渐动作缓慢进行,不得突然起吊形成超载;

③ 不得起吊埋于地下和粘在地面或其他物体上的重物;

④ 多机共同工作,必须随时掌握各起重机起升的同步性,单机负载不得超过该机额定起重量的 80%。

(3) 起重机首次起吊或重物重量变换后首次起吊时,应先将重物吊离地面 200～300mm 后停住,检查起重机的工作状态,在确认起重机稳定、制动可靠、重物吊挂平衡牢固后,方可继续起升。

8. 高处作业

(1) 起重吊装于高处作业时,应按规定设置安全措施,防止高处坠落。包括各洞口盖严盖牢,临边作业应搭设防护栏杆、封挂密目网等。结构吊装时,可设置移动式节间安全平网,随节间吊装,平网可平移到下一节间,以防护节间高处作业人员的安全。高处作业规范规定:"屋架吊装以前,应预先在下弦挂设安全网,吊装完毕后,即将安全网铺设固定。

(2) 吊装作业人员在高空移动和作业时,必须系牢安全带。独立悬空作业人员除有安全网的防护外,还应以安全带作为防护措施的补充。例如在屋架安装过程中,屋架的上弦不允许作业人员行走,当走下弦时,必须将安全带系牢在屋架上的脚手杆上(这些脚手杆是在屋架吊装之前临时绑扎的);在行车梁安装过程中,作业人员从行车梁上行走时,其一侧护栏可用钢索,作业人员将安全带扣牢在钢索上,随人员滑行,确保作业人员移动安全。

(3) 作业人员上下应有专用爬梯或斜道,不允许攀爬脚手架建筑物上下,对爬梯制作和设置应符合高处作业规范"攀登作业"的有关规定。

9. 作业平台

(1) 按照高处作业规范规定:"悬空作业处应有牢靠的立足处,并必须视具体情况,配置防护栏网、栏杆或其他安全设施"。高处作业人员必须站在符合要求的脚手架或平台上作业。

(2) 脚手架或作业平台应有搭设方案,临边应设置防护栏杆和封挂密目网。

(3) 脚手架的选材和铺设应严密、牢固并符合脚手架的搭设规定。

10. 构件堆放

(1) 构件堆放应平稳,底部按设计位置设置垫木。楼板堆放高度一般不应超过 1.6m。

(2) 构件多层叠放时,柱子不超过两层;梁不超过三层;大型屋面板、多孔板 6~8 层;钢屋架不超过三层。各层的支承垫木应在同一垂直线上,各堆放构件之间应留不小于 0.7m 宽的通道。

(3) 重心较高的构件(如屋架、大梁等),除在底部设垫木外,还应在两侧加设支撑,或将几榀大梁用方木铁丝将其连成一体,提高其稳定性,侧向支撑沿梁长度方向不得少于三道。墙板堆放架应经设计计算确定,并确保地面抗倾覆要求。

11. 警戒

(1) 起重吊装作业前,应根据施工组织设计要求划定危险作业区域,设置醒目的警示标志,防止无关人员进入。

(2) 除设置标志外,还应视现场作业环境,专门设置监护人员,防止高处作业或交叉作业时造成的落物伤人事故。

12. 操作工

(1) 起重吊装作业人员包括起重工、电焊工等均属特种作业人员,必须经有关部门培训考核,并发给合格证书,方可操作。

(2) 起重吊装工作属专业性强、危险性大的工作,其工作应由有关部门认证的专业队伍进行,工作时应由有经验的人员担任指挥。

起重吊装安全检查评分表见附录中表 6-17。

6.3.12　施工机具

1. 平刨

(1) 设备进场应经有关部门进行检查验收并记录存在问题及改正结果,确认合格。

(2) 平刨保护装置应达到作业人员刨料发生意外情况时,不会造成手部被刨刃伤害的事故。

(3) 明露的机械传动部位应有牢固、适用的防护罩,防止物料带入,保障作业人员的安全。

(4) 按照电气的规定,设备外壳应做保护接零(接地),开关箱内装设漏电保护器。

(5) 当作业人员离开机械时,应先拉闸切断电源后再走,避免误碰触开关发生事故。

(6) 严禁使用多功能平刨(即平刨、电锯、打眼三种功能合在一台机械上,开机后同时转动)。

2. 圆盘电锯

(1) 设备进场应经有关部门进行检查验收并记录存在问题及改正后结果,确认合格。

(2) 圆盘锯的安全装置应包括:

① 安装防护罩,防止锯片发生伤人事故。

② 锯盘的前方安装分料器(劈刀),木料经锯盘锯开后向前继续推进时,由分料器将木料分离一定缝隙,不致造成木料夹锯现象,使锯料顺利进行。

③ 锯盘的后方应设置防止木料倒退装置。当木料中遇有铁钉、硬节等情况时,往往不能继续前进突然倒退打伤作业人员。为了防止此类事故发生,应在锯盘后面作业人员的前方,设置挡网或棘爪等防倒退装置。挡网可以从网眼中看到被锯木料的墨线不影响作业,又可将突然倒退的木料挡住;棘爪的作用是在木料突然倒退时,棘爪插入木料中止住木料倒退伤人。

(3) 明露的机械传动部位应有牢固、适用的防护罩。防止物料带入,保障作业人员的安全。

(4) 按照电气的规定,设备外壳应做保护接零(接地),开关箱内装设漏电保护器(30mA×0.1s)。

(5) 当作业人员离开机械时,应先拉闸切断电源后再走,避免误碰触开关发生事故。

3. 手持电动工具

(1) 使用Ⅰ类工具(金属外壳)外壳应做保护接零,在加装漏电保护器的同时,作业人员还应穿戴绝缘防护用品。漏电保护器的参数为 30mA×0.1s;露天、潮湿场所或在金属构架上操作时,严禁使用Ⅰ类工具。使用Ⅱ类工具时,漏电保护器的参数为 15mA×0.1s。

(2) 发放使用前,应对手持电动工具的绝缘阻值进行检测,Ⅰ

类工具应不低于 2MΩ；Ⅱ类工具不低于 7MΩ。

(3) 手持电动工具自带的软电缆或软线不允许任意拆除或接长；插头不得任意拆除更换。当不能满足作业距离时，应采用移动式电箱解决，避免接长电缆带来的事故隐患；工具自带的电缆压接插头，不仅使用牢靠不易断线，同时由于金属插头规格按规定的接触顺序设计制造，从而防止零火线误接导致事故。

(4) 工具中运动的(转动的)危险零件，必须按有关的标准装设防护罩，不得任意拆除。

4. 钢筋机械

(1) 设备进场应经有关部门组织进行检查验收并记录存在问题及改正结果，确认合格。

(2) 按照电气的规定，设备外壳应做保护接零(接地)，开关箱内装设漏电保护器(30mA×0.1s)。

(3) 明露的机械传动部位应有牢固、适用的防护罩，防止物料带入、保障作业人员的安全。

(4) 钢筋拉直场地应设置警戒区，设置防护栏杆及标志。冷拉作业应有明显的限位指示标记，卷扬机钢丝绳应经封闭式导向滑轮与被拉钢筋方向成直角，防止断筋后伤人。

(5) 对焊作业要有防止火花烫伤的措施，防止作业人员及过路人员烫伤。

5. 电焊机

(1) 电焊机进场应经有关部门组织进行检查验收，并记录存在问题及改正结果，确认合格。

(2) 按照电气的规定，设备外壳应做保护接零(接地)，开关箱内装设漏电保护器。

(3) 关于电焊机二次侧安装空载降压保护装置问题：

① 交流电焊机实际上就是一台焊接变压器，由于一次线圈与二次线圈相互绝缘，所以一次侧加装漏电保护器后，并未减轻二次侧的触电危险；

② 二次侧具有低电压，大电流的特点，以满足焊接工作的需

要。二次侧的工作电压只有 20 多伏,但为了引弧的需要,其空载电压一般为 45~80V(高于安全电压),所以要求电焊工人戴帆布手套、穿胶底鞋,防止电弧熄灭和换焊条时,发生触电事故。

③ 强制要求弧焊变压器加装防触电装置,因为此种装置能把空载电压降到安全电压以下(一般低于 24V);

④ 检查标准中有关的两种保护装置:

空载降压保护装置。当弧焊变压器处于空载状态时,可使其电压降到安全电压值以下,当启动焊接时,焊机空载电压恢复正常。不但保障了作业人员的安全,同时由于切断了空载时焊机的供电电源,降低了空载损耗,起到了节约电能的作用。

防触电保护装置。是将电焊机输入端加装漏电保护和输出端加装空载降压保护合二而一采用一种保护装置,对电焊机的输入端和输出端的过电压、过载、短路和防触电具有保护功能,同时也具有空载节电的效果。

(4) 电焊机的一次侧与二次侧比较,一次侧电压高,危险性大,如果一次线过长(拖地),容易损坏或机械操作发生危险,所以一次线安装的长度以尽量不拖地为准(一般不超过 3m),焊机尽量靠近开关箱,一次线最好穿管保护和焊机接线柱连接后,上方应设防护罩防止意外碰触。

(5) 焊把线长度一般不超过 30m 并不准有接头。接头处往往由于包扎达不到电缆原有的防潮、抗拉、防机械,损伤等性能,所以接头处不但有触电的危险,同时由于电流大,接头处过热,接近易燃物容易引起火灾。

(6) 用电《规范》规定"容量大于 5.5kW 的动力电路应采用自动开关电器",电焊机一般容量都比较大,不应采用手动开关,防止发生事故。

(7) 露天使用的焊机应该设置在地势较高平整的地方并有防雨措施。

6. 搅拌机

(1) 搅拌机进场应经有关部门组织进行检查验收,记录存在问题及改正结果,确认合格。

(2) 按照电气的规定,设备外壳应做保护接零(接地),开关箱内装设漏电保护器(30mA×0.1s)。

(3) 空载和满载运行时检查传动机构是否符合要求,检查钢丝绳磨损是否超过规定,离合器、制动器是否灵敏可靠。

(4) 自落式搅拌机出料时,操作手柄应有锁住保险装置,防止作业人员在出料操作时发生误动作。

(5) 露天使用搅拌机应有防雨棚。

(6) 搅拌机上料斗应设保险挂勾,当停止作业或维修时,应将料斗挂牢。

(7) 各传动部位都应装设防护罩。

(8) 固定式搅拌机应有可靠的基础,移动式搅拌机应在平坦坚硬的地坪上用方木或撑架架牢,并垫上干燥木板保持平稳。

7.气瓶

(1) 各种气瓶标准色:氧气瓶(天蓝色瓶、黑字)、乙炔瓶(白色瓶、红字)、氢气瓶(绿色瓶、红字)、液化石油气瓶(银灰色瓶、红字)。

(2) 不同类的气瓶,瓶与瓶之间距离不小于 5m,气瓶与明火距离不小于 10m。当不能满足安全距离要求时,应有隔离防护措施。

(3) 乙炔瓶不应平放。因为乙炔瓶内微孔填料中浸满丙酮,利用乙炔溶解于丙酮的特点使乙炔贮存在乙炔气瓶中,当乙炔用完时,丙酮仍存留在瓶中待下次继续使用。而丙酮是一级易燃品,若气瓶平放,丙酮有排出的危险。

乙炔瓶瓶体温度不准超过 40℃。丙酮溶解乙炔的能力是随温度升高而下降的,当温度达到 40℃ 时,溶解能力只为正常温度(15℃)的 1/2。溶解能力下降,造成瓶体内压力增高,超过瓶壁压力过高时就有爆炸的危险,所以夏季应防爆晒,冬天解冻用温水。

(4) 气瓶存放。包括集中存放和零散存放。施工现场应设置集中存放处,不同类的气瓶存放有隔离措施,存放环境应符合安全要求,管理人员应经培训,存放处有安全规定和标志。零散存放是属于在班组使用过程中的存放,不能存放在住宿区和靠近油料、火源的地方。存放区应配备灭火器材。

(5)运输气瓶的车辆,不能与其他物品同车运输,也不准一车同运两种气瓶。使用和运输应随时检查防震圈的完好情况,为保护瓶阀,应装好瓶帽。

8. 翻斗车

(1)按照有关规定,机动翻斗车应定期进行车检,并应取得上级主管部门核发的准用证。

(2)空载行驶,当车速在 20km/h,使离合器分离或变速器置于空档,进行制动,测量制动开始时到停车的轮胎压印、拖印长度之和,应符合参数规定。

(3)司机应经有关部门培训考核并持有合格证。

(4)机动翻斗车除一名司机外,车上及斗内不准载人。司机应遵章驾车,起步平稳,不得用二、三档起步。往基坑卸料时,接近坑边应减速。行驶前必须将翻斗锁牢,离机时必须将内燃机熄火,并挂档拉紧手制动器。

9. 潜水泵

潜水泵是指将泵直接放入水中使用的水泵,操作时应注意做到以下几点:

(1)水泵外壳必须做保护接零(接地),开关箱中装设漏电保护器(15mA×0.1s)。

(2)泵应放在坚固的筐里置入水中,泵应直立放置。放入水中或提出水面时,应先切断电源,禁止拉拽电缆。

(3)接通电源应在水外先行试运转(试运转时间不超过5min),确认旋转方向正确无泄漏现象。

(4)叶轮中心至水面距离应在 3～5m 之间,泵体不得陷入污泥或露出水面。

10. 打桩机械

(1)按照有关规定,打桩机应定期进行年检,并应取得市级主管部门核发的准用证。

(2) 按照该机的说明书规定检查安全限位装置的灵敏度和可靠性。

(3) 施工场地应按坡度不大于1%,地耐力不小于83kPa的要求进行平整压实,或按该机说明书要求进行。

(4) 施工前应针对作业条件和桩机类型编写专项作业方案并经审核批准。

(5) 按照施工方案和说明书要求编写打桩操作规程并进行贯彻。

施工机具检查评分表见附录中表6-18。

6.4 安全评价等级与方法

6.4.1 安全评价等级

施工项目安全检查评分,以汇总表总得分及保证项目是否达标,安全评价分为三个等级:

(1) 优良

保证项目有效得分、且汇总表总分值在80分(含)以上。

(2) 合格

保证项目有效得分、汇总表分值在70分(含70分)以上;或有一分项检查表不得分,汇总表分值在75分(含75分)以上的。或者,起重吊装、施工机具两项检查表未得分,汇总表分值在80分(含80分)以上的。

(3) 不合格

汇总表分值不足70分,或有一分项检查表不得分,汇总表分值在75分以下的。或者起重吊装、施工机具两项检查表未得分,汇总表分值在80分以下的。

6.4.2 安全评价方法

(1) 安全管理、文明工地、脚手架、基坑支护与模板工程、"三宝""四口"防护、施工用电、物料提升机与外用电梯、塔吊、起重吊装和施工机具等十项分项检查评分表中,各分项检查评分表满分为100分。表中各检查项目得分为按规定检查内容所得分数之和。每张表总得分为各自表内各检查项目实得分数之和。

(2) 在安全管理、文明施工、脚手架、基坑支护与模板工程、施工用电、物料提升机与外用电梯、塔吊和起重吊装等八项检查评分表中,设立了保证项目和一般项目,保证项目应是安全检查的重点和关键。在检查评分中,当保证项目中有一项不得分或保证项目小计得分不足40分时,此检查评分表不应得分。

(3) 在检查评分中,遇有多个脚手架、塔吊、龙门架与井字架等时,则该项得分应为各单项实得分数的算术平均值。

(4) 检查评分不得采用负值。各检查项目所扣分数总和不得超过该项应得分数。

(5) 汇总表满分为100分。各分项检查表在汇总表中所占的满分分值应分别为:

安全管理10分;

文明施工20分;

脚手架10分;

基坑支护与模板工程10分;

"三宝"、"四口"防护10分;

施工用电10分;

物料提升机与外用电梯10分;

塔吊10分;

起重吊装5分;

施工机具5分。

(6) 汇总表中,各分项项目实得分数按下式计算:

$$\text{在汇总表中各分项项目实得分数} = \frac{\text{汇总表中该项应得满分分值} \times \text{该项检查表分表实得分数}}{100}$$

(7) 检查中遇有缺项时,汇总表得分按下式计算:

$$\text{缺项时汇总表总得分} = \frac{\text{实查项目在汇总表中按各对应的实得分之和}}{\text{实查项目在汇总表中应得满分的分值之和}} \times 100$$

(8) 多人对同一项目检查评分时,应按加权评分方法确定分值。权数的分配原则为:

① 专职安全人员和其他人员:专职安全人员为0.6,其他人员为0.2;

② 专职安全人员、技术人员和其他人员:专职安全人员为0.4,技术人员为0.4,其他人员为0.2。

附录 建筑施工安全检查评分表

建筑施工安全检查评分汇总表

表 6-1

企业名称：

经济类型：　　　　　　　　　资质等级：

单位工程 (施工现场) 名称	建筑面积 (m²)	结构类型	总计得分(满分分值100分)	项 目 名 称 及 分 值									
				安全管理（满分分值为10分）	文明施工（满分分值为20分）	脚手架（满分分值为10分）	基坑支护与模板工程（满分分值为10分）	"三宝"、"四口"防护（满分分值为10分）	施工用电（满分分值为10分）	物料提升机与外用电梯（满分分值为10分）	塔吊（满分分值为10分）	起重吊装（满分分值为5分）	施工机具（满分分值为5分）

评语：

检查单位		负责人		受检项目		项目经理	

　　　　　　　　　　　　　　　　　　　　　　　　　　　年　月　日

安全管理检查评分表 表 6-2

序号	检查项目		扣 分 标 准	应得分数	扣减分数	实得分数
1		安全生产责任制	未建立安全责任制的扣 10 分 各级各部门未执行责任制的扣 4~6 分 经济承包中无安全生产指标的扣 10 分 未制定各工种安全技术操作规程的扣 10 分 未按规定配备专(兼)职安全员的扣 10 分 管理人员责任制考核不合格的扣 5 分	10		
2		目标管理	未制定安全管理目标(伤亡控制指标和安全达标、文明施工目标)的扣 10 分 未进行安全责任目标分解的扣 10 分 无责任目标考核规定的扣 8 分 考核办法未落实或落实不好的扣 5 分	10		
3	保证项目	施工组织设计	施工组织设计中无安全措施,扣 10 分 施工组织设计未经审批,扣 10 分 专业性较强的项目,未单独编制专项安全施工组织设计,扣 8 分 安全措施不全面,扣 2~4 分 安全措施无针对性,扣 6~8 分 安全措施未落实,扣 8 分	10		
4		分部(分项)工程安全技术交底	无书面安全技术交底扣 10 分 交底针对性不强扣 4~6 分 交底不全面扣 4 分 交底未履行签字手续扣 2~4 分	10		
5		安全检查	无定期安全检查制度扣 5 分 安全检查无记录扣 5 分 检查出事故隐患整改做不到定人、定时间、定措施扣 2~6 分 对重大事故隐患整改通知书所列项目未如期完成扣 5 分	10		
6		安全教育	无安全教育制度扣 10 分 新入厂工人未进行三级安全教育扣 10 分 无具体安全教育内容扣 6~8 分 变换工种时未进行安全教育扣 10 分 每有一人不懂本工种安全技术操作规程扣 2 分 施工管理人员未按规定进行年度培训的扣 5 分 专职安全员未按规定进行年度培训考核或考核不合格的扣 5 分	10		
		小 计		60		

续表

序号	检查项目		扣 分 标 准	应得分数	扣减分数	实得分数
7		班前安全活动	未建立班前安全活动制度,扣10分 班前安全活动无记录,扣2分	10		
8	一般项目	特种作业持证上岗	一人未经培训从事特种作业,扣4分 一人未持操作证上岗,扣2分	10		
9		工伤事故处理	工伤事故未按规定报告,扣3~5分 工伤事故未按事故调查分析规定处理,扣10分 未建立工伤事故档案,扣4分	10		
10		安全标志	无现场安全标志布置总平面图,扣5分 现场未按安全标志总平面图设置安全标志的,扣5分	10		
		小 计		40		
检查项目合计				100		

文明施工检查评分表 表 6-3

序号	检查项目		扣 分 标 准	应得分数	扣减分数	实得分数
1	保证项目	现场围挡	在市区主要路段的工地周围未设置高于2.5m的围挡扣10分 一般路段的工地周围未设置高于1.8m的围挡扣10分 围挡材料不坚固、不稳定、不整洁、不美观扣5~7分 围挡没有沿工地四周连续设置的扣3~5分	10		
2		封闭管理	施工现场进出口无大门的扣3分 无门卫和无门卫制度的扣3分 进入施工现场不佩戴工作卡的扣3分 门头未设置企业标志的扣3分	10		
3		施工场地	工地地面未做硬化处理的扣5分 道路不畅通的扣5分 无排水设施、排水不通畅的扣4分 无防止泥浆、污水、废水外流或堵塞下水道和排水河道措施的扣3分 工地有积水的扣2分 工地未设置吸烟处、随意吸烟的扣2分 温暖季节无绿化布置的扣4分	10		

续表

序号	检查项目		扣 分 标 准	应得分数	扣减分数	实得分数
4	保证项目	材料堆放	建筑材料、构件、料具不按总平面布局堆放的扣4分 料堆未挂名称、品种、规格等标牌的扣2分 堆放不整齐的扣3分 未做到工完场地清的扣3分 建筑垃圾堆放不整齐、未标出名称、品种的扣3分 易燃易爆物品未分类存放的扣4分	10		
5		现场住宿	在建工程兼作住宿的扣8分 施工作业区与办公、生活区不能明显划分的扣6分 宿舍无保暖和防煤气中毒措施的扣5分 宿舍无消暑和防蚊虫叮咬措施的扣3分 无床铺、生活用品放置不整齐的扣2分 宿舍周围环境不卫生、不安全的扣3分	10		
6		现场防火	无消防措施、制度或无灭火器材的扣10分 灭火器材配置不合理的扣5分 无消防水源(高层建筑)或不能满足消防要求的扣8分 无动火审批手续和动火监护的扣5分	10		
		小　计		60		
7	一般项目	治安综合治理	生活区未给工人设置学习和娱乐场所的扣4分 未建立治安保卫制度的、责任未分解到人的扣3~5分 治安防范措施不利,常发生失盗事件的扣3~5分	8		
8		施工现场标牌	大门口处挂的五牌一图、内容不全、缺一项扣2分 标牌不规范、不整齐的,扣3分 无安全标语,扣5分 无宣传栏、读报栏、黑板报等,扣5分	8		

序号	检查项目		扣 分 标 准	应得分数	扣减分数	实得分数
9	一般项目	生活设施	厕所不符合卫生要求,扣 4 分 无厕所,随地大小便,扣 8 分 食堂不符合卫生要求,扣 8 分 无卫生责任制,扣 5 分 不能保证供应卫生饮水的,扣 10 分 无淋浴室或淋浴室不符合要求,扣 5 分 生活垃圾未及时清理,未装容器,无专人管理的,扣 3～5 分	8		
10		保健急救	无保健医药箱的扣 5 分 无急救措施和急救器材的扣 8 分 无经培训的急救人员,扣 4 分 未开展卫生防病宣传教育的,扣 4 分	8		
11		社区服务	无防粉尘、防噪声措施扣 5 分 夜间未经许可施工的扣 8 分 现场焚烧有毒、有害物质的扣 5 分 未建立施工不扰民措施的扣 5 分	8		
	小 计			40		
	检查项目合计			100		

落地式外脚手架检查评分表 表 6-4

序号	检查项目		扣 分 标 准	应得分数	扣减分数	实得分数
1	保证项目	施工方案	脚手架无施工方案的扣 10 分 脚手架高度超过规范规定无设计计算书或未经审批的扣 10 分 施工方案,不能指导施工的扣 5～8 分	10		
2		立杆基础	每 10 延长米立杆基础不平、不实、不符合方案设计要求的扣 2 分 每 10 延长米立杆缺少底座、垫木的扣 5 分 每 10 延长米无扫地杆的扣 5 分 每 10 延长米木脚手架立杆不埋地或无扫地杆的扣 5 分 每 10 延长米无排水措施的扣 3 分	10		

序号	检查项目		扣 分 标 准	应得分数	扣减分数	实得分数
3	保证项目	架体与建筑结构拉结	脚手架高度在 7m 以上,架体与建筑结构拉结,按规定要求每少一处的扣 2 分 拉结不坚固每一处的扣 1 分	10		
4		杆件间距与剪刀撑	每 10 延长米立杆、大横杆、小横杆间距超过规定要求的每一处扣 2 分 不按规定设置剪刀撑的每一处扣 5 分 剪刀撑未沿脚手架高度连续设置或角度不符合要求的扣 5 分	10		
5		脚手板与防护栏杆	脚手板不满铺,扣 7~10 分 脚手板材质不符合要求,扣 7~10 分 每有一处探头板扣 2 分 脚手架外侧未设置密目式安全网的,或网间不严密,扣 7~10 分 施工层不设 1.2m 高防护栏杆和挡脚板,扣 5 分	10		
6		交底与验收	脚手架搭设前无交底,扣 5 分 脚手架搭设完毕未办理验收手续,扣 10 分 无量化的验收内容,扣 5 分	10		
		小 计		60		
7	一般项目	小横杆设置	不按立杆与大横杆交点处设置小横杆的每有一处,扣 2 分 小横杆只固定一端的每有一处,扣 1 分 单排架子小横杆插入墙内小于 24cm 的每有一处,扣 2 分	10		
8		杆件搭接	木立杆、大横杆每一处搭接小于 1.5 米,扣 1 分 钢管立杆采用搭接的每一处扣 2 分	5		
9		架体内封闭	施工层以下每隔 10m 未用平网或其他措施封闭的扣 5 分 施工层脚手架内立杆与建筑物之间未进行封闭的扣 5 分	5		

续表

序号	检查项目		扣 分 标 准	应得分数	扣减分数	实得分数
10	一般项目	脚手架材质	木杆直径、材质不合要求的扣4~5分 钢管弯曲、锈蚀严重的扣4~5分	5		
11		通道	架体不设上下通道的扣5分 通道设置不符合要求的扣1~3分	5		
12		卸料平台	卸料平台未经设计计算扣10分 卸料台搭设不符合设计要求扣10分 卸料平台支撑系统与脚手架连结的扣8分 卸料平台无限定荷载标牌的扣3分	10		
		小计		40		
检查项目合计				100		

悬挑式脚手架检查评分表 表6-5

序号	检查项目		扣 分 标 准	应得分数	扣减分数	实得分数
1	保证项目	施工方案	脚手架无施工方案、设计计算书或未经上级审批的扣10分 施工方案中搭设方法不具体的扣6分	10		
2		悬挑梁及架体稳定	外挑杆件与建筑结构连接不牢固的每有一处扣5分 悬挑梁安装不符合设计要求的每有一处扣5分 立杆底部固定不牢的每有一处扣3分 架体未按规定与建筑结构拉结的每有一处扣5分	20		
3		脚手板	脚手板铺设不严、不牢,扣7~10分 脚手板材质不符合要求,扣7~10分 每有一处探头板,扣2分	10		
4		荷载	脚手架荷载超过规定,扣10分 施工荷载堆放不均匀每有一处,扣5分	10		

续表

序号	检查项目		扣 分 标 准	应得分数	扣减分数	实得分数
5	保证项目	交底与验收	脚手架搭设不符合方案要求,扣7~10分 每段脚手架搭设后,无验收资料,扣5分 无交底记录,扣5分	10		
		小 计		60		
6	一般项目	杆件间距	每10延长米立杆间距超过规定,扣5分 大横杆间距超过规定,扣5分	10		
7		架体防护	施工层外侧未设置1.2m高防护栏杆和未设18cm高的踏脚板,扣5分 脚手架外侧不挂密目式安全网或网间不严密,扣7~10分	10		
8		层间防护	作业层下无平网或其他措施防护的扣10分 防护不严密扣5分	10		
9		脚手架材质	杆件直径、型钢规格及材质不符合要求扣7~10分	10		
		小 计		40		
检查项目合计				100		

门式脚手架检查评分表 表 6-6

序号	检查项目		扣 分 标 准	应得分数	扣减分数	实得分数
1	保证项目	施工方案	脚手架无施工方案,扣10分 施工方案不符合规范要求,扣5分 脚手架高度超过规范规定、无设计计算书或未经上级审批,扣10分	10		
2		架体基础	脚手架基础不平、不实、无垫木,扣10分 脚手架底部不加扫地杆,扣5分	10		

续表

序号	检查项目		扣 分 标 准	应得分数	扣减分数	实得分数
3	保证项目	架体稳定	不按规定间距与墙体拉结的每有一处扣5分 拉结不牢固的每有一处扣5分 不按规定设置剪刀撑的扣5分 不按规定高度作整体加固的扣5分 门架立杆垂直偏差超过规定的扣5分	10		
4		杆件、锁件	未按说明书规定组装,有漏装杆件和锁件的扣6分 脚手架组装不牢、每一处紧固不合要求的扣1分	10		
5		脚手板	脚手板不满铺,离墙大于10cm以上的扣5分 脚手板不牢、不稳、材质不合要求的扣5分	10		
6		交底与验收	脚手架搭设无交底,扣6分 未办理分段验收手续,扣4分 无交底记录,扣5分	10		
		小　计		60		
7	一般项目	架体防护	脚手架外侧未设置1.2m高防护栏杆和18cm高的挡脚板,扣5分 架体外侧未挂密目式安全网或网间不严密,扣7~10分	10		
8		材　质	杆件变形严重的扣10分 局部开焊的扣10分 杆件锈蚀未刷防锈漆的扣5分	10		
9		荷　载	施工荷载超过规定的扣10分 脚手架荷载堆放不均匀的每有一处扣5分	10		
10		通　道	不设置上下专用通道的扣10分 通道设置不符合要求的扣5分	10		
		小　计		40		
检查项目合计				100		

挂脚手架检查评分表   表 6-7

序号	检查项目		扣 分 标 准	应得分数	扣减分数	实得分数
1		施工方案	脚手架无施工方案、设计计算书,扣 10 分 施工方案未经审批,扣 10 分 施工方案措施不具体、指导性差,扣 5 分	10		
2	保 证 项 目	制作组装	架体制作与组装不符合设计要求,扣 17～20 分 悬挂点无设计或设计不合理,扣 20 分 悬挂点部件制作及埋设不合设计要求,扣 15 分 悬挂点间距超过 2m,每有一处扣 20 分	20		
3		材质	材质不符合设计要求、杆件严重变形、局部开焊,扣 12 分 材件、部件锈蚀未刷防锈漆,扣 4～6 分	10		
4		脚手板	脚手板铺设不满、不牢扣 8 分 脚手板材质不符合要求的扣 6 分 每有一处探头板的扣 8 分	10		
5		交底与验收	脚手架进场无验收手续,扣 12 分 第一次使用前未经荷载试验,扣 8 分 每次使用前未经检查验收或资料不全,扣 6 分 无交底记录,扣 5 分	10		
		小 计		60		
6	一 般 项 目	荷 载	施工荷载超过 1kN 的扣 5 分 每跨(不大于 2m)超过 2 人作业的扣 10 分	15		
7		架体防护	施工层外侧未设置 1.2m 高防护栏杆和未作 18cm 高的踏脚板,扣 5 分 脚手架外侧未用密目式安全网封闭或封闭不严,扣 12～15 分 脚手架底部封闭不严密,扣 10 分	15		
8		安装人员	安装脚手架人员未经专业培训,扣 10 分 安装人员未系安全带,扣 10 分	10		
		小 计		40		
检查项目合计				100		

吊篮脚手架检查评分表 表 6-8

序号	检查项目		扣 分 标 准	应得分数	扣减分数	实得分数
1	保证项目	施工方案	无施工方案、无设计计算书或未经上级审批,扣10分 施工方案不具体、指导性差,扣5分	10		
2		制作组装	挑梁锚固或配重等抗倾覆装置不合格,扣10分 吊篮组装不符合设计要求扣7~10分 电动(手扳)葫芦使用非合格产品,扣10分 吊篮使用前未经荷载试验,扣10分	10		
3		安全装置	升降葫芦无保险卡或失效的扣20分 升降吊篮无保险绳或失效的扣20分 无吊钩保险的扣8分 作业人员未系安全带或安全带挂在吊篮升降用的钢丝绳上扣17~20分	20		
4		脚手板	脚手板铺设不满、不牢,扣5分 脚手板材质不合要求,扣5分 每有一处探头板,扣2分	5		
5		升降操作	操作升降的人员不固定和未经培训,扣10分 升降作业时有其他人员在吊篮内停留,扣10分 两片吊篮连在一起同时升降无同步装置或虽有但达不到同步的,扣10分	10		
6		交底与验收	每次提升后未经验收上人作业的扣5分 提升及作业未经交底的扣5分	5		
		小 计		60		
7	一般项目	防 护	吊篮外侧防护不符合要求的扣7~10分 外侧立网封闭不整齐的扣4分 单片吊篮升降两端头无防护的扣10分	10		
8		防护顶板	多层作业无防护顶板的扣10分 防护顶板设置不符合要求,扣5分	10		
9		架体稳定	作业时吊篮未与建筑结构拉牢,扣10分 吊篮钢丝绳斜拉或吊篮离墙空隙过大,扣5分	10		

续表

序号	检查项目		扣 分 标 准	应得分数	扣减分数	实得分数
10	一般项目	荷 载	施工荷载超过设计规定的扣 10 分 荷载堆放不均匀的扣 5 分	10		
		小 计		40		
检查项目合计				100		

附着式升降脚手架(整体提升架或爬架)检查评分表   表 6-9

序号	检查项目		扣 分 标 准	应得分数	扣减分数	实得分数
1	保证项目	使用条件	未经建设部组织鉴定并发放生产和使用证的产品,扣 10 分 不具有当地建筑安全监督管理部门发放的准用证,扣 10 分 无专项施工组织设计,扣 10 分 安全施工组织设计未经上级技术部门审批的扣 10 分 各工种无操作规程的扣 10 分	10		
2		设计计算	无设计计算书的扣 10 分 设计计算书未经上级技术部门审批的扣 10 分 设计荷载未按承重架 3.0kN/m², 装饰架 2.0kN/m², 升降状态 0.5kN/m² 取值的扣 10 分 压杆长细比大于 150, 受拉杆件的长细比大于 300 的扣 10 分 主框架、支撑框架(桁架)各节点的各杆件轴线不汇交于一点的扣 6 分 无完整的制作安装图的扣 10 分	10		
3		架体构造	无定型(焊接或螺栓联接)的主框架的扣 10 分 相邻两主框架之间的架体无定型(焊接或螺栓联接)的支撑框架(桁架)的扣 10 分 主框架间脚手架的立杆不能将荷载直接传递到支撑框架上的扣 10 分 架体未按规定构造搭设的扣 10 分 架体上部悬臂部分大于架体高度的 1/3, 且超过 4.5m 的扣 8 分 支撑框架未将主框架作为支座的扣 10 分	10		

续表

序号	检查项目		扣　分　标　准	应得分数	扣减分数	实得分数
4	保证项目	附着支撑	主框架未与每个楼层设置连接点的扣 10 分 钢挑架与预埋钢筋环连接不严密的扣 10 分 钢挑架上的螺栓与墙体连接不牢固或不符合规定的扣 10 分 钢挑架焊接不符合要求的扣 10 分	10		
5		升降装置	无同步升降装置或有同步升降装置但达不到同步升降的扣 10 分 索具、吊具达不到 6 倍安全系数的扣 10 分 有两个以上吊点升降时,使用手拉葫芦(导链)的扣 10 分 升降时架体只有一个附着支撑装置的扣 10 分 升降时架体上站人的扣 10 分	10		
6		防坠落、导向防倾斜装置	无防坠装置的扣 10 分 防坠装置设在与架体升降的同一个附着支撑装置上,且无两处以上的扣 10 分 无垂直导向和防止左右、前后倾斜的防倾装置的扣 10 分 防坠装置不起作用的扣 7~10 分	10		
		小　计		60		
7	一般项目	分段验收	每次提升前,无具体的检查记录的扣 6 分 每次提升后、使用前无验收手续或资料不全的扣 7 分	10		
8		脚手板	脚手板铺设不严不牢的扣 3~5 分 离墙空隙未封严的扣 3~5 分 脚手板材质不符合要求的扣 3~5 分	10		
9		防　护	脚手架外侧使用的密目式安全网不合格的扣 10 分 操作层无防护栏杆的扣 8 分 外侧封闭不严的扣 5 分 作业层下方封闭不严的扣 5~7 分	10		

续表

序号	检查项目		扣 分 标 准	应得分数	扣减分数	实得分数
10	一般项目	操 作	不按施工组织设计搭设的扣10分 操作前未向现场技术人员和工人进行安全交底的扣10分 作业人员未经培训，未持证上岗又未定岗位的扣7~10分 安装、升降、拆除时无安全警戒线的扣10分 荷载堆放不均匀的扣5分 升降时架体上有超过2000N重的设备的扣10分	10		
		小 计		40		
检查项目合计				100		

基坑支护安全检查评分表 表 6-10

序号	检查项目		扣 分 标 准	应得分数	扣减分数	实得分数
1	保证项目	施工方案	基础施工无支护方案的扣20分 施工方案针对性差不能指导施工的扣12~15分 基坑深度超过5m无专项支护设计的扣20分 支护设计及方案未经上级审批的扣15分	20		
2		临边防护	深度超过2m的基坑施工无临边防护措施的扣10分 临边及其他防护不符合要求的扣5分	10		
3		坑壁支护	坑槽开挖设置安全边坡不符合安全要求的扣10分 特殊支护的作法不符合设计方案的扣5~8分 支护设施已产生局部变形又未采取措施调整的扣6分	10		
4		排水措施	基坑施工未设置有效排水措施的扣10分 深基础施工采用坑外降水，无防止临近建筑危险沉降措施的扣10分	10		

续表

序号	检查项目		扣 分 标 准	应得分数	扣减分数	实得分数
5	保证项目	坑边荷载	积土、料具堆放距槽边距离小于设计规定的扣10分 机械设备施工与槽边距离不符合要求,又无措施的扣10分	10		
		小 计		60		
6		上下通道	人员上下无专用通道的扣10分 设置的通道不符合要求的扣6分	10		
7	一般项目	土方开挖	施工机械进场未经验收的扣5分 挖土机作业时,有人员进入挖土机作业半径内的扣6分 挖土机作业位置不牢、不安全的扣10分 司机无证作业的扣10分 未按规定程序挖土或超挖的扣10分	10		
8		基坑支护变形监测	未按规定进行基坑支护变形监测的扣10分 未按规定对毗邻建筑物和重要管线和道路进行沉降观测的扣10分	10		
9		作业环境	基坑内作业人员无安全立足点的扣10分 垂直作业上下无隔离防护措施的扣10分 光线不足未设置足够照明的扣5分	10		
		小 计		40		
检查项目合计				100		

模板工程安全检查评分表 表 6-11

序号	检查项目		扣 分 标 准	应得分数	扣减分数	实得分数
1	保证项目	施工方案	模板工程无施工方案或施工方案未经审批的扣10分 未根据混凝土输送方法制定有针对性安全措施的扣8分	10		

序号	检查项目		扣 分 标 准	应得分数	扣减分数	实得分数
2	保证项目	支撑系统	现浇混凝土模板的支撑系统无设计计算的扣 6 分 支撑系统不符合设计要求的扣 10 分	10		
3		立柱稳定	支撑模板的立柱材料不符合要求的扣 6 分 立柱底部无垫板或用砖垫高的扣 6 分 不按规定设置纵横向支撑的扣 4 分 立柱间距不符合规定的扣 10 分	10		
4		施工荷载	模板上施工荷载超过规定的扣 10 分 模板上堆料不均匀的扣 5 分	10		
5		模板存放	大模板存放无防倾倒措施的扣 5 分 各种模板存放不整齐、过高等不符合安全要求的扣 5 分	10		
6		支拆模板	2m 以上高处作业无可靠立足点的扣 8 分 拆除区域未设置警戒线且无监护人的扣 5 分 留有未拆除的悬空模板的扣 4 分	10		
		小　计		60		
7	一般项目	模板验收	模板拆除前未经拆模申请批准的扣 5 分 模板工程无验收手续的扣 6 分 验收单无量化验收内容的扣 4 分 支拆模板未进行安全技术交底的扣 5 分	10		
8		混凝土强度	模板拆除前无混凝土强度报告的扣 5 分 混凝土强度未达规定提前拆模的扣 8 分	10		
9		运输道路	在模板上运输混凝土无走道垫板的扣 7 分 走道垫板不稳不牢的扣 3 分	10		
10		作业环境	作业面孔洞及临边无防护措施的扣 10 分 垂直作业上下无隔离防护措施的扣 10 分	10		
		小　计		40		
检查项目合计				100		

"三宝"、"四口"防护检查评分表 表 6-12

序号	检查项目	扣 分 标 准	应得分数	扣减分数	实得分数
1	安全帽	有一人不戴安全帽的扣 5 分 安全帽不符合标准的每发现一顶扣 1 分 不按规定佩戴安全帽的有一人扣 1 分	20		
2	安全网	在建工程外侧未用密目安全网封闭的扣 25 分 安全网规格、材质不符合要求的扣 25 分 安全网未取得建筑安全监督管理部门准用证的扣 25 分	25		
3	安全带	每有一人未系安全带的扣 5 分 有一人安全带系挂不符合要求的扣 3 分 安全带不符合标准,每发现一条扣 2 分	10		
4	楼梯口、电梯井口防护	每一处无防护措施的扣 6 分 每一处防护措施不符合要求或不严密的扣 3 分 防护设施未形成定型化、工具化的扣 6 分 电梯井内每隔两层(不大于 10m)少一道平网的扣 6 分	12		
5	预留洞口、坑井防护	每一处无防护措施,扣 7 分 防护设施未形成定型化、工具化的扣 6 分 每一处防护措施不符合要求或不严密的扣 3 分	13		
6	通道口防护	每一处无防护棚,扣 5 分 每一处防护不严,扣 2~3 分 每一处防护棚不牢固、材质不符合要求,扣 3 分	10		
7	阳台、楼板、屋面等临边防护	每一处临边无防护的扣 5 分 每一处临边防护不严、不符合要求的扣 3 分	10		
检查项目合计			100		

施工用电检查评分表 表 6-13

序号	检查项目		扣 分 标 准	应得分数	扣减分数	实得分数
1		外电防护	小于安全距离又无防护措施的扣 20 分 防护措施不符合要求、封闭不严密的扣 5～10 分	20		
2		接地与接零保护系统	工作接地与重复接地不符合要求的扣 7～10 分 未采用 TN-S 系统的扣 10 分 专用保护零线设置不符合要求的扣 5～8 分 保护零线与工作零线混接的扣 10 分	10		
3	保证项目	配电箱开关箱	不符合"三级配电两级保护"要求的扣 10 分 开关箱(末级)无漏电保护或保护器失灵,每一处扣 5 分 漏电保护装置参数不匹配,每发现一处扣 2 分 电箱内无隔离开关每一处扣 2 分 违反"一机、一闸、一漏、一箱"的每一处扣 5～7 分 安装位置不当、周围杂物多等不便操作的每一处扣 5 分 闸具损坏、闸具不符合要求的每一处扣 5 分 配电箱内多路配电无标记的每一处扣 5 分 电箱下引出线混乱每一处扣 2 分 电箱无门、无锁、无防雨措施的每一处扣 2 分	20		
4		现场照明	照明专用回路无漏电保护扣 5 分 灯具金属外壳未作接零保护的每 1 处扣 2 分 室内线路及灯具安装高度低于 2.4m 未使用安全电压供电的扣 10 分 潮湿作业未使用 36V 以下安全电压的扣 10 分 使用 36V 安全电压照明线路混乱和接头处未用绝缘布包扎扣 5 分 手持照明灯未使用 36V 及以下电源供电扣 10 分	10		
		小计		60		

续表

序号	检查项目		扣 分 标 准	应得分数	扣减分数	实得分数
5	一般项目	配电线路	电线老化、破皮未包扎的每一处扣 10 分 线路过道无保护的每一处扣 5 分 电杆、横担不符合要求的扣 5 分 架空线路不符合要求的扣 7~10 分 未使用五芯线(电缆)的扣 10 分 使用四芯电缆外加一根线替代五芯电缆的扣 10 分 电缆架设或埋设不符合要求的扣 7~10 分	15		
6		电器装置	闸具、熔断器参数与设备容量不匹配、安装不合要求的每一处扣 3 分 用其他金属丝代替熔丝的扣 10 分	10		
7		变配电装置	不符合安全规定的扣 3 分	5		
8		用电档案	无专项用电施工组织设计的扣 10 分 无地极阻值摇测记录的扣 4 分 无电工巡视维修记录或填写不真实的扣 4 分 档案乱、内容不全、无专人管理的扣 3 分	10		
		小　计		40		
	检查项目合计			100		

物料提升机(龙门架、井字架)检查评分表 　　表 6-14

序号	检查项目		扣 分 标 准	应得分数	扣减分数	实得分数
1	保证项目	架体制作	无设计计算书或未经上级审批扣 9 分 架体制作不符合设计要求和规范要求的扣 7~9 分 使用厂家生产的产品,无建筑安全监督管理部门准用证的扣 9 分	9		

序号	检查项目			扣　分　标　准	应得分数	扣减分数	实得分数
2	保证项目	限位保险装置		吊篮无停靠装置的扣9分 停靠装置未形成定型化的扣5分 无超高限位装置的扣9分 使用摩擦式卷扬机超高限位采用断电方式的扣9分 高架提升机无下极限限位器、缓冲器或无超载限制器的每一项扣3分	9		
3		架体稳定	缆风绳	架高20m以下时设一组,20~30m设二组,少一组扣9分 缆风绳不使用钢丝绳的扣9分 钢丝绳直径小于9.3mm或角度不符合45°~60°的扣4分 地锚不符合要求的扣4~7分	9		
			与建筑结构连接	连墙杆的位置不符合规范要求的扣5分 连墙杆连接不牢的扣5分 连墙杆与脚手架连接的扣9分 连墙杆材质或连接做法不符合要求的扣5分			
4		钢丝绳		钢丝绳磨损已超过报废标准的扣8分 钢丝绳锈蚀、缺油的扣2~4分 绳卡不符合规定的扣2分 钢丝绳无过路保护的扣2分 钢丝绳拖地,扣2分	8		
5		楼层卸料平台防护		卸料平台两侧无防护栏杆或防护不严的扣2~4分 平台脚手板搭设不严、不牢的扣2~4分 平台无防护门或不起作用的每一处扣2分 防护门未形成定型化、工具化的扣4分 地面进料口无防护棚或不符合要求的扣2~4分	8		

续表

序号	检查项目		扣 分 标 准	应得分数	扣减分数	实得分数
6	保证项目	吊 篮	吊篮无安全门的扣8分 安全门未形成定型化、工具化的扣4分 高架提升机不使用吊笼的扣4分 违章乘坐吊篮上下的扣8分 吊篮提升使用单根钢丝绳的扣8分	8		
7		安装验收	无验收手续和责任人签字的扣9分 验收单无量化验收内容的扣5分	9		
		小 计		60		
8	一般项目	架 体	架体安装拆除无施工方案的扣5分 架体基础不符合要求的扣2～4分 架体垂直偏差超过规定的扣5分 架体与吊篮间隙超过规定的扣3分 架体外侧无立网防护或防护不严的扣4分 摇臂把杆未经设计的或安装不符合要求或无保险绳的扣8分 井字架开口处未加固的扣2分	10		
9		传动系统	卷扬机地锚不牢固,扣2分 卷筒钢丝绳缠绕不整齐,扣2分 第一个导向滑轮距离小于15倍卷筒宽度的扣2分 滑轮翼缘破损或与架体柔性连接,扣3分 卷筒上无防止钢丝绳滑脱保险装置,扣5分 滑轮与钢丝绳不匹配的扣2分	9		
10		联络信号	无联络信号的扣7分 信号方式不合理、不准确的扣2～4分	7		
11		卷扬机操作棚	卷扬机无操作棚的扣7分 操作棚不符合要求的扣3～5分	7		
12		避 雷	防雷保护范围以外无避雷装置的扣7分 避雷装置不符合要求的扣4分	7		
		小 计		40		
检查项目合计				100		

外用电梯(人货两用电梯)检查评分表   表 6-15

序号	检查项目		扣 分 标 准	应得分数	扣减分数	实得分数
1	保证项目	安全装置	吊笼安全装置未经试验或不灵敏的扣 10 分 门连锁装置不起作用的扣 10 分	10		
2		安全防护	地面吊笼出入口无防护棚的扣 8 分 防护棚材质搭设不符合要求的扣 4 分 每层卸料口无防护门的扣 10 分 有防护门不使用的扣 6 分 卸料台口搭设不符合要求的扣 6 分	10		
3		司 机	司机无证上岗作业的扣 10 分 每班作业前不按规定试车的扣 5 分 不按规定交接班或无交接记录的扣 5 分	10		
4		荷 载	超过规定承载人数无控制措施的扣 10 分 超过规定重量无控制措施的扣 10 分 未加配重载人的扣 10 分	10		
5		安装与拆卸	未制定安装拆卸方案的扣 10 分 拆装队伍没有取得资格证书的扣 10 分	10		
6		安装验收	电梯安装后无验收或拆装无交底的扣 10 分 验收单上无量化验收内容的扣 5 分	10		
		小 计		60		
7	一般项目	架体稳定	架体垂直度超过说明书规定的扣 7~10 分 架体与建筑结构附着不符合要求的扣 7~10 分 架体附着装置与脚手架连接的扣 10 分	10		
8		联络信号	无联络信号,扣 10 分 信号不准确,扣 6 分	10		
9		电气安全	电气安装不符合要求的扣 10 分 电气控制无漏电保护装置的扣 10 分	10		
10		避 雷	在避雷保护范围外无避雷装置的扣 10 分 避雷装置不符合要求的扣 5 分	10		
		小 计		40		
检查项目合计				100		

塔吊检查评分表

表 6-16

序号	检查项目		扣分标准	应得分数	扣减分数	实得分数
1	保证项目	力矩限制器	无力矩限制器,扣13分 力矩限制器不灵敏,扣13分	13		
2		限位器	无超高、变幅、行走限位的每项扣5分 限位器不灵敏的每项扣5分	13		
3		保险装置	吊钩无保险装置,扣5分 卷扬机滚筒无保险装置,扣5分 上人爬梯无护圈或护圈不符合要求,扣5分	7		
4		附墙装置与夹轨钳	塔吊高度超过规定不安装附墙装置的扣10分 附墙装置安装不符合说明书要求的扣3~7分 无夹轨钳,扣10分 有夹轨钳不用每一处,扣3分	10		
5		安装与拆卸	未制定安装拆卸方案的扣10分 作业队伍没有取得资格证的扣10分	10		
6		塔吊指挥	司机无证上岗,扣7分 指挥无证上岗,扣4分 高塔指挥不使用旗语或对讲机的扣7分	7		
	小 计			60		
7	一般项目	路基与轨道	路基不坚实、不平整、无排水措施,扣3分 枕木铺设不符合要求,扣3分 道钉与接头螺栓数量不足,扣3分 轨距偏差超过规定的,扣2分 轨道无极限位置阻挡器,扣5分 高塔基础不符合设计要求,扣10分	10		
8		电气安全	行走塔吊无卷线器或失灵,扣6分 塔吊与架空线路小于安全距离又无防护措施,扣10分 防护措施不符合要求,扣2~5分 道轨无接地、接零,扣4分 接地、接零不符合要求,扣2分	10		

续表

序号	检查项目		扣　分　标　准	应得分数	扣减分数	实得分数
9	一般项目	多塔作业	两台以上塔吊作业、无防碰撞措施,扣10分 措施不可靠,扣3~7分	10		
10		安装验收	安装完毕无验收资料或责任人签字的扣10分 验收单上无量化验收内容,扣5分	10		
		小　计		40		
检查项目合计				100		

起重吊装安全检查评分表　　　　表 6-17

序号	检查项目			扣　分　标　准	应得分数	扣减分数	实得分数
1	保证项目	施工方案		起重吊装作业无方案,扣10分 作业方案未经上级审批或方案针对性不强,扣5分	10		
2		起重机械	起重机	起重机无超高和力矩限制器,扣10分 吊钩无保险装置,扣5分 起重机未取得准用证,扣20分 起重机安装后未经验收,扣15分	20		
			起重扒杆	起重扒杆无设计计算书或未经审批,扣20分 扒杆组装不符合设计要求,扣17~20分 扒杆使用前未经试吊,扣10分			
3		钢丝绳与地锚		起重钢丝绳磨损、断丝超标的扣10分 滑轮不符合规定的扣4分 缆风绳安全系数小于3.5倍的扣8分 地锚埋设不符合设计要求,扣5分	10		
4		吊　点		不符合设计规定位置的扣5~10分 索具使用不合理、绳径倍数不够的扣5~10分	10		
5		司机、指挥		司机无证上岗的扣10分 非本机型司机操作的扣5分 指挥无证上岗的扣5分 高处作业无信号传递的扣10分	10		
		小　计			60		

续表

序号	检查项目		扣 分 标 准	应得分数	扣减分数	实得分数
6		地耐力	起重机作业路面地耐力不符合说明书要求的扣 5 分 地面铺垫措施达不到要求的扣 3 分	5		
7		起重作业	被吊物体重量不明就吊装的扣 3~6 分 有超载作业情况的扣 6 分 每次作业前未经试吊检验的扣 3 分	6		
8	一般项目	高处作业	结构吊装未设置防坠落措施的扣 9 分 作业人员不系安全带或安全带无牢靠悬挂点的扣 9 分 人员上下无专设爬梯、斜道的扣 5 分	9		
9		作业平台	起重吊装人员作业无可靠立足点的扣 5 分 作业平台临边防护不符合规定的扣 2 分 作业平台脚手板不满铺的扣 3 分	5		
10		构件堆放	楼板堆放超过 1.6m 高度的扣 2 分 其他物件堆放高度不符合规定的扣 2 分 大型构件堆放无稳定措施的扣 3 分	5		
11		警戒	起重吊装作业无警戒标志，扣 3 分 未设专人警戒，扣 2 分	5		
12		操作工	起重工、电焊工无安全操作证上岗的每一人扣 2 分	5		
		小计		40		
	检查项目合计			100		

施工机具检查评分表   表 6-18

序号	检查项目	扣 分 标 准	应得分数	扣减分数	实得分数
1	平刨	平刨安装后无验收合格手续,扣5分 无护手安全装置,扣5分 传动部位无防护罩扣5分 未做保护接零、无漏电保护器的,各扣5分 无人操作时未切断电源的扣3分 使用平刨和圆盘锯合用一台电机的多功能木工机具的,平刨和圆盘锯两项扣20分	10		
2	圆盘锯	电锯安装后无验收合格手续扣5分 无锯盘护罩、分料器、防护挡板安全装置和传动 部位无防护每缺一项的扣5分 未做保护接零、无漏电保护器的,各扣5分 无人操作时未切断电源的扣3分	10		
3	手持电动工具	I类手持电动工具无保护接零的扣10分 使用I类手持电动工具不按规定穿戴绝缘用品的扣5分 使用手持电动工具随意接长电源线或更换插头的扣5分	10		
4	钢筋机械	机械安装后无验收合格手续的扣5分 未做保护接零、无漏电保护器的各扣5分 钢筋冷拉作业区及对焊作业区无防护措施的扣5分 传动部位无防护的扣3分	10		
5	电焊机	电焊机安装后无验收合格手续的扣5分 未做保护接零、无漏电保护器的各扣5分 无二次空载降压保护器或无触电保护器的扣5分 一次线长度超过规定或不穿管保护的扣5分 电源不使用自动开关的扣3分 焊把线接头超过3处或绝缘老化的扣5分 电焊机无防雨罩的扣4分	10		

序号	检查项目	扣 分 标 准	应得分数	扣减分数	实得分数
6	搅拌机	搅拌机安装后无验收合格手续的扣5分 未做保护接零、无漏电保护器的各扣5分 离合器、制动器、钢丝绳达不到要求的每项扣3分 操作手柄无保险装置的扣3分 搅拌机无防雨棚和作业台不安全的扣4分 料斗无保险挂钩或挂钩不使用的扣3分 传动部位无防护罩的扣4分 作业平台不平稳的扣3分	10		
7	气 瓶	各种气瓶无标准色标的扣5分 气瓶间距小于5m、距明火小于10米又无隔离措施的各扣5分 乙炔瓶使用或存放时平放的扣5分 气瓶存放不符合要求的扣5分 气瓶无防震圈和防护帽的每一个扣2分	10		
8	翻斗车	翻斗车未取得准用证的扣5分 翻斗车制动装置不灵敏的扣5分 无证司机驾车的扣5分 行车载人或违章行车的每发现一次扣5分	10		
9	潜水泵	未做保护接零、无漏电保护器的各扣5分 保护装置不灵敏、使用不合理的扣5分	10		
10	打桩机械	打桩机未取得准用证和安装后无验收合格手续的扣5分 打桩机无超高限位装置的扣5分 打桩机行走路线地耐力不符合说明书要求的扣5分 打桩作业无方案的扣5分 打桩操作违反操作规程的扣5分	10		
	检查项目合计		100		

参 考 文 献

1　秦春芳主编．建筑施工安全技术手册(第1版)．北京：中国建筑工业出版社,1991

2　赵顺福主编．项目法施工实用管理手册(第1版)．北京：中国建筑工业出版社,2001

3　施工项目质量与安全管理(第1版)．北京：中国建筑工业出版社,2002

4　建筑施工安全检查标准实施指南(第1版)．北京：中国建筑工业出版社,2001

5　樊锡仁主编．建筑施工重大伤亡事故800例(第1版)．四川：四川科学技术出版社,1990

6　苏毅勇等主编．伤亡事故分析与预防(第1版)．北京：中国劳动出版社,1991

7　焦辉修主编．建筑施工安全教育读本(第1版)．北京：中国建筑工业出版社,1999

8　苏振民主编．建筑施工现场管理手册(第1版)．北京：中国建材工业出版社,1999

9　北京市经济委员会．建筑业项目管理人员安全教育读本.2002

10　北京市建设委员会.北京市施工现场管理法规及文件汇编.1996

11　北京建工集团有限公司.安全生产、文明施工手册. 2002

12　中国建筑一局集团.工程项目安全生产标准.1996

13　中国地质大学工程技术学院.现代企业安全管理.2002